石油教材出版基金资助项目

石油高等院校特色教材

化 工 原 理

张克铮 主编

石 油 工 业 出 版 社

内容提要

本书主要介绍了化工过程中流体输送、传热、蒸馏、吸收四个单元操作，每个单元操作包括基本原理、计算方法、典型设备、例题、习题，并适当引用工程应用，叙述通俗易懂。

本书适合非化工类专业大学本科化工原理课程教学使用。

图书在版编目(CIP)数据

化工原理/张克铮主编.

北京:石油工业出版社,2014.6(2020.8重印)

(石油高等院校特色教材)

ISBN 978-7-5183-0153-9

Ⅰ.化…

Ⅱ.张…

Ⅲ.化工原理-高等学校-教材

Ⅳ.TQ02

中国版本图书馆CIP数据核字(2014)第074705号

出版发行:石油工业出版社

(北京安定门外安华里2区1号　100011)

网　址:www.petropub.com

编辑部:(010)64256990　图书营销中心:(010)64523633

经　销:全国新华书店

排　版:北京乘设伟业科技有限公司

印　刷:北京晨旭印刷厂

2014年6月第1版　2020年8月第4次印刷

787毫米×1092毫米　开本:1/16　印张:14.75

字数:375千字

定价:28.00元

(如出现印装质量问题,我社图书营销中心负责调换)

前　言

本书依据少学时化工原理课程的教学要求而编写，可供非化工类专业化工原理课程教学使用，一般在一学期内完成，不超过80学时。这些专业开设该课程的目的不仅是让学生掌握各单元操作的具体内容，更主要是让学生了解化工过程中经常涉及的五个基本概念，即物料衡算、能量衡算、相平衡关系、传递速率、经济核算，掌握单元操作通用的学习方法和分析问题的思路。从非化工类专业学生所需的知识结构、教学体系和课程设置的总体考虑，本书选择了流体输送、传热、蒸馏、吸收这四个经典的化工"三传"单元作为教学内容。

每个单元内容的选取既要考虑少学时化工原理的教学特点，在介绍时适当精简，将过于繁杂难懂的内容删去，但又不破坏单元体系的完整性。每个单元都按照定性—定量—应用的模式展开，介绍过程的基本原理、计算方法及典型设备。流体输送设备重点介绍常用的离心泵，而其他输送设备内容则大大减少；传热单元中不再介绍传热效率—传热单元法，辐射传热内容也适当减少，仅介绍一些重要概念；蒸馏和吸收则主要介绍解决传质问题的基本思路和方法、简单体系的计算以及塔设备的基本结构特点。

本书叙述力求深入浅出、通俗易懂，并适当注重工程应用。在例题、习题的选择上突出基本概念和基本理论，设置了一些比较灵活的填空题和选择题，计算题则回避了较难和较繁的题目，并附有参考答案。

本教材由辽宁石油化工大学化工原理教研室组织编写，张克铮任主编。绪论和第1、3章由张克铮编写，第4章由郭大光编写，第5、6章由王晓宁编写，第2章及附录由白英芝编写。本书的编写汲取了辽宁石油化工大学化工原理教研室各位同事多年的教学心得并广泛参考了国内多种版本的同类教材，在此一并致谢。

由于编者水平有限，书中存在不妥和错误之处，诚望读者批评指正。

编者

2014年3月

目　　录

绪　论

0.1　化工过程与单元操作

化工生产是以化学变化为主要特征的工业过程，显然，反应是化工过程的核心步骤。但是一个化工过程除了化学反应过程外，还有许多不可缺少的物理加工过程。以乙炔法制聚氯乙烯为例，其生产简要流程如图 0.1 所示。

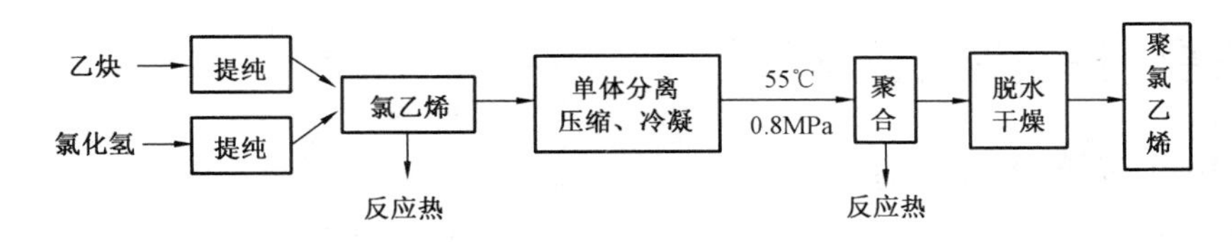

图 0.1　聚氯乙烯生产流程

可见，为了使反应顺利进行，需要对原料和中间体进行提纯、压缩以及将多余的热量移出等。这些(反应)前后处理步骤多数是纯物理过程，可归纳为若干种基本过程，称为**单元操作**。在化工生产中，单元操作的地位是非常重要的，它们往往占有企业的大部分设备投资和操作费用。化工原理就是为学习单元操作而开设的课程。

单元操作不仅在化工生产中占据重要地位，也广泛应用于石油、冶金、制药、轻工、能源等工业中。不同工艺过程的同一种单元操作，具有共同的基本原理和通用的典型设备。但不同工艺过程各有其独特的条件与要求，制糖工业与制碱工业都用到蒸发这一单元操作，但二者对蒸发器的要求有所不同。酿酒工业和石油工业中的蒸馏操作也是如此。

通常按照传递方式的不同，将单元操作分类如下：

(1)遵循动量传递基本规律的单元操作，包括流体输送、沉降、过滤等；

(2)遵循热量传递基本规律的单元操作，包括加热、冷却、冷凝、蒸发等；

(3)遵循质量传递基本规律的单元操作，包括精馏、吸收、萃取等。

因此，化工过程和单元操作过程也被称为"三传"过程，或传递过程。

单元操作过程进行的方式有间歇与连续之分。

间歇过程　分批投料进行操作的过程。间歇操作的设备里，同一位置在不同时刻，物料的相关参数(组成、温度、流速等)部分或全部随时间而改变，属非稳态操作过程。小规模生产多采用间歇操作。

连续过程　恰似流水作业，原料不断进入，产品不断排出。在连续操作的设备里，各个位置上物料的温度、压强、组成等参数可以不同，但在任意固定位置上，这些参数不随时间而变，即运动空间各点的状态不随时间而变化，属稳态操作过程，该流动称为**定态流动(稳态流动)**。一般大规模工业生产过程都采用连续操作过程。

0.2 化工原理课程的性质与任务

化工原理课程是化工专业及相关专业学生必修的一门专业基础课。它在基础课与专业课之间起着承前启后的作用，是一门应用性课程（工程学科）。它是综合性技术学科——化学工程学的一个重要基础组成部分。这门课程主要解决的不单是过程的基本规律，而且面临着真实、复杂的生产问题。

化工原理课程主要研究各单元操作的基本原理、所用典型设备的结构、工艺尺寸计算和设备选型。通过本课程的学习，培养学生分析和解决单元操作各种问题的能力，即在科学研究和生产实践中能够进行过程的开发与强化，对设备应具有管理、设计的本领。

本书主要介绍工程中常用的流体输送、传热、精馏和吸收四个单元操作。

0.3 主要研究手段

0.3.1 物料衡算及能量衡算

在研究各种单元操作时，为了弄清过程各股物料数量、组成之间的关系及过程吸收或释放的能量，需要对过程系统进行物料衡算及能量衡算。所以，物料衡算及能量衡算是化工过程中常用的手段。

0.3.1.1 物料衡算

根据质量守恒定律，向系统输入的物料质量减去从系统输出的物料质量，等于积存在系统内的物料质量，即

$$输入量 - 输出量 = 积存量$$

对于连续操作过程，因为积存量为零，有

$$输入量 = 输出量$$

在物料衡算时，首先要确定衡算范围：可以在整个过程的系统范围内，亦可以在单个或若干设备范围内。其次是衡算的对象：可以是全部物料，亦可以是某一组分。另外还要确定衡算的基准：间歇过程一般以每次操作的输入量、输出量和积存量进行衡算；连续过程一般以单位时间为基准，即以单位时间内的输入量与输出量进行衡算。

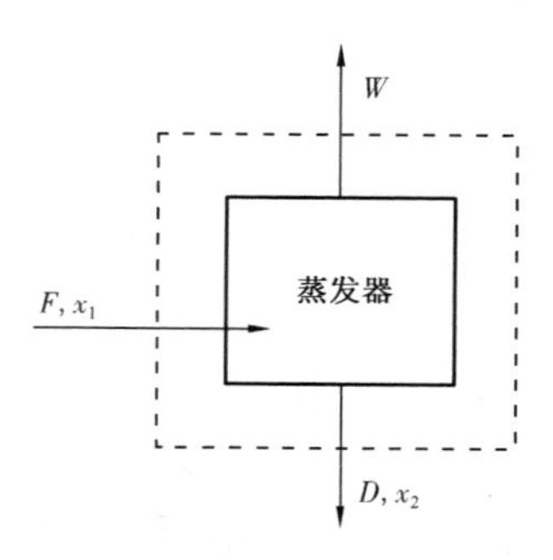

图 0.2　例 0.1 附图

【例 0.1】 利用一蒸发器来浓缩 NaOH 稀溶液，处理量为$F = 1000\text{kg/h}$。已知 NaOH 溶液的初始浓度为 $x_1 = 10\%$（质量分数，下同），浓缩后的浓度为 $x_2 = 20\%$，试求蒸发器的产品量 D 和蒸发水分量 W。

解：对蒸发器设备作物料衡算，如图 0.2 虚线所示范围。

总物料衡算

$$F = D + W$$

对 NaOH 组分作物料衡算

$$Fx_1 = Dx_2$$

代入已知数据

$$1000 = D + W$$

$$1000 \times 0.1 = 0.2 \times D$$

可解出

$$D = 500(\text{kg/h})$$

$$W = 500(\text{kg/h})$$

0.3.1.2 能量衡算

单元操作中所用到的能量主要有机械能和热能。能量衡算的依据是能量守恒定律,即

$$输入量 = 输出量 + 积存量$$

对于连续操作过程,因为积存量为零,有

$$输入量 = 输出量$$

机械能衡算和热量衡算将分别在第1章流体流动和第3章传热中详细说明。

在热量衡算时有时要用到焓。物料所携带的热量包括显热与潜热两部分,称为物料的**焓**。物料的焓与状态有关,而且是相对值,所以在热量衡算时,需规定基准状态。通常以273K、液态为**基准态**。

【例0.2】 在例0.1中,若原料的焓值为 $I_F = 305\text{kJ/kg}$,浓缩产品的焓值为 $I_D = 570\text{kJ/kg}$,排除的蒸气焓值为 $I_W = 2608\text{kJ/kg}$。蒸发器加热介质为420K的饱和水蒸气,焓值为 $I_1 = 2745\text{kJ/kg}$,蒸气在加热管内冷凝后的冷凝水在饱和温度下排除,其焓值 $I_2 = 627.69\text{kJ/kg}$。试计算加热蒸气用量 V。

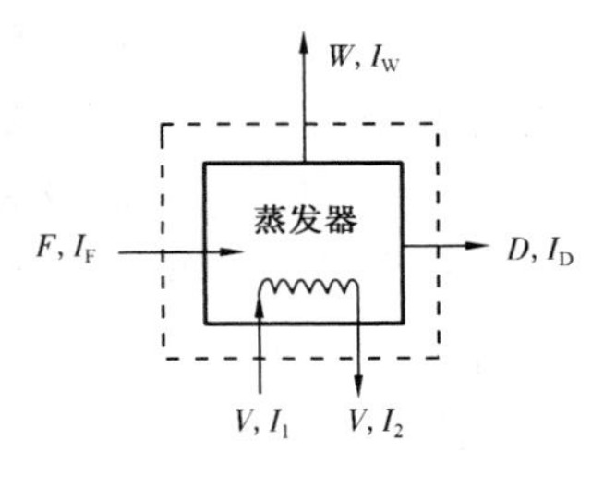

图0.3 例0.2附图

解:对蒸发器作热量衡算,如图0.3中虚线所示范围。

输入热量有:原料带入热量 $= FI_F = 1000 \times 305 = 3.05 \times 10^5(\text{kJ/h})$

加热蒸气带入热量 $= VI_1 = 2745V(\text{kJ/h})$

排除热量有:浓缩产品带出热量 $= DI_D = 500 \times 570 = 2.85 \times 10^5(\text{kJ/h})$

二次蒸气带出热量 $= WI_W = 500 \times 2608 = 1.30 \times 10^6(\text{kJ/h})$

冷凝水带出热量 $= VI_2 = 627.69V(\text{kJ/h})$

由于是定态操作,根据

$$输入热量 = 输出热量$$

得

$$FI_F + VI_1 = DI_D + WI_W + VI_2$$

即

$$3.05 \times 10^5 + 2745V = 2.85 \times 10^5 + 1.30 \times 10^6 + 627.69V$$

解出

$$V = 604.54(\text{kg/h})$$

0.3.2　平衡关系和过程速率

对传质单元，为了计算设备的工艺尺寸，除了需要物料衡算和能量衡算，还必须依赖相平衡关系了解过程进行的方向与极限，依赖传质速率分析过程的快慢。显然对于传质过程，平衡关系和过程速率也是研究过程的基本手段，具体内容将在第4章蒸馏和第5章吸收中详细阐述。

0.4　单位及单位换算

任何物理量都是用数字和单位联合表达的。因此物理量的单位与数字应一并纳入运算。

基本单位和导出单位　一般先选择几个独立的物理量（如质量、长度、时间等），称为**基本物理量**，并以使用方便的原则制定出它们的单位，称为**基本单位**。其他物理量，如速度、加速度、力等的单位便可以根据它们与基本物理量之间的关系来确定，这些物理量称为**导出量**，其单位称为**导出单位**。

国际单位制　由于历史原因，不同的学科和不同的地区，对基本物理量及其单位的选择有所不同，产生了多种不同的单位制。同一个物理量在不同的单位制中具有不同的单位和数值，这就给计算和交流带来了很大的麻烦。1960年，第十一届国际计量大会通过了一种新的单位制，称为国际单位制，其代号为SI。

国际单位制共规定了七个基本单位：质量单位kg（千克），长度单位m（米），时间单位s（秒），温度单位K（开尔文），物质的量单位mol（摩尔），电流单位A（安培），光强单位cd（坎德拉）。在化工原理课程中主要涉及前五个基本物理量。

国际单位制有两大优点：一是它的通用性，在自然科学、工程技术乃至国民经济各部门中，所有物理量的单位都可以由上述基本单位导出；二是它的一贯性，任何一个导出单位在由上述七个基本单位导出时，都不需引入任何比例系数。也就是说，国际单位制中每种物理量只有一个单位。如在国际单位制中，热、功、能三者单位都采用J，而在重力单位制中，三者需通过“热功当量”来换算（1kcal＝427kgf·m＝4.18kJ）。

由于国际单位制有其优越性，在国际上迅速得到推广。我国于1977年作出规定要逐步采用国际单位制。

表0.1列出本书常用的导出单位，表0.2列出用于构成十进倍数和分数单位的词头。

表0.1　本书常用导出单位

物理量名称	单位名称	单位符号	用SI基本单位和导出单位表示
力	牛[顿]	N	$N=kg\cdot m/s^2$
压力、压强	帕[斯卡]	Pa	$Pa=N/m^2=kg/(m\cdot s^2)$
能[量]、功、热	焦[耳]	J	$J=N\cdot m=kg\cdot m^2/s^2$
功率	瓦[特]	W	$W=J/s=kg\cdot m^2/s^3$
比定压热容			$J/(kg\cdot ℃)=m^2/(s^2\cdot ℃)$

表 0.2　用于构成十进倍数和分数单位的词头

位数	词头名称		词头符号	位数	词头名称		词头符号
	英文	中文			英文	中文	
10^9	giga	吉[咖]	G	10^{-1}	deci	分	d
10^6	mega	兆	M	10^{-2}	centi	厘	c
10^3	kilo	千	K	10^{-3}	mili	毫	m
10^2	hecto	百	H	10^{-6}	micro	微	μ
10^1	deca	十	da	10^{-9}	nano	纳[诺]	n

物理量的单位换算　物理量由一种单位换算成另一种单位时,量本身并无变化,但数值要改变,换算时要乘以换算因数。所谓**换算因数**,就是同一物理量在不同单位下的数值之比。因此任何换算因数在本质上都是纯数1,下面通过一个例子来说明物理量的单位换算。

【例0.3】　试将通用气体常数 $R=82.06\text{atm}\cdot\text{cm}^3/(\text{mol}\cdot\text{K})$ 换成SI单位。

解:因为 $1\text{atm}=1.0133\times10^5\text{N/m}^2$,$1\text{m}^3=10^6\text{cm}^3$,所以换算因数为

$$1.0133\times10^5(\text{N/m}^2)/1\text{atm}=1$$

$$10^{-6}\text{m}^3/\text{cm}^3=1$$

所以
$$R=\frac{82.06\text{atm}\cdot1.0133\times10^5\dfrac{\text{N/m}^2}{\text{atm}}\cdot\text{cm}^3\times10^6\dfrac{\text{m}^3}{\text{cm}^3}}{\text{mol}\cdot\text{K}}=8.315\text{J/(mol}\cdot\text{K)}$$

经验公式的单位变换　由于经验公式不是理论公式,而是通过试验得到的近似关系,式中某一符号只代表某一物理量的数值大小,其单位是指定的,故经验公式有时也称为数字公式。下面举例说明经验公式的单位变换。

【例0.4】　液体蒸气压的安托因(Antoine)方程为

$$\lg p_s=A-\frac{B}{t+C}$$

式中　A,B,C——Antoine常数,与物质的种类有关,可查得;

t——温度,℃;

p_s——液体的蒸气压,mmHg。

试将该经验公式变换成蒸气压的单位为kPa、温度单位为K的公式。

解:设变换后的蒸气压符号用 p°,温度符号用 T 表示。

因为 $1\text{kPa}=7.5006\text{mmHg}$,所以 $7.5006p^\circ=p_s$。

又 $T=t+273$,代入Antoine方程,得

$$\lg7.5006p^\circ=A-\frac{B}{T-273+C}$$

$$\lg p^\circ=A-0.87510-\frac{B}{T-273+C}$$

令 $A' = A - 0.87510$，$C' = C - 273$，得

$$\lg p^{\circ} = A' - \frac{B}{T + C'}$$

习　题

1. 某 NaOH 水溶液蒸发设备，由两台蒸发器构成。浓度为 10%（质量分数，下同）的 NaOH 水溶液以每小时 5000kg 的流量进入第一台蒸发器，蒸出部分水分后得到浓度为 18% 的 NaOH 溶液，然后再送至第二蒸发器继续蒸发，得到浓度为 50% 的产品。试计算该套设备每小时蒸出的水分量及第二蒸发器的进料量与产品量。

答：4000kg，2778kg，1000kg。

2. 拟在换热设备内，用 35℃ 的冷水将流量为 1kg/s、温度为 150℃ 的热油冷却至 75℃，水的出口温度为 75℃。已知此条件下油和水的平均比定压热容分别为 4kJ/(kg·℃) 和 4.18kJ/(kg·℃)。若忽略热损失，试求水的流量。

答：1.8kg/s。

3. 黏度经常用物理单位 cP（厘泊）来表示，已知 1cP = 0.01P（泊，$\frac{g}{cm \cdot s}$），试将 cP 换算为国际单位。

答：$1cP = 10^{-3} Pa \cdot s$。

第1章 流体流动

液体和气体统称为流体。流体的特征:流动性;无固定形状;外力作用下内部发生相对运动。

化工过程中流体流动问题占有非常重要的地位,流体流动规律是本门课程的重要基础,这是因为:(1)化工生产中所处理的物料,大多数情况都是流体,流体的输送问题涉及流体流动规律;(2)化工设备中的物料大多是在流动状态下进行操作的,流体流动状态必然对这些过程产生影响;(3)压强、流速和流量的测量也都涉及流体力学的基本原理。

本章着重讨论流体流动过程中的基本原理及规律,并运用这些原理与规律分析和解决流体的输送问题。

1.1 概述

1.1.1 连续性假定

在工程上研究流体流动时,通常只考虑其宏观的机械运动,因此可以取流体质点(或微团)而不是单个分子作为流体的最小单元。所谓质点是指含有大量分子的流体微团,其尺寸与设备相比还是微不足道的。这样,可以假设流体是由质点组成的彼此间没有空隙、完全充满所占空间的连续介质,从而可以使用连续函数的数学工具加以描述。实践证明,这样的假设,除高度真空的稀薄气体外,在绝大多数情况下是合适的。

1.1.2 流体的重要性质

密度 单位体积流体所具有的质量称为流体的密度,其表达式为

$$\rho = \frac{m}{V} \tag{1.1}$$

式中 m——流体的质量,kg;

V——流体的体积,m^3;

ρ——流体的密度,kg/m^3。

质量体积 单位质量流体所具有的体积称为流体的质量体积,用 v 表示

$$v = \frac{1}{\rho} \tag{1.2}$$

质量体积单位为 m^3/kg,显然密度与质量体积互为倒数。

1.1.3 密度的求算

1.1.3.1 纯组分流体的密度

液体的密度 在化工中,液体一般可视为不可压缩流体,其密度受温度和压力的影响较小,可通过手册求取。

气体的密度 受温度、压力影响较大,一般在压强不太高的情况下可通过理想气体状态方程计算

$$\rho = \frac{m}{V} = \frac{pM}{RT} \tag{1.3}$$

式中 p——气体的绝对压强,kPa;

T——气体的温度,K;

M——气体的摩尔质量,kg/kmol;

R——通用气体常数,8.314kJ/(kmol·K)。

1.1.3.2 **混合物的密度**

液体混合物的密度 若混合液可视为理想溶液,则其体积等于各组分单独存在时的体积之和,故有

$$\frac{1}{\rho_m} = \sum_{i=1}^{n} \frac{w_i}{\rho_i} \quad (i = 1,2,\cdots,n) \tag{1.4}$$

式中 w_i——混和物中 i 组分的质量分数;

ρ_i——i 组分的密度,kg/m^3;

n——混合物的组分数;

ρ_m——混合物的密度,kg/m^3。

气体混合物的密度 若气体混合物可视为理想气体,可用下式计算

$$\rho_m = \sum_{i=1}^{n} (\rho_i y_i) \tag{1.5}$$

式中 y_i——气体混合物中 i 组分的摩尔分数;

ρ_i——同温同压下 i 组分单独存在时的密度,kg/m^3;

ρ_m——混合物的密度,kg/m^3。

气体混合物的密度也可以用式(1.3)计算,但应以气体混合物的平均摩尔质量 M_m 代替式中的摩尔质量 M。M_m 可按下式计算

$$M_m = \sum_{i=1}^{n} M_i y_i \tag{1.6}$$

式中 M_i——i 组分的摩尔质量,kg/kmol;

M_m——混合气体的平均摩尔质量,kg/kmol。

1.2 流体静力学

1.2.1 流体的压强

压强的定义 流体垂直作用于单位面积上的力,称为流体的静压强,简称压强,习惯上仍称为压力,而作用于整个面上的力称为总压力。于是压强可表示为

$$p = \frac{P}{A} \tag{1.7}$$

式中 P——垂直作用于表面的总压力,N;

A——作用面的面积,m^2;

p——压强,N/m^2(Pa)。

由于习惯,除了国际单位 Pa 以外,常用的压强单位有:物理大气压(atm)、液柱高(mmHg、mH_2O)等,早年还有工程大气压(at)。各种单位之间的关系如下

$$1atm = 1.033at(kgf/cm^2) = 10.33mH_2O = 760mmHg = 1.0133 \times 10^5 Pa$$

压强的基准 以绝对真空为基准测得的压强称为绝对压强(绝压),以大气压为基准测得的压强称为**表压**或**真空度**。表压为绝对压强与当地大气压之差,是压力表的读数值。真空度为当地大气压与绝对压强之差,是真空表的读数值,即

$$表压 = 绝压 - 大气压(当地)$$

$$真空度 = 大气压(当地) - 绝压$$

$$表压 = - 真空度$$

各种压力之间的关系见图 1.1。

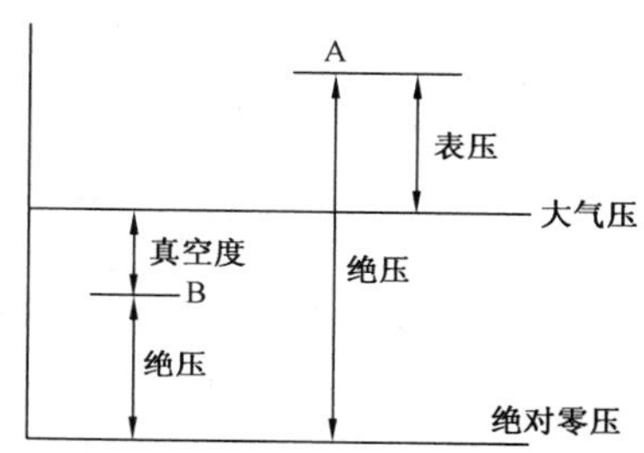

图 1.1 表压和真空度示意图

【例 1.1】 某水泵进口管处真空表读数为 35kPa,出口管处压力表读数为 180kPa。试问水泵前后水的压强差为多少 kPa?

解:

$$\Delta p = p_{出} - p_{进} = 180 - (-35) = 215(kPa)$$

1.2.2 流体静力学基本方程的推导

静止流体内部任一点的压力称为该处流体的静压力,静压力有以下特点:

(1)方向与作用面垂直;

(2)各方向作用于某一点的压力相等;

(3)同一水平面上各点的压力都相等。

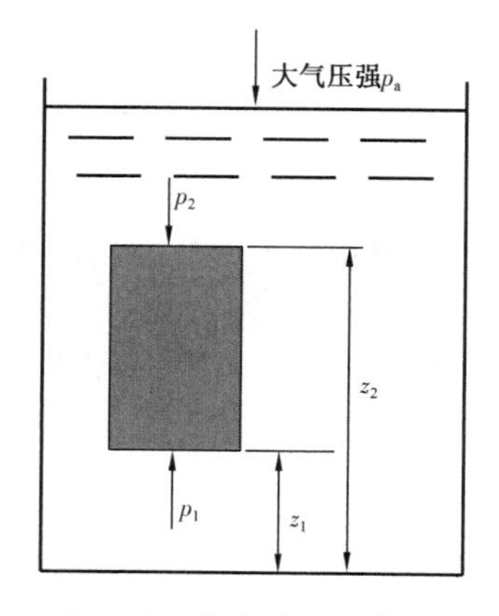

图 1.2 静力学方程推导

当流体处于相对静止时,重力是不变的,起变化的是压力。流体静力学实际上就是研究静止流体内部压力变化的规律。

如图 1.2 所示,在静止液体中任取一垂直液柱,其上、下端面与某基准面的垂直距离分别为 z_2 和 z_1,上、下端面压强分别为 p_2 和 p_1,液柱截面积为 A。静止时该液柱在垂直方向上受到的作用力如下:

液柱上方的压力 $P_2 = Ap_2$,方向向下;

液柱下方的压力 $P_1 = Ap_1$,方向向上;

液柱的重力 $\rho gA(z_2 - z_1)$,方向向下。

取向上的力为正，则上述各力的代数和应为0，即

$$P_1 - P_2 - \rho g A(z_2 - z_1) = 0$$

化简可得流体静力学基本方程

$$p_1 = p_2 + \rho g(z_2 - z_1) \tag{1.8a}$$

$$\frac{p_1 - p_2}{\rho g} = z_2 - z_1 = h \tag{1.8b}$$

$$\frac{p_1}{\rho} + g z_1 = \frac{p_2}{\rho} + g z_2 \tag{1.8c}$$

式中，h 为液柱高度，单位为 m。式(1.8a)、式(1.8b)、式(1.8c)都是流体静力学基本方程。

由流体静力学基本方程，我们不难得出以下几点结论：

(1)流体的静压与位置及密度有关，在静止、连续、同一液体的同一水平面上压强相等；

(2)p_1 随 p_2 而变，即液面上所受压强能以同样大小传递到液体内部；

(3)压力或压差可用液柱高表示；

(4)由推导过程可知静力学方程只能适用于静止、连通的同一液体内部。

其实上述静力学方程中各项表示的是单位流体所具有的能量(在后面1.3.5.2机械能衡算部分中将进一步讨论)，如 p 和 ρgh 的单位为 J/m^3，表示单位体积流体的压力能和位能；p/ρ 和 gh 的单位为 J/kg，表示单位质量流体的压力能和位能；$p/\rho g$ 和 z 的单位为 J/N，表示单位重量流体的压力能和位能。所以说流体静力学基本方程实际上是表达了静止流体中流体压力能和位能的转换规律。若定义流体势能等于流体的压力能和位能之和，则流体静力学基本方程还可以这样来描述：**静止流体内势能守恒**。

1.2.3 流体静力学基本方程的应用

在工程中流体静力学基本规律常用于某处流体的压强或流体两点间压差的测量、储罐内液位的测量、液封高度的计算等。

1.2.3.1 单管压力计

图1.3为最简单的测压管。1点为储液罐的测压口。测压口与一玻璃管连接，玻璃管另一端与大气相通。由玻璃管中的液柱高度 R，通过静力学原理可得1点的压力

$$p_1 - p_a = p_1(\text{表}) = R\rho g$$

显然，单管压力计只适用于高于大气压的液体压强的测定，不能用于气体。

1.2.3.2 U形管压力计

U形管压力计的结构如图1.4所示，它是一根U形玻璃管，内装有指示液。指示液与被测流体不互溶、不反应，且其密度要大于被测流体的密度。

由静力学原理可知，在连通、静止、同一种流体的同一水平面上压力相同，因此，图1.4中2、3两点的压强为

$$p_2 = p_1 + \rho g h$$

$$p_3 = p_a + \rho_0 g R$$

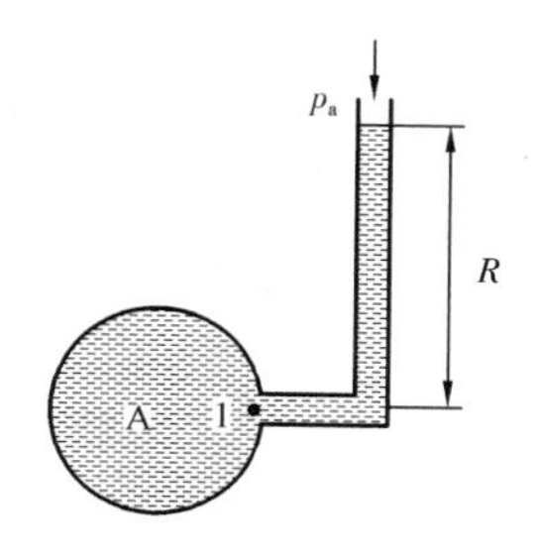

图 1.3　单管压力计

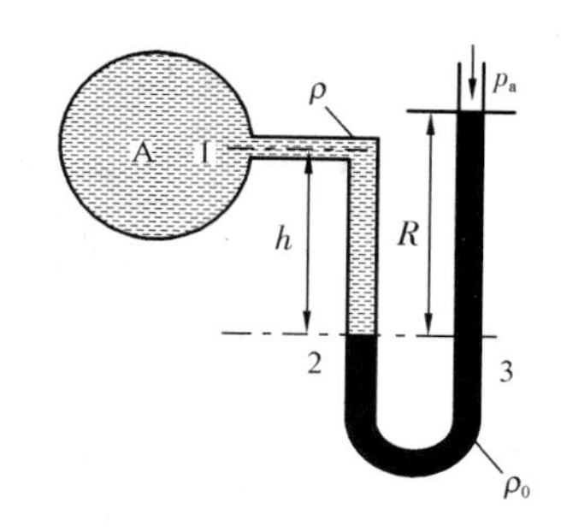

图 1.4　U 形管压力计

两点压强相等,由此可求得 1 点的压强为

$$p_1 = p_a + \rho_0 gR - \rho gh$$

或

$$p_1 - p_a = p_1(\text{表}) = \rho_0 gR - \rho gh$$

1.2.3.3　U 形管压差计

如果 U 形测压管的两端分别与两个测压口相连,则可测得两测压点之间的压差,故称为 U 形管压差计。如图 1.5 所示,用 U 形管压差计来测量管路 1、2 两点的压差。因 U 形管压力计内液体静止,故位于同一水平面 a、a',两点的压强相等,即

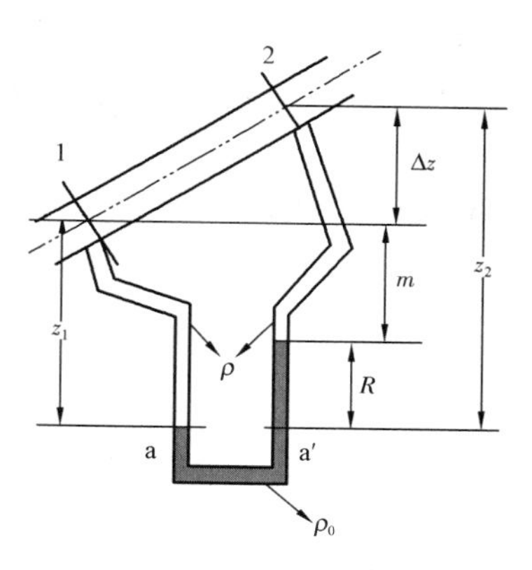

图 1.5　U 形管压差计

$$p_a = p_1 + \rho g(m + R)$$

$$p_{a'} = p_2 + \rho g(m + \Delta z) + \rho_0 gR$$

两点压强相等,可整理得

$$p_1 - p_2 = (\rho_0 - \rho)gR + \rho g\Delta z \tag{1.9}$$

或

$$(\rho_0 - \rho)gR = (p_1 + \rho gz_1) - (p_2 + \rho gz_2) \tag{1.10}$$

可见$(\rho_0 - \rho)gR$ 反映的是势能差。只有当管子水平时,$(\rho_0 - \rho)gR$ 才表示压差

$$(\rho_0 - \rho)gR = (p_1 - p_2)$$

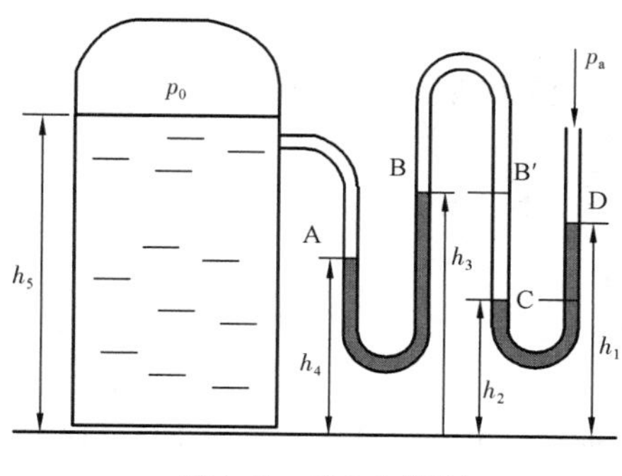

图 1.6　例 1.2 附图

【例 1.2】　如图 1.6 所示,用复式 U 形压差计测量锅炉水面上方的蒸气压,指示液为水银,两 U 形管的连接管内充满水。已知各液面与基准面的垂直距离分别为:$h_1 = 2.4\text{m}$,$h_2 = 1.3\text{m}$,$h_3 = 2.6\text{m}$,$h_4 = 1.5\text{m}$,$h_5 = 3.1\text{m}$,当地大气压强 $p_a = 750\text{mmHg}$。试求锅炉上方水蒸气的压强 p_0。

解:由静力学方程

$$p_C = p_a + \rho_{Hg} g(h_1 - h_2)$$

$$p_C = p_B + \rho_{水} g(h_3 - h_2) \Rightarrow p_B - p_C = \rho_{水} g(h_3 - h_2)$$

$$p_A = p_B + \rho_{Hg} g(h_3 - h_4) \Rightarrow p_A - p_B = \rho_{Hg} g(h_3 - h_4)$$

$$p_A = p_0 + \rho_{水} g(h_5 - h_4) \Rightarrow p_0 - p_A = -\rho_{水} g(h_5 - h_4)$$

4 式相加得

$$p_0 = p_a + \rho_{Hg} g[(h_1 - h_2) + (h_3 - h_4)] - \rho_{水} g[(h_3 - h_2) + (h_5 - h_4)]$$

$$= \frac{750}{760} \times 101330 + 13600 \times 9.81[(2.4 - 1.3) + (2.6 - 1.5)]$$

$$- 1000 \times 9.81[(2.6 - 1.3) + (3.1 - 1.5)]$$

$$= 3.65 \times 10^5 (\text{Pa})$$

【例 1.3】 图 1.7 所示的装置可以用来测量腐蚀性液体储槽中的储液量。测量时在入口处通入压缩空气,并控制调节阀使空气缓慢地鼓泡通过观察瓶。今测得 U 形压差计读数 $R=120\text{mm}$,通气管出口距储槽底面 $h=20\text{cm}$,储槽直径为 3m,液体密度为 980kg/m^3。试求储槽内液体的储存量为多少吨?

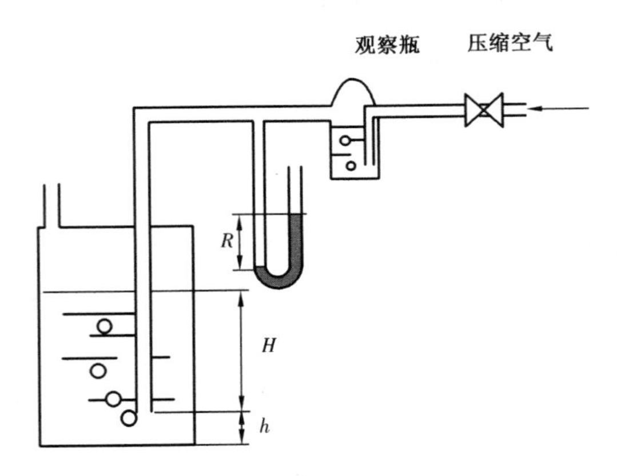

图 1.7 例 1.3 附图

解:因为管道内空气缓慢鼓泡,$u \approx 0$,所以可用静力学原理求解;另外,由于空气的 ρ 很小,故忽略空气柱的影响。所以可近似认为管路系统内恒压,即

$$H\rho g = R\rho_{Hg} g$$

已知 $R=120\text{mm}$, $h=20\text{cm}$, $D=3\text{m}$, $\rho=980\text{kg/m}^3$, $\rho_{Hg}=13600\text{kg/m}^3$,于是

$$H = \frac{\rho_{Hg}}{\rho} \cdot R = \frac{13600}{980} \times 0.12 = 1.67(\text{m})$$

所以
$$m = \frac{1}{4} \pi D^2 (H + h)\rho$$

$$= 0.785 \times 3^2 \times (1.67 + 0.2) \times 980 = 12947.32(\text{kg}) = 12.95(\text{t})$$

1.3 管内流体流动的基本规律

解决流体输送问题，首先要找出流速、压强等运动参数在流动过程中的变化规律。流体流动应当服从一般的守恒原理：质量守恒和能量守恒。从这些守恒原理可以得到有关运动参数的变化规律。

1.3.1 流量与流速

流量 单位时间内流过管道某一截面的流体量，称为流量。流过的量如果以体积表示，称为体积流量，以符号 V 表示，常用的单位为 m^3/s 或 m^3/h。如果以质量表示，则称为质量流量，以符号 W 表示，常用的单位有 kg/s 或 kg/h。

体积流量 V 与质量流量 W 之间的关系为

$$W = V\rho \tag{1.11}$$

式中 ρ——流体的密度，kg/m^3。

流速 流体质点在单位时间内流过的距离称为流速，以符号 u 表示，单位为 m/s。流体在管内流动时，由于黏性的存在，任意横截面上各点的流速沿管径而变化。管中心流速最大，越靠近管壁流速越小，在管壁处流速为零。工程上为计算方便，通常按以下的定义来确定流体的平均流速

$$u = \frac{\text{体积流量}(V)}{\text{导管截面积}(A)}$$

显然，质量流量 W、体积流量 V 与平均流速 u 三者之间的关系为

$$W = V\rho = uA\rho \tag{1.12}$$

质量流速 单位时间内流过管道单位截面积的流体质量，亦称质量通量，以符号 G 表示，单位为$kg/(m^2 \cdot s)$，其表达式为

$$G = \frac{W}{A} = \frac{V\rho}{A} = u\rho \tag{1.13}$$

由于气体体积随温度、压力而变化，所以流速亦随之变化。因此，对气体的流动采用不随状态变化的质量流速来计算就较为方便。

【例 1.4】 某厂以 $\phi114mm \times 4.5mm$ 的钢管输送压力为 3atm（绝压）、温度为 100℃的空气，流量为 $1000Nm^3/h$（N 指标准状态：0℃，1atm）。试求空气在管道中的流速和质量流量。

解：因压力不高，可用理想气体状态方程将标准状态下的流量换算成操作状态下的流量

$$V = V_0\left(\frac{T}{T_0}\right)\left(\frac{p_0}{p}\right) = 1000 \times \frac{273 + 100}{273} \times \frac{1}{3} = 455.43(m^3/h)$$

所以
$$u=\frac{V}{\frac{\pi}{4}d^2}=\frac{\frac{455.43}{3600}}{0.785\times[(114-4.5\times2)\times10^{-3}]^2}=14.62(\text{m/s})$$

取空气的平均摩尔质量为 $M_m=29\text{kg/kmol}$,则实际操作状态下空气的密度为

$$\rho=\frac{pM_m}{RT}=\frac{3\times1.0133\times10^5\times29}{8.314\times10^3\times373}=2.84(\text{kg/m}^3)$$

质量流量为

$$W=\rho V=2.84\times455.43=1293.42(\text{kg/h})$$

1.3.2 管径的选择

工程上输送流体的管道,大多为圆形截面。设管道内径为 d,则有

$$u=\frac{V}{\frac{\pi}{4}d^2}$$

所以
$$d=\sqrt{\frac{V}{\frac{\pi}{4}u}}=\sqrt{\frac{V}{0.785u}} \tag{1.14}$$

流体输送管路的直径可根据流量和流速,用式(1.14)进行计算。流量一般为定值,所以关键在于选择合适的流速。若流速选得太大,管径虽然可以减小,但流过管道的阻力增大,消耗的动力就大,操作费用随之增加。反之,流速太小,操作费用可以相应减小,但管径增大,设备费用上升。所以对于长距离输送管路,必须通过经济权衡,选择使设备费与操作费之和为最小时的流速为宜。车间内部的工艺管线,通常较短,管内流速可选用经验数据。某些流体在管道中的常用流速范围列于表1.1中。

表1.1 某些流体在管道中的常用流速范围

流体的性质及情况	流速范围,m/s
水及低黏度液体($10^5\sim10^6$Pa)	1~3.0
高黏度液体	0.5~1.0
饱和蒸气	20~40
过热蒸气	30~50
低压空气	12~15
高压空气	15~25
一般气体(常压)	10~20

1.3.3 稳定流动与不稳定流动

前面提到,流体在管路中流动时,在任意截面上的流速、压强等物理参数不随时间而变化,这种流动称为**稳定流动**或定态流动。连续操作过程中的物流流动一般属稳定流动。

若管路中任意截面上的流体的流速、压强等物理量部分或全部随时间而变化，这种流动称为**非稳定流动**。例如，水从恒位槽中流出时为稳定流动，而从变位槽中流出时为非稳定流动。间歇操作过程中的物流流动一般属非稳定流动。

化工生产大多为连续操作，除开、停车阶段外，一般均属于稳定流动。本书中除特别指明，都是指稳定流动。

1.3.4 连续性方程——质量守恒

如图1.8所示，此输液导管由直径为 d_1、d_2、d_3 的三段直管组成，液体流速分别为 u_1、u_2、u_3。因为是稳定流动，所以各处的流速、密度均不随时间变化。取截面1—1到截面2—2的范围作流体的质量衡算。对稳定流动，控制体内无流体累积和漏失，根据质量守恒定律，单位时间内流进控制体的流体质量等于单位时间流出控制体的流体质量，即

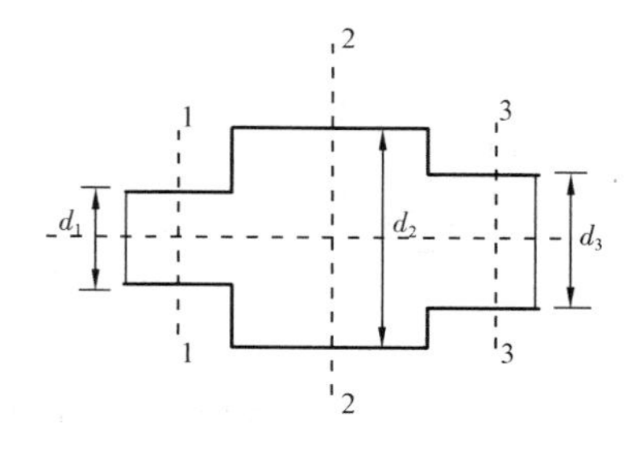

图1.8 连续性方程推导图

$$W_1 = W_2 \tag{1.15}$$

或

$$V_1\rho_1 = V_2\rho_2$$

$$u_1 \cdot \frac{\pi}{4}d_1^2 \cdot \rho_1 = u_2 \cdot \frac{\pi}{4}d_2^2 \cdot \rho_2$$

由于液体是不可压缩的，所以 $\rho_1 = \rho_2$，上式可简化为

$$u_1 d_1^2 = u_2 d_2^2$$

同理可得

$$u_1 d_1^2 = u_3 d_3^2$$

即

$$u_1 d_1^2 = u_2 d_2^2 = u_3 d_3^2 = 常数 \tag{1.16}$$

式(1.16)称为圆形管内不可压缩流体稳定流动的连续性方程。

对非圆形管则有

$$u_1 A_1 = u_2 A_2 = V_S = 常数 \tag{1.17}$$

1.3.5 伯努利方程——能量守恒

1.3.5.1 总能量衡算

如图1.9所示，设有质量为 m(kg)的流体由1—1截面流至2—2截面，流体流速分别为 u_1 和 u_2，流体具有的压强分别为 p_1 和 p_2。本节对1—1和2—2范围的流体作能量衡算。

流体本身具有一定的能量，它将带着这些能量输入划定体积或从划定体积输出。能量有各种形式，但与流动有关的才需考虑，包括以下几项：

(1) **内能**，物质内部能量总和。由原子与分子的运动及彼此的相互作用而来，从宏观的角度看，它决定于流体的状态，因此与温度有关。

单位质量流体的内能用 U 表示，其单位为J/kg。

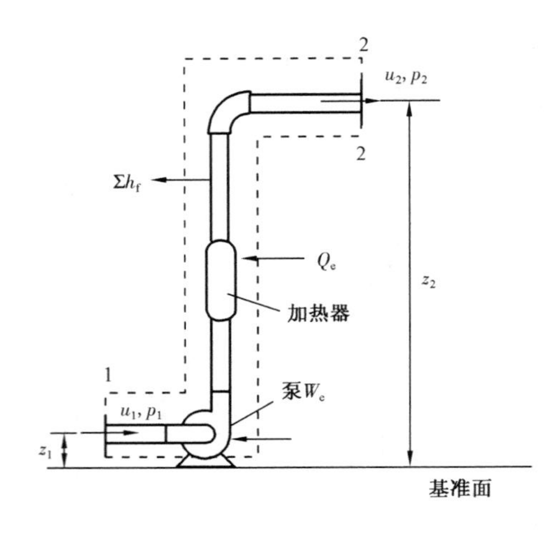

图 1.9　伯努利方程推导图

(2)**位能**,因处于地球重力场而具有的能量。流体在距离某基准面高度为 z 时的位能,相当于将流体自基准面升举高度 z 时,克服重力所作的功,是相对值。因此,质量为 m(kg)的流体在高度为 z 处的位能值为 mgz。gz 为单位质量流体的位能,其单位为 J/kg。

(3)**动能**,因运动而具有的能量。由物理学我们知道质量为 m(kg),速度为 u 的流体,其动能为 $mu^2/2$,此为将 m(kg)流体由静止加速到 u 所需的功。$u^2/2$ 为单位质量流体的动能,其单位为 J/kg。

(4)**压力能**(静压能、压强能、流动功),流动流体内部也有静压强。如果在水平管路上连接一足够高且上端开口的垂直玻璃管,当有流体流过管路时,你会发现玻璃管中出现一段液柱,这便是流动流体静压强的表现。

压强能的表达形式如何呢?如图 1.10 所示,要将压强为 p_2,质量为 m(kg)的流体推出系统之外,作了多少功呢?

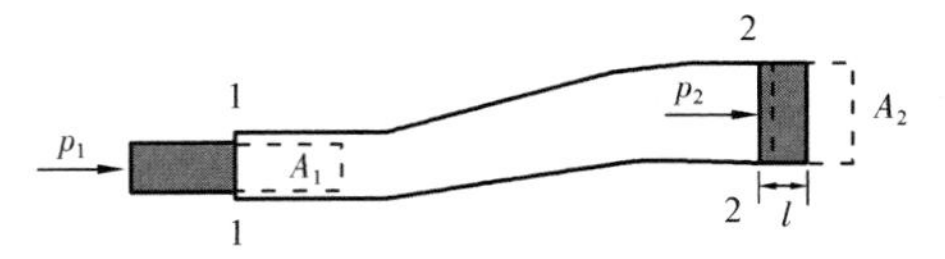

图 1.10　压强能的表达形式

推力为:$F = p_2 \cdot A_2$,单位为　$\mathrm{N \cdot m^{-2} \cdot m^2 \Rightarrow N}$;

流体走过的距离为:$l = \dfrac{m}{\rho A_2}$,单位为　$\dfrac{\mathrm{kg}}{\dfrac{\mathrm{kg}}{\mathrm{m^3}} \cdot \mathrm{m^2}} \Rightarrow \mathrm{m}$;

所以作功为:$F \cdot l = \dfrac{p_2 A_2 \cdot m}{\rho A_2} = \dfrac{m p_2}{\rho}$,单位为　$\mathrm{N \cdot m \Rightarrow J}$。

此即质量为 m(kg)的流体在 2—2 截面具有的压强能。于是,在 1—1 和 2—2 截面,单位质量流体具有的压强能分别为$\dfrac{p_1}{\rho}$和$\dfrac{p_2}{\rho}$,其单位是 J/kg。

上述各项为伴随流体进、出划定体积而输入或输出的能量,除此之外能量不依附着流体也可以通过其他途径进、出划定体积,具体有以下几项:

(5)**热**,设 1kg 流体通过换热设备得到或排除的热量为 Q_e,J/kg。若系统流体被加热,则 Q_e 为正,表示外界向系统输入的能量;若系统流体被冷却,则 Q_e 为负,表示系统向外界输出的能量。

(6)**功**,1kg 流体通过输送设备所获得的能量,亦称为有效功,用 W_e 表示,其单位为 J/kg。显然,这里的 W_e 为外界向系统输入的能量。

(7)**摩擦损失**,由 1—1 到 2—2 截面,1kg 流体由于具有黏性而产生的内摩擦损失,用 $\sum h_f$ 表示,单位为 J/kg,注意此能量以热的形式散失到环境中。

分析了这几种能量之后,可以列出在 1—1 至 2—2 截面范围内流体的能量衡算方程,即

$$mU_1 + mgz_1 + m\frac{u_1^2}{2} + m\frac{p_1}{\rho_1} + mQ_e + mW_e = mU_2 + mgz_2 + m\frac{u_2^2}{2} + m\frac{p_2}{\rho_2}$$

全式除 m,并整理得

$$Q_e + W_e = \Delta U + g\Delta z + \frac{\Delta u^2}{2} + \Delta\left(\frac{p}{\rho}\right) \tag{1.18}$$

式(1.18)为稳定流动系统总能量衡算式。

1.3.5.2 机械能衡算——伯努利方程

上面讨论的能量可划分为两类:

(1)**机械能**:包括位能、动能、压强能、功,它们可相互转变,亦可转变为热和内能。

(2)**内能和热**:在流动系统内不能直接转变为机械能而用于流体输送,故可将其撇开,研究机械能衡算。

由热力学第一定律

$$\Delta U = Q'_e - \int_1^2 p\mathrm{d}v \quad （因加热引起的体积膨胀功）$$

其中

$$Q'_e = Q_e + \sum h_f$$

因为

$$\Delta\left(\frac{p}{\rho}\right) = \Delta(pv) = \int_1^2 p\mathrm{d}v + \int_1^2 v\mathrm{d}p$$

对不可压缩流体 $v_1 = v_2 = \dfrac{1}{\rho}$,将上述各式带入总能量衡算式,整理可得

$$W_e = g\Delta z + \frac{\Delta u^2}{2} + \frac{\Delta p}{\rho} + \sum h_f$$

或

$$gz_1 + \frac{u_1^2}{2} + \frac{p_1}{\rho} + W_e = gz_2 + \frac{u_2^2}{2} + \frac{p_2}{\rho} + \sum h_f \tag{1.19}$$

式(1.19)为稳定流动系统不可压缩流体的**机械能衡算式**,习惯上亦称为伯努利方程。式中各项的单位为 J/kg。

若再假设:① 理想流体;② 无外加功。则式(1.19)简化为

$$gz_1 + \frac{u_1^2}{2} + \frac{p_1}{\rho} = gz_2 + \frac{u_2^2}{2} + \frac{p_2}{\rho} \tag{1.20}$$

式(1.20)称**伯努利方程**。

1.3.5.3 伯努利方程的讨论

(1)伯努利方程表明了流体流动系统各种机械能的守恒与转换,若无外加功和能量损失,则总机械能为一常数。

(2)W_e 称有效功,J/kg。$N_e = W_s W_e$,J/s,称**有效功率**。

(3)对可压缩流体,当$(p_1 - p_2)/p_1 < 20\%$时,以 ρ_m 代替 ρ,可近似为不可压缩流体,伯努利方程仍可用。

(4)对非稳定流动系统的某一瞬间,伯努利方程仍可用。

(5)静止流体,$u = 0$,$\sum h_f = 0$,$W_e = 0$,于是有

$$gz_1+\frac{p_1}{\rho}=gz_2+\frac{p_2}{\rho}$$

上式为流体静力学方程式。由此可见伯努利方程包含了流体静止状态的规律，流体静力学基本方程只不过是伯努利方程在流速为零时的一个特例。

（6）衡算基准不同，伯努利方程的形式有所不同。式（1.19）各项除 g，则有

$$z_1+\frac{u_1^2}{2g}+\frac{p_1}{\rho g}+H_e=z_2+\frac{u_2^2}{2g}+\frac{p_2}{\rho g}+\sum H_f \tag{1.21}$$

式（1.21）为单位重量流体的机械能衡算式。式中各项的单位为 J/N = m，表示单位重量流体所具有的机械能，可以把它自身从基准面升举的高度。所以常把 z、$\frac{u^2}{2g}$、$\frac{p}{\rho g}$、H_e、$\sum H_f$ 分别称为**位压头**（位头）、**动压头**（速度头）、**静压头**、**有效压头**（外加压头）、**压头损失**。

若式（1.19）各项乘 ρ，则有

$$\rho gz_1+\rho\frac{u_1^2}{2}+p_1+\rho W_e=\rho gz_2+\rho\frac{u_2^2}{2}+p_2+\rho\sum h_f \tag{1.22}$$

式（1.22）为单位体积流体的机械能衡算式，式中各项的单位为 J/m^3 = Pa。在气体输送的能量衡算中常用此式。式中 $\rho\sum h_f$ 有时用 Δp_f 表示，称**压强降**。

1.3.5.4 伯努利方程的应用

【例1.5】 图1.11表示料液从恒位槽通过虹吸管流进反应器，恒位槽和反应器均与大气连通，要求料液在管内以1.5m/s的速度流动。设料液在管内流动时的能量损失为22J/kg（不包括出口的能量损失），试求高位槽的液面应比虹吸管的出口高出多少？

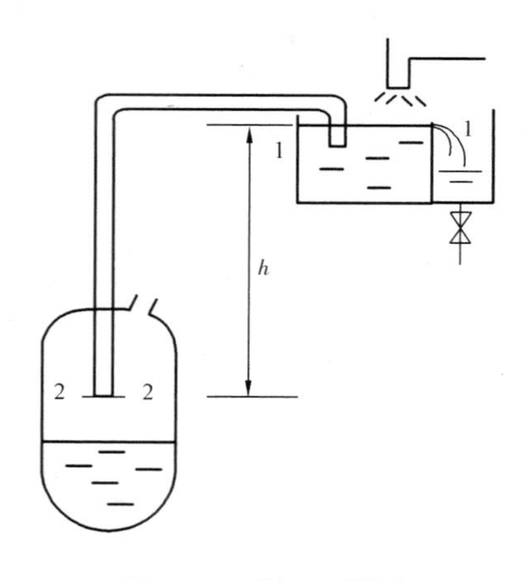

图1.11　例1.5附图

解：取高位槽液面为1—1截面，虹吸管出口内侧截面为2—2截面，并以2—2为基准面。列伯努利方程得

$$gz_1+\frac{u_1^2}{2}+\frac{p_1}{\rho}+W_e=gz_2+\frac{u_2^2}{2}+\frac{p_2}{\rho}+\sum h_f$$

其中　　$z_1=h, z_2=0, p_1=p_2=0$（表压）

$$W_e=0, u_1\approx 0$$

$$u_2=1.5\text{m/s}, \sum h_f=22\text{J/kg}$$

将上述各量代入伯努利方程得

$$9.81h=\frac{1.5^2}{2}+22$$

解得　　$h=2.36(\text{m})$

即高位槽液面应比虹吸管出口高2.36m。

需要指出，本题下游截面2—2必定要选在管子出口内侧，这样才能与题目中不包括出口的总能量损失相适应。

【例1.6】 图1.12为某水平通风管段的变径部分，管直径自300mm渐缩到200mm。为了粗略估算其中空气的流量，在锥形接头两端分别测得粗管截面1—1的表压为1500Pa，细管截面2—2的表压为1200Pa。恒温条件下操作，空气平均密度$\rho = 1.2\mathrm{kg/m^3}$，空气流过锥形管的能量损失可以忽略，求空气的体积流量。

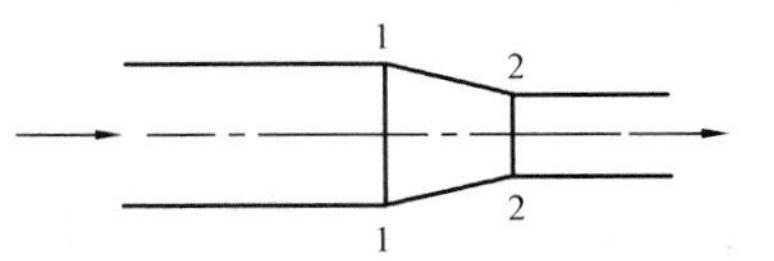

图1.12 例1.6附图

解：由题意知空气在恒温下流动，且压差变化不大，故可按不可压缩流体处理。

在1—1和2—2截面（水平管的基准面取通过管中心线的水平面）间列伯努利方程得

$$gz_1 + \frac{u_1^2}{2} + \frac{p_1}{\rho} + W_e = gz_2 + \frac{u_2^2}{2} + \frac{p_2}{\rho} + \sum h_f$$

已知$z_1 = z_2 = 0$，$\sum h_f = 0$，$W_e = 0$，$p_1 = 1500\mathrm{Pa}$，$p_2 = 1200\mathrm{Pa}$，代入得

$$\frac{u_1^2}{2} + \frac{1500}{1.2} = \frac{u_2^2}{2} + \frac{1200}{1.2}$$

$$u_2^2 - u_1^2 = 500$$

由连续性方程$u_1 d_1^2 = u_1 d_2^2 \Rightarrow u_2 = u_1\left(\frac{d_1}{d_2}\right)^2 = u_1\left(\frac{0.3}{0.2}\right)^2 = 2.25u_1$，代入得

$$(2.25u_1)^2 - u_1^2 = 500 \Longrightarrow (2.25^2 - 1)u_1^2 = 500$$

所以 $$u_1 = 11.09(\mathrm{m/s})$$

所以 $$V = \frac{\pi}{4}d_1^2 u_1 = \frac{\pi}{4} \times (0.3)^2 \times 11.09 = 0.7835(\mathrm{m^3/s}) = 2820.63(\mathrm{m^3/h})$$

【例1.7】 如图1.13所示，20℃的水由虹吸管中流出，已知$h_B = 0.7\mathrm{m}$，$h_2 = 1\mathrm{m}$。大气压强为101.33kPa，20℃水的饱和蒸气压$p_v = 2335\mathrm{Pa}$，流动阻力可以忽略不计。试求：(1) A、B两点的压强；(2)在维持h_2不变的条件下，能保持正常虹吸作用的B点最大允许高度h_B。

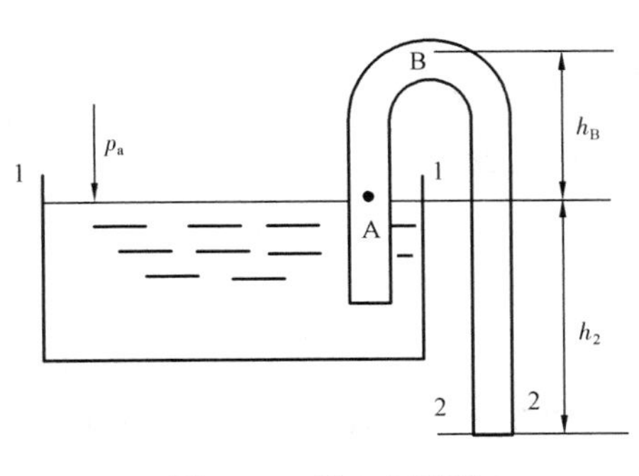

图1.13 例1.7附图

解：(1)首先求出虹吸管中水的流速。为此在1—1和2—2（出口内侧）间列伯努利方程，并设2—2为基准面

$$gz_1 + \frac{p_1}{\rho} + \frac{u_1^2}{2} = gz_2 + \frac{p_2}{\rho} + \frac{u_2^2}{2}$$

其中，$z_1 = 1\mathrm{m}$，$z_2 = 0$，$p_1 = p_2 = 101330\mathrm{N/m^2}$，$\rho = 1000\mathrm{kg/m^3}$，$u_1 \approx 0$，代入化简得

$$u_2 = \sqrt{2gz_1}$$

所以 $$u_2 = \sqrt{2 \times 9.81 \times 1} = 4.43(\text{m/s})$$

由于管路直径无变化,由连续性方程可知管内各截面流速不变,即

$$u_A = u_B = u_2 = 4.43(\text{m/s})$$

因流动系统的能量损失可忽略不计,且无外加功,则由伯努利方程可知系统内各截面上的流体总机械能 E 相等,即

$$E = gz + \frac{p}{\rho} + \frac{u^2}{2} = \text{常数}$$

总机械能可以用系统内任何截面去计算,但根据本题条件,以储槽水面 1—1 处的总机械能计算较为简便。取 1—1 为基准水平面,则 $z = 0, u = 0, p = 101330\text{N/m}^2$,所以总机械能为

$$E = 101330/1000 = 101.33(\text{J/kg})$$

需要注意:利用总机械能守恒计算管内各截面压强时,也应以 1—1 为基准水平面。则 $z_A = 0, z_B = 0.7\text{m}$,所以

$$p_A = \rho\left(E - \frac{u_A^2}{2} - gz_A\right) = 1000 \times \left(101.33 - \frac{4.43^2}{2}\right) = 91517.55(\text{N/m}^2)$$

$$p_B = \rho\left(E - \frac{u_B^2}{2} - gz_B\right) = 1000 \times \left(101.33 - \frac{4.43^2}{2} - 9.81 \times 0.7\right) = 84650.55(\text{N/m}^2)$$

可见虽然 A 点与 1—1 处于同一连通流体的同一水平面,但由于 A 点流体处于流动状态,所以二者压强是不相等的。

(2)由上述分析可知虹吸管内总机械能守恒,且管内流速处处相等,所以管内各点压强与高度有关,即压强随高度的增加而下降。当高度 z_B 增加到使 $p_B = p_v$(水的饱和蒸气压)时,B 处的水将沸腾,使虹吸破坏。所以使 $p_B = p_v$ 时的 z_B 值即为所求,即

$$z_{B,\max} = \frac{\left(E - \frac{u_B^2}{2} - \frac{p_B}{\rho}\right)}{g} = \frac{\left(101.33 - \frac{4.43^2}{2} - \frac{2335}{1000}\right)}{9.81} = 9.1(\text{m})$$

1.3.5.5 伯努利方程式应用注意事项

(1)选取截面,实际是确定衡算范围。所选上、下游截面必须与流向垂直,截面之间的流体必须连续、稳定流动。所求量和尽可能多的已知量应出现在所选截面(如 u、z、p)或在所取截面之间(如 W_e、$\sum h_f$)是选取截面的原则。从数学角度讲,选取截面就是选边界条件。

(2)确定基准面,主要是计算截面处的相对位能。一般是选位能较低的那个截面为基准面。此时这个截面的位能为零。

(3)方程两边物理量的单位必须一致。尤其需要注意的是等式两边的压强表示方法要相同,必须同时使用表压(或绝压)。如有通大气的截面,以表压为单位时,该处截面表压为零。

(4)大容器(如储槽)截面流体的流速可近似为零。

(5)水平管截面确定基准面时,一般是取通过管中心的水平面为基准面。

1.4　流体流动的内部结构

实际流体在流动过程中，由于内摩擦而造成的能量损失称为阻力损失。流体阻力与流动的内部结构密切相关，要想解决阻力的计算问题就必须弄清流体流动的内部结构。本节将对这一问题作简要介绍。

1.4.1　牛顿黏性定律与流体的黏度

1.4.1.1　牛顿黏性定律

众所熟知，油的流动性比水要差，通常我们说油比水黏，这表明流体是有黏性的。流体内在的抗拒向前运动的特性，称为**黏性**，是流动性的反面。

衡量黏性大小的物理量是**黏度**，在牛顿黏性定律中将给出黏度的定义。

设有间距甚小的两平行板，其间充满流体，如图1.14所示。下板固定，对上板施加一平行于平板的切向力 F，使此板以速度 u 作匀速运动。这时发现，紧贴于运动板下方的流体层以同一速度流动，而紧贴固定板的流体层则静止不动。两板间的流体则分成了无数流速不同的流体层，其速度大小分布如图中箭头所示。这说明上面的板对液层有带动作用，而流的快的液层对流的慢的液层也有带动作用。根据作用力与反作用力相等的原则，流速慢的液层对与它相邻的流速快的液层亦有大小相等、方向相反的阻碍作用。流体层之间的这种切向相互作用，称为**内摩擦力或黏滞力**。流体在流动时的内摩擦是流动阻力产生的根源，流体流动时必须克服内摩擦力而作功，从而将流体的一部分机械能转变为热而损失掉。

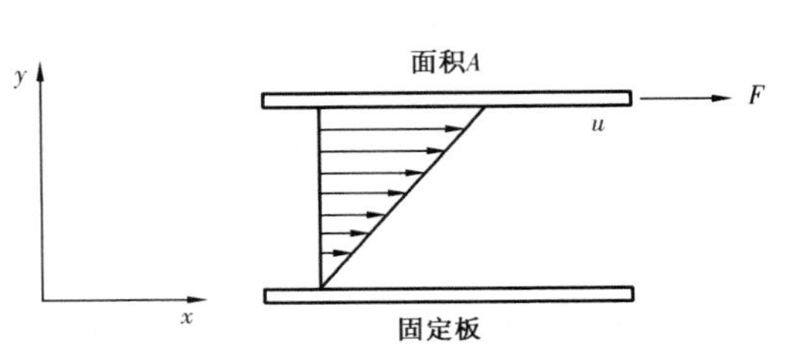

图1.14　剪应力与速度梯度

单位面积的这种切向力（F/A）称为剪应力，用τ表示。对于大多数流体，剪应力服从下面的**牛顿黏性定律**

$$\tau = \mu \frac{du}{dy} \tag{1.23}$$

式中　τ——剪应力，Pa；

$\frac{du}{dy}$——法向速度梯度，即与流向垂直方向的速度变化率，1/s；

μ——比例系数，称为流体的动力黏度，简称黏度，Pa·s。

牛顿黏性定律指出，剪应力与法向速度梯度成正比，与法向压力无关，这与固体表面间的摩擦规律是截然不同的。

黏度是流体的一种物性，其物理本质是分子间的引力和分子的运动与碰撞，是分子微观运动的宏观表现。其大小取决于流体的种类与状态，**液体的黏度随温度升高而降低，而气体的黏度随温度的升高而增加**。压力对液体黏度的影响可以忽略不计，气体黏度只有在极高或极低压力下才有变化，一般情况下亦可不考虑压力影响。

服从牛顿黏性定律的流体称为**牛顿型流体**，否则称为**非牛顿型流体**。在化工中经常遇到的是牛顿型流体,因此本章只研究牛顿型流体的流动规律。

1.4.1.2 黏度的单位

物理单位制 $[\mu] = \mathrm{dyn \cdot s/cm^2} = \mathrm{g/(cm \cdot s)}$(P,泊)

$$1\mathrm{cP}(厘泊) = 0.01\mathrm{P}$$

SI 制 $[\mu] = \dfrac{[\tau]}{\left[\dfrac{du}{dy}\right]} = \dfrac{\mathrm{N/m^2}}{\mathrm{m/(s \cdot m)}} = \dfrac{\mathrm{N \cdot s}}{\mathrm{m^2}} = \mathrm{Pa \cdot s}$

化工生产中常常以 cP 表示黏度。

$$1\mathrm{cP} = 0.01\mathrm{P} = 0.01\frac{\mathrm{dyn \cdot s}}{\mathrm{cm^2}} = 0.01\frac{1 \times 10^{-5}\mathrm{N \cdot s}}{1 \times 10^{-4}\mathrm{m^2}} = 1 \times 10^{-3}\frac{\mathrm{N \cdot s}}{\mathrm{m^2}}$$

$$= 1 \times 10^{-3}\mathrm{kg/(m \cdot s)} = 1 \times 10^{-3}\mathrm{Pa \cdot s}$$

即

$$1\mathrm{Pa \cdot s} = 1000\mathrm{cP}$$

在流体力学中,还经常把流体黏度 μ 与密度 ρ 之比称为**运动黏度**,用符号 ν 表示,即

$$\nu = \frac{\mu}{\rho} \tag{1.24}$$

运动黏度的 SI 制单位为 $\mathrm{m^2/s}$,其物理制单位为 $\mathrm{cm^2/s}$,简称斯,用 St 表示。1St(斯) = 100cSt(厘斯) = $10^{-4}\mathrm{m^2/s}$。

1.4.2 流动类型与雷诺数

1.4.2.1 雷诺实验

为了找到流体在管内流动过程中产生阻力的原因及其影响因素,必须弄清流体在管内的流动规律。

1883 年著名的雷诺实验揭示出流体流动的两种截然不同的形态。雷诺实验装置如图 1.15 所示。实验时,水不断加入玻璃水箱内,并通过水箱内的溢流装置维持水位恒定。在水箱底部安装有一根入口为喇叭状的玻璃管,玻璃管内的水流速度可以通过其出口处的阀门来调节。水箱上方的小瓶内装有密度与水接近的有色液体。在水流经玻璃管的过程中,有色液体通过细管亦不断注入水平玻璃管内。从有色液体的流动情况可以观察到管内水流质点的运动情况。

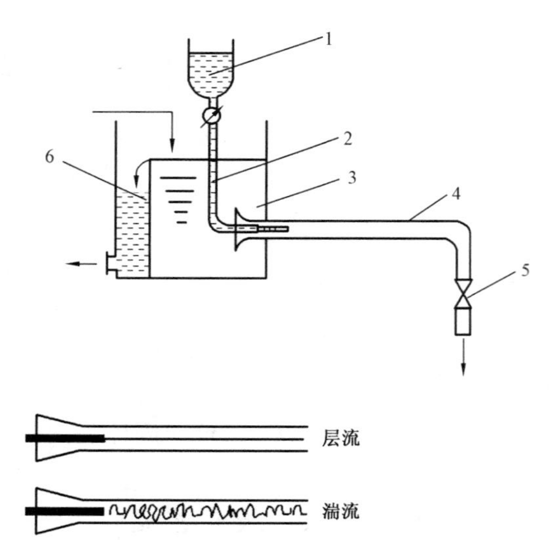

图 1.15 雷诺实验装置

1—小瓶;2—细管;3—水箱;4—水平玻璃管;5—阀门;6—溢流装置

实验发现当玻璃管内水流速度较小时，管中心的有色液体沿管的轴线呈一条轮廓清晰的细直线。当水流速度增加到某一临界值时，有色线开始抖动、弯曲而呈波浪形细线。速度再增加，细线波动加剧，然后断裂散开，最后整个玻璃管呈均一颜色。

雷诺实验揭示了流体在流动过程中存在着两种截然不同的类型。当流体流速较小时，流体质点只沿流动方向作一维运动，与其周围的流体间无宏观的混合，即分层流动，这种流动形态称为**层流**或**滞流**。当流体流速增大到某个值后，流体质点除流动方向上的流动外，还向其他方向作随机的运动，即存在流体质点的不规则**脉动**，这种流动形态称为**湍流**或**紊流**。

显然，质点的脉动是湍流运动的最基本特色，也是层流和湍流的主要区别。湍流时由于质点碰撞而产生附加阻力，不仅使流动阻力大大提高，而且使得阻力计算变得复杂。

1.4.2.2 流型判据

通过雷诺实验还发现除了流速，管道直径、流体密度和黏度都会引起流型变化。实验证明，可将影响流型的上述因素组合成一个数群$\frac{du\rho}{\mu}$，用 Re 表示，称为雷诺准数，简称**雷诺数**，作为判别流型的参数。雷诺数的因次为

$$[Re] = \left[\frac{du\rho}{\mu}\right] = \frac{\text{m}\cdot\text{m/s}\cdot\text{kg/m}^3}{\text{kg/(m}\cdot\text{s)}} = \text{m}^0\cdot\text{s}^0\cdot\text{kg}^0$$

所以 Re 是一个无因次数群。要注意在计算 Re 时各物理量的单位必须用同一单位制，这样不论采用哪种单位制，所得 Re 值都相同。

通过实验得到一般情况下的流型判据为：

(1) $Re \leqslant 2000$，流动类型为层流；

(2) $2000 < Re < 4000$，为过渡区；

(3) $Re \geqslant 4000$，流动类型为湍流。

雷诺数 Re 是个十分重要的数群。它不仅在流体流动过程中经常用到，而且在整个传热、传质过程中也常用到。

【例 1.8】 20℃的水在内径为25mm管内流动，流速为1.0m/s。求：(1)分别用法定单位制和物理单位制计算 Re 的数值；(2)管道内水保持层流的最大流速。

解：(1)用法定单位制计算：

20℃时水的黏度为 1.005×10^{-3} Pa·s，密度为 998.2kg/m³，所以

$$Re = \frac{du\rho}{\mu} = \frac{0.025\times1\times998.2}{1.005\times10^{-3}} = 24831$$

用物理单位制计算：

$$\mu = 1.005\times10^{-3}\text{Pa}\cdot\text{s} = 1.005\text{cP} = 1.005\times10^{-2}\text{P} = 1.005\times10^{-2}\text{g/(cm}\cdot\text{s)}$$

$$u = 1.0\text{m/s} = 100\text{cm/s}, \rho = 998.2\text{kg/m}^3 = 0.9982\text{g/cm}^3, d = 2.5\text{cm}$$

所以

$$Re = \frac{du\rho}{\mu} = \frac{2.5\times100\times0.9982}{1.005\times10^{-2}} = 24831$$

可见无论用何种单位制来计算，Re 的值都相同。

（2）因层流的最大雷诺数为2000，即

$$Re = \frac{du_{max}\rho}{\mu} = 2000$$

所以
$$u_{max} = \frac{2000 \times 1.005 \times 10^{-3}}{0.025 \times 998.2} = 0.081(\text{m/s})$$

1.4.3 圆形管内流体的速度分布

前面提到的流速，都是指管路内某截面的平均流速。实际流体在管内流动时，管截面上各点的速度沿半径是变化的，这种变化关系称为速度分布。

1.4.3.1 层流时的速度分布

层流时，管内流体严格分成无数同心圆筒（流体层）分层向前流动，是有规律的。各层因流速不同而相互产生的剪应力属于黏性力，可用牛顿黏性定律来描述。所以我们可以通过理论推导得到层流时的速度分布规律。

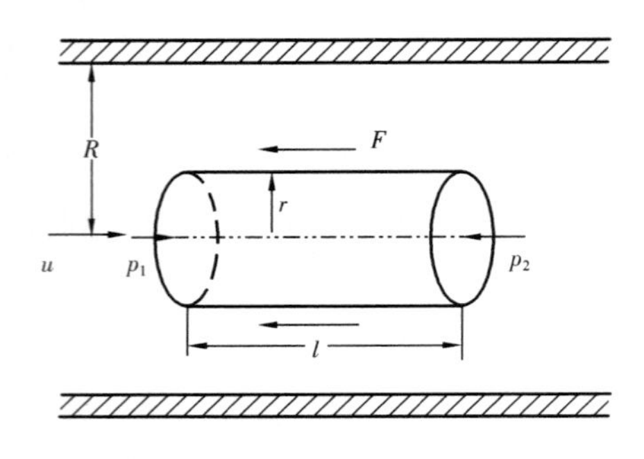

图1.16　层流速度分布推导

如图1.16所示，流体在一水平管内作稳态流动，取半径为r、长度为l的一段圆柱体作为考察对象进行受力分析，它水平方向受到的外力有

作用于单元体左、右两端的总压力

$$P_1 = p_1 \pi r^2$$

$$P_2 = p_2 \pi r^2$$

作用于单元体侧面上的剪应力

$$F = 2\pi rl\tau$$

在稳态流动条件下，单元体在水平方向的受力处于平衡状态，因此

$$P_1 = F + P_2$$

即
$$p_1 \pi r^2 = 2\pi rl\tau + p_2 \pi r^2$$

或
$$r(p_1 - p_2) = 2\tau l$$

又因为层流时流体层之间的剪应力服从牛顿黏性定律，所以

$$\tau = -\mu \frac{\mathrm{d}u_r}{\mathrm{d}r}$$

式中负号是由于$\frac{\mathrm{d}u_r}{\mathrm{d}r}$为负值，带入并化简可得

$$\mathrm{d}u_r = -\frac{p_1 - p_2}{2\mu l} r\mathrm{d}r$$

积分
$$\int_{u_r}^{0} \mathrm{d}u_r = -\frac{p_1 - p_2}{2\mu l}\int_{r}^{R} r\mathrm{d}r$$

得
$$u_r = \frac{p_1 - p_2}{4\mu l}(R^2 - r^2) = \frac{\Delta p_f}{4\mu l}(R^2 - r^2) \tag{1.25}$$

式中，$\Delta p_f = p_1 - p_2$ 为压强降。

由式(1.25)可知，层流时流体流速在管道内沿径向呈抛物线分布，见图1.17。

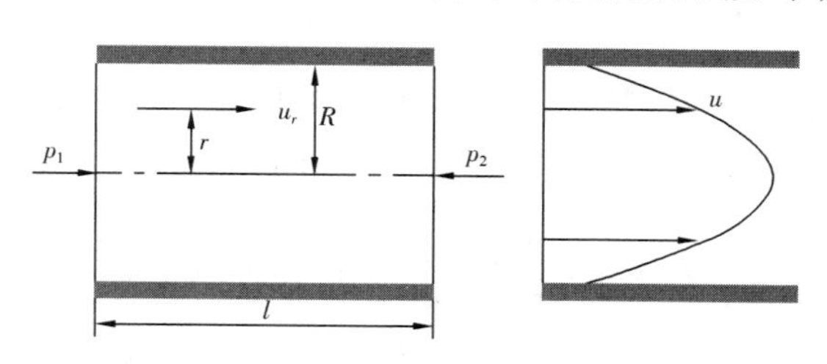

图1.17 层流表征图

在管中心处速度最大，即

$$u_{max} = \frac{\Delta p_f}{4\mu l}R^2 \tag{1.26}$$

由式(1.25)可计算流过管道的流量为

$$V = \int_0^R u_r \cdot 2\pi r \cdot dr = \int_0^R \frac{\Delta p_f(R^2 - r^2)}{4\mu l} \cdot 2\pi r \cdot dr = \frac{\pi \Delta p_f}{8\mu l} \cdot R^4$$

故平均流速为

$$u = \frac{V}{A} = \frac{\pi \Delta p_f}{8\mu l \cdot \pi R^2} \cdot R^4 = \frac{\Delta p_f R^2}{8\mu l} = \frac{\Delta p_f d^2}{32\mu l} \tag{1.27}$$

或
$$\Delta p_f = \frac{32\mu u l}{d^2} \tag{1.28}$$

式(1.28)称为**哈根—泊谡叶公式**，为管内层流的阻力计算公式。

比较式(1.26)和式(1.27)可知，层流时平均流速 u 与管中心最大流速 u_{max} 的关系为

$$u = \frac{1}{2}u_{max}$$

1.4.3.2 湍流时的速度分布

湍流时，流体质点的运动杂乱无章，目前还不能通过理论推导得出湍流的速度分布。通过实验测定，湍流时圆管内的速度分布曲线如图1.18所示。在管中心，由于质点互相碰撞、混合彼此交换了能量，使得流速趋于平均，因此曲线顶部比较平坦。

在靠近管壁处，流速迅速下降，到达壁面处流速为零。在这个区域内，速度梯度很大，流动形态由湍流经缓冲层过渡到层流（层流底层）。

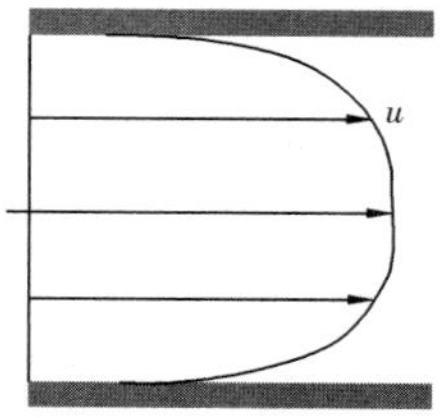

湍流时管内平均流速约为管中心最大流速的0.8倍，即 $u = 0.8u_{max}$。速度分布在 $Re \leqslant 1.1 \times 10^5$ 范围服从尼古拉则的七分之一次方定律

图1.18 湍流表征图

$$\frac{u_r}{u_{max}} = \left(1 - \frac{r}{R}\right)^{\frac{1}{7}} \tag{1.29}$$

1.5 管内阻力的计算

流体在管内流动时，由于流体具有黏性，流体层之间产生摩檫而消耗能量。在湍流时，流体质点的互相碰撞亦会损失能量。所以流体的流动阻力与流体的黏性、流动形态、管壁粗糙度、管道长度等因素有关。

化工管路主要由直管和管件、阀门等组成。流体在直管中的阻力损失称为**直管阻力损失**。流体通过管件、阀门及管道进、出口的阻力损失称为**局部阻力损失**。管路阻力损失 $\sum h_f$ 应包括所有阻力之和。本节将讨论管内流体阻力的计算方法。

1.5.1 圆形直管阻力的计算

1.5.1.1 范宁公式

图 1.19 为一圆形截面水平管道。管内径为 d，管内平均流速为 u，流体在截面 1—1 和 2—2 处的压强分别为 p_1 和 p_2，且 $p_1 > p_2$，两截面间距离为 l。由伯努利方程可知

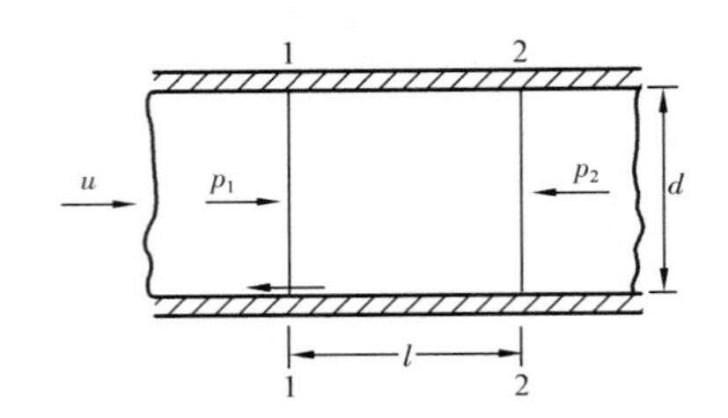

图 1.19 阻力公式导出图

$$\frac{p_1 - p_2}{\rho} = \frac{\Delta p_f}{\rho} = h_f$$

对截面 1—1 和 2—2 间的流体作受力分析，因阻力源于管壁的剪切力 F，有

$$P_1 - P_2 = F$$

所以 $$\Delta p_f \frac{\pi d^2}{4} = \tau_w \pi dl \quad 或 \quad h_f = \frac{4l\tau_w}{\rho d}$$

在使用时阻力往往被表示成动能的倍数，于是有

$$h_f = \frac{8\tau_w l u^2}{2\rho d u^2}$$

令 $$\lambda = \frac{8\tau_w}{\rho u^2}$$

得 $$h_f = \lambda \frac{l}{d}\frac{u^2}{2} \tag{1.30a}$$

或 $$\Delta p_f = \rho h_f = \lambda \rho \frac{l}{d}\frac{u^2}{2} \tag{1.30b}$$

$$H_f = \frac{h_f}{g} = \lambda \frac{l}{d}\frac{u^2}{2g} \tag{1.30c}$$

式(1.30a)、式(1.30b)、式(1.30c)都是计算圆形直管阻力的通式,称为**范宁公式**,对于层流和湍流两种流型都适用。式中 λ 称为**摩擦系数**,无因次。注意范宁公式虽然从水平管推导出,但该式对其他情况也是适用的,因阻力的大小与管路是否水平无关。

1.5.1.2 层流时的摩擦系数

由哈根—泊谡叶公式

$$\Delta p_{\mathrm{f}} = \frac{32\mu ul}{d^2}$$

与范宁公式对比,可知 $\lambda = 64/Re$,可见层流时摩擦阻力计算式可根据理论分析进行推导。

1.5.1.3 湍流时的摩擦系数与因次分析

(1)管壁粗糙度对摩擦系数的影响。

输送流体所用管道,按其材料表面的粗糙程度可分为光滑管与粗糙管两类。如玻璃管、塑料管、铜管及铅管等,可称为光滑管;钢管、铸铁管、水泥管等,可称为粗糙管。管壁粗糙面凸出部分的平均高度,称为**绝对粗糙度**,以 ε 表示。绝对粗糙度与管内径的比值 ε/d 称为**相对粗糙度**。常用工业管道的绝对粗糙度见表1.2。

表1.2 某些工业管道的绝对粗糙度

管道类别	绝对粗糙度 ε,mm
无缝黄铜管、铜管及铅管	0.01~0.05
新的无缝钢管、镀锌铁管	0.1~0.2
新的铸铁管	0.3
具有轻度腐蚀的无缝钢管	0.2~0.3
具有显著腐蚀的无缝钢管	0.5以上
旧的铸铁管	0.85以上
干净玻璃管	0.0015~0.01
橡皮软管	0.01~0.03
木管道	0.25~1.25
陶土排水管	0.45~6.0
很好平整的水泥管	0.33
石棉水泥管	0.03~0.8

层流时由于速度较慢,流体质点不会与壁面凸起部分碰撞,所以层流时的摩擦系数与管壁粗糙度无关。湍流时粗糙度对摩擦系数的影响与层流底层厚度及管径大小有关。当管壁粗糙度 ε 比层流底层厚度 δ 小时,如图1.20(a)所示,此时与层流相似,摩擦系数与管壁粗糙度无关。当粗糙度 ε 比层流底层厚度 δ 大时,如图1.20(b)所示,管壁凸起点伸入湍流区,与流体质点发生碰撞,加剧了流体质点的混合和杂乱无章的运动,使摩擦阻力损失大增。

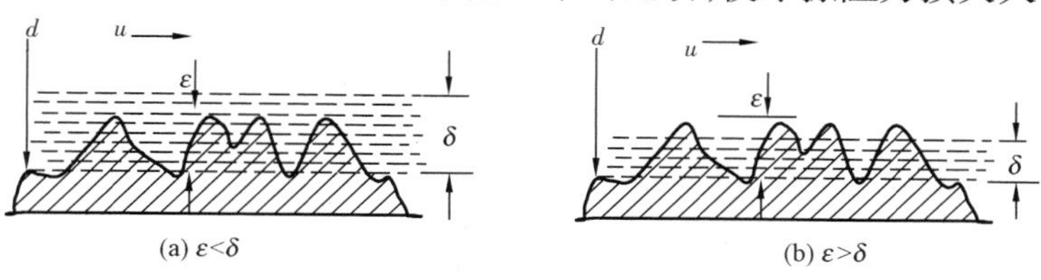

图1.20 管壁粗糙度

(2)因次分析法。

由于湍流的情况非常复杂,难以用理论分析的方法建立摩擦损失的计算式。此类问题不仅在研究流体流动时会遇到,在研究传热、传质等问题时也会遇到,一般需要通过试验解决。但进行试验时,每次只能改变一个变量,其余变量固定。若牵涉的变量很多,不仅试验工作量大,而且整理出来的关系难以推广使用。为此可采用因次分析法,将几个影响因素合并成一个变量(无因次数群),这样可以在试验中有目的地测定为数不多的试验数据,减少试验工作量,同时也便于试验结果的推广使用。

因次分析法是化学工程试验研究中经常使用的方法之一,它的基础是因次一致性原则和π定理。下面介绍用因次分析法求取湍流时摩擦阻力的关联式。

什么是因次? 物理量用基本物理量表示时,其关系式称该物理量的**因次式**,式中的各个指数称该物理量对于所取基本物理量的**因次**。例如 SI 制中,若分别用 M、L、θ 表示质量、长度和时间,则力的因次式为 $ML\theta^{-2}$,力对质量 M、长度 L 和时间 θ 的因次分别为 1、1、-2。

因次一致性原则 由基本物理规律导出的物理方程其各项的因次必相同。

白金汉的π定理 任何物理方程必可转化成无因次方程的形式,即以无因次数群的关系式代替原物理方程。设涉及的物理量数、基本物理量数和无因次数群数分别为 n、m、N,则 $N = n - m$。

通过试验分析得知,湍流时的直管阻力损失 h_f 与管径 d、管长 l、流速 u、管壁粗糙度 ε、密度 ρ 以及黏度 μ 有关,以幂函数形式表示为

$$\Delta p_f = Kd^a l^b u^c \rho^j \mu^k \varepsilon^q \tag{1.31}$$

各项的因次式 $[\Delta p_f] = M\theta^{-2}L^{-1}$, $[\rho] = ML^{-3}$, $[d] = [l] = L$

$$[\mu] = M\theta^{-1}L^{-1}, \quad [u] = L\theta^{-1}, \quad [\varepsilon] = L$$

代入式(1.31),得因次方程

$$M\theta^{-2}L^{-1} = M^{j+k}\theta^{-c-k}L^{a+b+c-3j-k+q}$$

根据因次一致性原则,得

$$j + k = 1$$

$$-c - k = -2$$

$$a + b + c - 3j - k + q = -1$$

这里有 6 个未知数,而方程只有 3 个,不能解出未知数的值。为此只能将其中三个变量表示为另外三个变量的函数,现以 b、k、q 表示为 a、c、j 的函数,得

$$a = -b - k - q, \quad c = 2 - k, \quad j = 1 - k$$

将结果代入式(1.31)得

$$\Delta p_f = Kd^{-b-k-q} l^b u^{2-k} \rho^{1-k} \mu^k \varepsilon^q$$

把指数相同(绝对值)的物理量合并在一起,整理可得

$$\frac{\Delta p_f}{\rho u^2} = K\left(\frac{l}{d}\right)^b \left(\frac{du\rho}{\mu}\right)^{-k} \left(\frac{\varepsilon}{d}\right)^q \tag{1.32}$$

把式(1.32)与范宁公式对比,可知

$$\lambda = f(Re, \varepsilon/d) \tag{1.33}$$

需要指出,因次分析法必须建立在对过程影响因素正确判断的基础上,若遗漏某个重要的影响因素将得不到可靠的结果。同时因次分析只能得到一般的准数关联式,具体的函数关系还需要通过试验解决。但是,在试验时不必改变所有变量,而可以有所选择,从而给研究工作带来很大的便利。例如,只要用改变流速的方法就可以研究 Re 对 λ 的影响,而不需要用不同物性的流体来进行试验。这是一个极为重要的特性。这就可以将水、空气等的试验结果推广到其他流体,将小尺寸模型的试验结果应用于大型装置。

(3)摩擦系数与雷诺数和管壁相对粗糙度的关系。

根据上述因次分析结果通过试验可测出 λ 与 Re 和 ε/d 的关系,并绘出如图1.21所示的曲线。图上依雷诺数范围可分为如下四个区域。

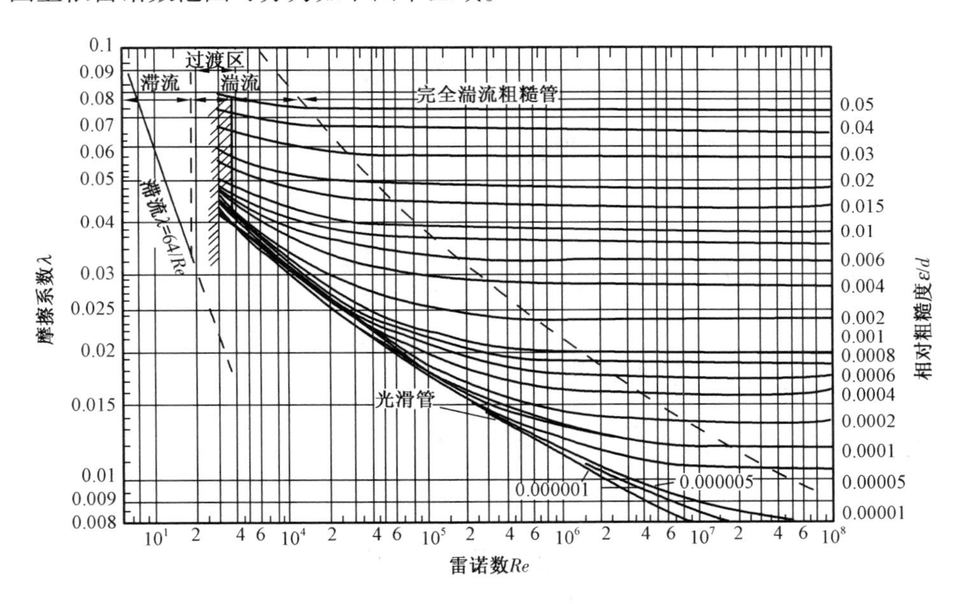

图1.21 摩擦系数 λ 与雷诺数 Re 和相对粗糙度 ε/d 的关图

① **层流区**:$Re \leqslant 2000$,λ 和 Re 在对数坐标中呈直线关系,而与 ε/d 无关。此区间阻力损失与 u 的一次方成正比,故称阻力的**一次方定律区**。

② **过渡区**:$2000 < Re < 4000$。流体的流型有层流与湍流两种可能,为了安全起见,一般将湍流区的曲线延伸到层流区查取 λ 数值。

③ **湍流区**:光滑管曲线到虚线之间的区域。λ 与 Re 及 ε/d 均有关系。此区间最下一条曲线是光滑管曲线,由于管壁表面凸起高度很小,因此摩擦系数 λ 与管壁相对粗糙度无关,而仅与 Re 有关。当 Re 为4000~100000时,光滑管曲线可近似用柏拉修斯公式描述

$$\lambda = \frac{0.3164}{Re^{0.25}} \tag{1.34}$$

④ **完全湍流区**:图中虚线以上区域。此区间层流底层厚度比管壁凸起小,质点碰撞加剧,λ—Re 曲线近似为水平线,即摩擦系数 λ 仅与 ε/d 有关,而与 Re 无关。此时阻力损失 h_f 与 u^2 成正比,故此区域又称**阻力平方区**。

1.5.2 非圆形直管的流动阻力

流体在非圆形管内的流动阻力，仍然可以用上述圆形直管阻力的计算方法，但是计算式 $h_f = \lambda \frac{l}{d}\frac{u^2}{2}$、$Re = \frac{du\rho}{\mu}$ 及 $\frac{\varepsilon}{d}$ 中的管内径 d 需要用非圆形管的**当量直径** d_e 来代替。为此，引入水力半径的概念。定义**水力半径**为流道截面积 A 与润湿周边长 Π 之比，即

$$r_H = \frac{A}{\Pi} \tag{1.35}$$

内径为 d 的圆管，其内部可供流体流过的截面积为 $\frac{\pi d^2}{4}$，其被流体润湿的周边长度为 πd，故有

$$d = 4 \times \frac{\pi d^2/4}{\pi d} = 4 \times \frac{\text{流通截面积} A}{\text{润湿周边长度} \Pi} = 4r_H$$

对于非圆形管道，可类比得到它的当量直径为

$$d_e = 4r_H \tag{1.36}$$

例如，对于长为 a、宽为 b 的矩形截面管道，当量直径为

$$d_e = 4 \times \frac{ab}{2(a+b)} = \frac{2ab}{a+b}$$

对于外管内径为 D_i、内管外径为 d_o 的套管环隙的当量直径为

$$d_e = 4 \times \frac{\frac{\pi}{4}(D_i^2 - d_o^2)}{\pi(D_i + d_o)} = D_i - d_o$$

需要说明的是，上述方法是经验性的，没有充分的理论依据。流体在非圆形管中湍流流动时，采用当量直径计算摩擦阻力损失较为准确，而层流流动时不够准确，可改用下式计算

$$\lambda = \frac{c}{Re} \tag{1.37}$$

式中，c 值应根据非圆形管的截面形状而定，这里不详细介绍。

另外还要注意，当量直径只能用来计算阻力，不能用来计算非圆形管的截面积、流速和流量。

1.5.3 局部阻力

流体通过管路进、出口及管件、阀门时，因流速大小以及方向的改变而产生漩涡，湍动程度增大，使阻力损失显著增加。和直管阻力的沿程均匀分布不同，这种阻力损失是由于管件内流道的突变所造成，因而称为局部阻力损失。局部阻力的计算常用阻力系数法和当量长度法。

阻力系数法 将局部阻力损失表示成动能的倍数，即

$$h_f = \zeta \frac{u^2}{2} \tag{1.38}$$

式中,ζ 称为局部阻力系数,其值由实验测定。

对于管路进口,可视为流体由很大的容器流进管道,此时 $\zeta = 0.5$;对于管路出口,可视为流体从管道流入一个很大的容器,这时 $\zeta = 1$。

当量长度法 将管件的局部阻力折算成一定长度的直管阻力,即

$$h_f = \lambda \frac{l_e}{d} \frac{u^2}{2} \tag{1.39}$$

式中,l_e 为管件的当量长度,其值由实验测得。

常用阀门和管件的 ζ 和 l_e 值列于表 1.3 中。

表 1.3 一些管件的阻力系数与当量长度数据

名称	阻力系数 ζ 值	当量长度与管径比 $\frac{l_e}{d}$
标准弯头		
45°	0.35	17
90°	0.75	35
180°回弯头	1.5	75
三通	1	50
管接头	0.04	2
闸阀		
全开	0.17	9
半开	4.5	225
标准截止阀		
全开	6.0	300
半开	9.5	475
单向阀		
球式	70	3500
摇板式	2	100
角阀(90°)	5	200
水表(盘形)	7	350

1.6 管路计算

前几节介绍了连续性方程式、机械能衡算式以及阻力损失的计算式。据此,可以进行不可压缩流体输送管路的计算。

管路按其布置情况可分为简单管路和复杂管路。前者是单一管线,后者则存在着分流与合流,下面分别介绍。

1.6.1 简单管路

直径相同或不同的管子组成的串联管路,称简单管路。简单管路的计算问题主要有以下三类:

(1)已知管径 d、管长 l、流量 V、管件情况(即 $\sum l_e$),求管路系统所需外加的能量 W_e 或高位槽高 h 。

(2)已知管径 d、管长 l 及允许的能量损失,求流体的流速 u 或流量 V。

(3)已知管长 l、流量 V 以及允许的能量损失,求管径 d。

第(1)种情况由于流量和管径都已确定,所以计算比较方便。

第(2)种和第(3)种情况分别不知道流速和管径,所以无法计算雷诺数 Re 确定流型,因此不能计算摩擦系数 λ。此时须用试差法求解。试差法的步骤是:(1)首先假设一个 λ 值(因为 λ 的变化范围较小),一般从 0.02 开始设定;(2)由式 $h_f = \lambda \dfrac{l}{d}\dfrac{u^2}{2}$求出 u(或 d);(3)由 u(或 d)求出 $Re = \dfrac{du\rho}{\mu}$;(4)由 Re,$\dfrac{\varepsilon}{d}$,查图得到 λ,看是否与假设的 λ 值一致;(5)若不符合,重新假设,直到 λ 值符合为止。

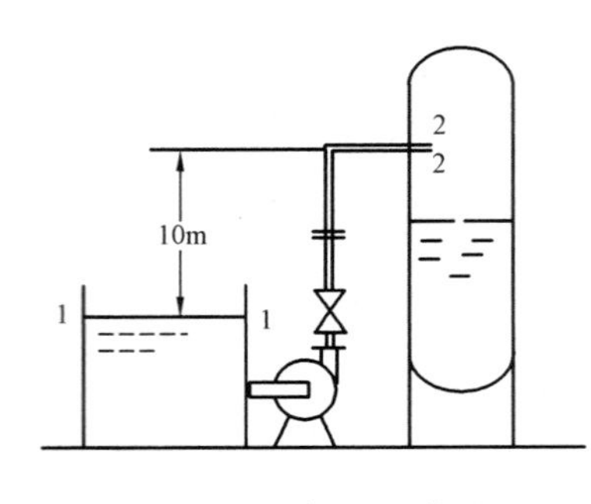

图 1.22 例 1.9 附图

【例 1.9】 如图 1.22 所示,用泵将敞口储槽中温度为 20℃、密度为 1200kg/m^3 的硝基苯送往反应器中。每小时进料量为 30t,反应器内维持 9810N/m^2(表压)。管路为 ϕ89mm×4mm 的不锈钢管,总长为 50m,其上装有阻力系数为 8.25 的流量计一个,全开闸阀两个和 90°标准弯头四个。储槽液面与反应器入口管之间垂直距离为 10m,泵的效率为 0.65,当地大气压为 1atm。求泵消耗的功率。

解:在储槽液面 1—1 及出口管 2—2 内侧间列伯努利方程,并以 1—1 为基准面,得

$$W_e = (z_2 - z_1)g + \frac{p_2 - p_1}{\rho} + \frac{u_2^2 - u_1^2}{2} + \sum h_f$$

其中 $z_1 = 0, z_2 = 10\text{m}, p_1 = 0(\text{表压}), p_2 = 9810\text{N/m}^2, u_1 \approx 0$

$$u_2 = \frac{W_s}{\rho A} = \frac{30000}{3600 \times 1200 \times \frac{\pi}{4} \times 0.081^2} = 1.35(\text{m/s})$$

由附录 9 查得 20℃时硝基苯的黏度为 2.1cP。

所以 $$Re = \frac{du\rho}{\mu} = \frac{0.081 \times 1.35 \times 1200}{2.1 \times 10^{-3}} = 62486$$

参考表 1.2 取不锈钢管的绝对粗糙度 ε 为 0.2mm,故

$$\frac{\varepsilon}{d} = \frac{0.2}{81} = 0.00247$$

由图 1.21 查得 $\lambda=0.026$，由表 1.3 查得全开闸阀和 90°标准弯头的阻力系数分别为 0.17 和 0.75，故总阻力为

$$\sum h_f = \lambda \frac{l}{d}\frac{u^2}{2} + \sum \zeta \frac{u^2}{2} = \left(\lambda \frac{l}{d} + \sum \zeta\right)\frac{u^2}{2}$$

$$= \left(0.026 \times \frac{50}{0.081} + 8.25 + 2 \times 0.17 + 4 \times 0.75 + 0.5\right) \times \frac{1.35^2}{2} = 25.64(\text{J/kg})$$

将上面各数值代入伯努利方程，得

$$W_e = 10 \times 9.81 + \frac{9810}{1200} + \frac{1.35^2}{2} + 25.64 = 132.83(\text{J/kg})$$

质量流率 $$W_s = \frac{30 \times 10^3}{3600} = 8.33(\text{kg/s})$$

泵的轴功率 $$N = \frac{N_e}{\eta} = \frac{W_e W_s}{\eta} = \frac{132.83 \times 8.33}{0.65} = 1702.26(\text{W}) = 1.70(\text{kW})$$

1.6.2 复杂管路

在机械能衡算式的推导过程中，虽然假定两截面之间没有分流或合流，但最后的结果是对单位流体的能量衡算。所以若能搞清楚能量的损失和转换，则机械能衡算式仍可用于分流或合流。

1.6.2.1 并联管路

并联管路如图 1.23 所示，其特点分述如下：

（1）由质量守恒知对于不可压缩流体，有

$$V_{总} = V_C + V_D + V_E \tag{1.40}$$

（2）由于并联管路的各支路两端相同，都是起于 A、终于 B，因此并联管路各支管的阻力损失相等，即

$$h_{fC} = h_{fD} = h_{fE} \tag{1.41}$$

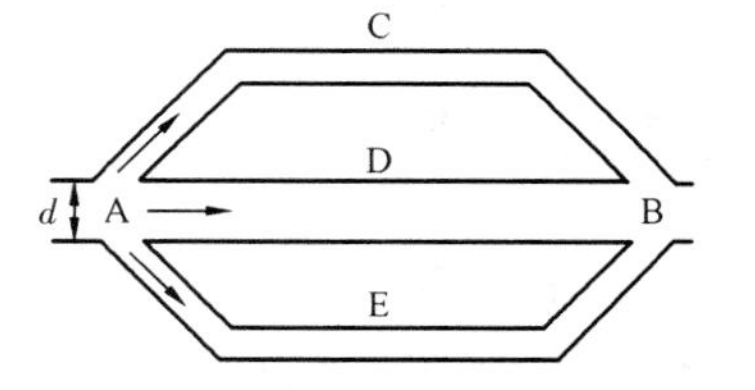

图 1.23 并联管路示意图

【例 1.10】 用内径为 300mm 的钢管输送 20℃ 的水。为了测量管内水的流量，在 2m 长的主管上并联了一根总长为 10m（包括局部阻力的当量长度）、内径为 53mm 的支管，如图 1.24 所示。支管上安装了转子流量计，其读数为 $2.72\text{m}^3/\text{h}$。试求总管中水的流量。假设主管与支管的摩擦阻力系数分别为 0.02 和 0.03。

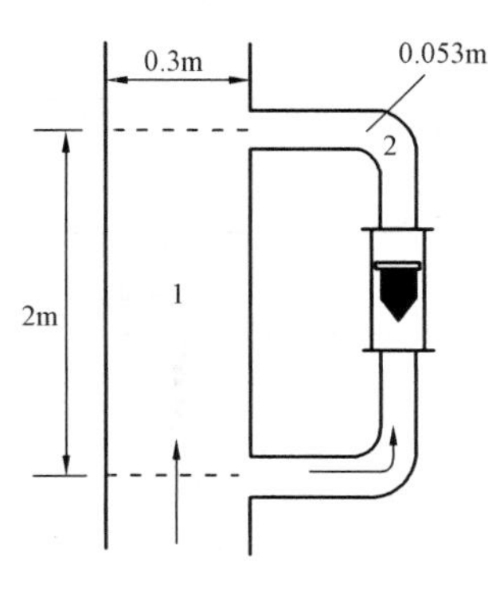

图 1.24 例 1.10 附图

解：支管流速

$$u_2 = \frac{2.72}{3600 \times \frac{\pi}{4} \times (0.053)^2} = 0.343(\text{m/s})$$

由于并联管路中主管阻力 h_{f1} 等于支管阻力 h_{f2}，即

$$h_{f1} = \lambda_1 \frac{l_1}{d_1}\frac{u_1^2}{2} = h_{f2} = \lambda_2 \frac{l_2 + l_e}{d_2}\frac{u_2^2}{2}$$

将 $\lambda_1=0.02,\lambda_2=0.03,l_1=2\text{m},l_2+l_e=10\text{m},d_1=0.3\text{m},d_2=0.053\text{m},u_2=0.343\text{m/s}$ 代入得

$$0.02\times\frac{2}{0.3}\times u_1^2=0.03\times\frac{10}{0.053}\times(0.343)^2$$

所以
$$u_1=2.23(\text{m/s})$$

所以
$$V_1=\frac{\pi}{4}d_1^2u_1=0.785\times(0.3)^2\times2.23\times3600=567.18(\text{m}^3/\text{h})$$

$$V=V_1+V_2=567.18+2.72=569.90(\text{m}^3/\text{h})$$

1.6.2.2 分支管路

分支管路如图 1.25 所示,其特点分述如下:

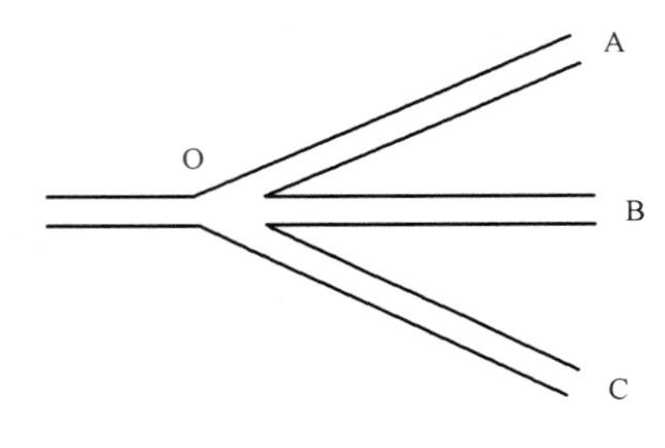

图 1.25 分支管路示意图

(1)由质量守恒可知总管流量等于各分支管路流量之和,即

$$V_O=V_A+V_B+V_C \tag{1.42}$$

(2)从分支点 O 到 A、B、C 分别列伯努利方程,可得

$$E_O=E_A+\sum h_{fOA}=E_B+\sum h_{fOB}=E_C+\sum h_{fOC} \tag{1.43}$$

其中 $E=gz+\frac{u^2}{2}+\frac{p}{\rho}$,称流体总机械能。

1.7 流量测量

在化工生产过程中,经常需要控制和测量流体的流量。流量测量的方法很多,下面仅介绍根据流体运动的守恒原理设计的一些测量仪表。

1.7.1 测速管

测速管又称为**皮托管、毕托管**,是用来测量管道内某一点流体速度的装置。其构造如图 1.26 所示。它由两个弯成直角的同心圆管组成,外管前端封闭,外管壁面四周开有测压小孔,内管管口敞开。外管与内管末端分别与 U 形压差计两支管相连。

考察图中从 A 到 B 的流线,由于 B 点速度为零,所以A、B两点的势能差应等于 A 点的动能,即

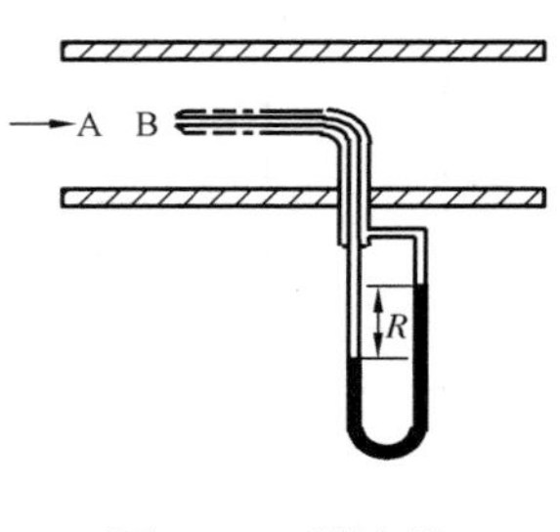

图 1.26 测速管

$$\frac{p_A}{\rho}+gz_A+\frac{u_A^2}{2}=\frac{p_B}{\rho}+gz_B$$

于是
$$u_A=\sqrt{\frac{2[(p_B+gz_B)-(p_A+gz_A)]}{\rho}}$$

$$=\sqrt{\frac{2Rg(\rho_0-\rho)}{\rho}} \tag{1.44}$$

式中　ρ_0——指示剂密度，kg/m^3。

显然，测速管测的是点速度。因此利用测速管可以测得管截面上的速度分布。

测速管的安装要注意以下几点：

(1)测量点要位于均匀流段；

(2)要保证测速管口端面严格垂直于流向；

(3)管道直径要大于测速管外径50倍以上。

1.7.2　孔板流量计和文丘里流量计

孔板流量计的结构如图1.27所示，为一插入管道、且与管轴线垂直的中间带有圆孔的金属板。当流体通过孔板时，因流道缩小使流速增加，势能降低。流体通过孔板后，由于惯性，实际流道继续缩小至截面2(缩脉)为止。

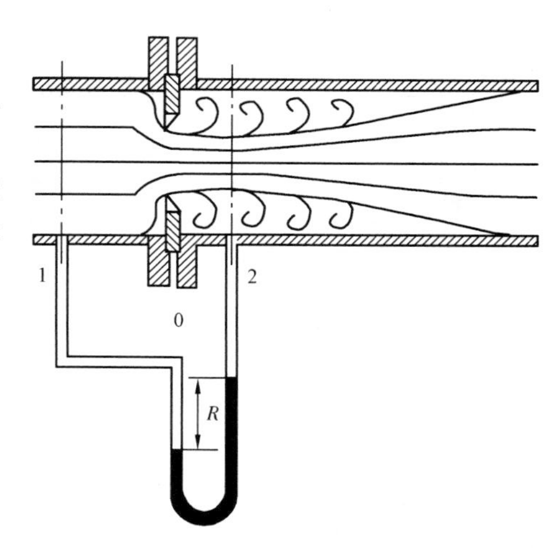

图1.27　孔板流量计示意图

对孔板前后的1、2两截面列伯努利方程得

$$z_1 + \frac{p_1}{\rho g} + \frac{u_1^2}{2g} = z_2 + \frac{p_2}{\rho g} + \frac{u_2^2}{2g} + H_f$$

设 $z_1 = z_2, H_f = 0$，则有

$$\frac{p_1}{\rho} + \frac{u_1^2}{2} = \frac{p_2}{\rho} + \frac{u_2^2}{2}$$

设流体体积流量为 $V(m^3/s)$，则

$$u_1 = \frac{V}{A_1}, u_2 = \frac{V}{A_2}$$

代入，得

$$\left(\frac{V}{A_2}\right)^2 - \left(\frac{V}{A_1}\right)^2 = \frac{2(p_1 - p_2)}{\rho}$$

所以

$$V = \frac{A_2}{\sqrt{1 - \left(\frac{A_2}{A_1}\right)^2}} \sqrt{\frac{2(p_1 - p_2)}{\rho}}$$

由于实测中以 u_o、A_o 代替未知的 u_2、A_2(流体缩脉位置随流动状况而变)，且忽略了阻力，故需加一校正系数 C_D 修正，称排出系数，再令

$$C_0 = \frac{C_D}{\sqrt{1 - \left(\frac{A_2}{A_1}\right)^2}}$$

于是

$$u_0 = C_0 \sqrt{\frac{2(p_1 - p_2)}{\rho}} = C_0 \sqrt{\frac{2gR(\rho_0 - \rho)}{\rho}} \tag{1.45}$$

C_0 称孔流系数（流量系数）。C_0 与管道流动雷诺数 Re 及孔与管路的面积比 m 有关，即 $C_0=f(Re,m)$，需由实验确定。研究表明，C_0 随 Re 的增大下降，但当 Re 增大到一定值后，C_0 不再随 Re 而变，成为一个仅决定于 m 的常数。此为孔板流量计 Re 的工作范围。

孔板流量计安装时，其上、下游必须分别至少有 $10d$ 和 $5d$（d 为管道内径）长的直管段，以避免涡流对测量的影响。

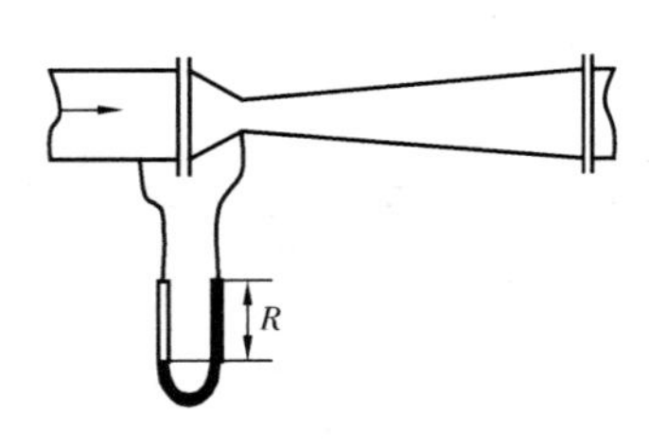

图 1.28　文丘里流量计

孔板流量计属“恒截面、变压头”的流量计。其结构简单，制造安装方便，缺点是阻力损失大。为此，研究人员设法将测量管段制成如图 1.28 所示的渐缩渐扩管，避免了流道的突然缩小和突然扩大，必然可以大大降低阻力损失。此管称为**文丘里管**或**文丘里流量计**。

文丘里流量计的计算公式与孔板流量计相同，其 C_0 可取 0.98 ~ 0.99。

文丘里流量计的主要优点是能耗小，大多用于低压气体的输送；缺点是加工精度高，造价高，安装时占去一定长度。

1.7.3　转子流量计

如图 1.29 所示，转子流量计由一个倒锥形的玻璃管和一个能上下移动并且比流体密度大的转子所构成。当被测流体以一定流量通过转子流量计时，流体在环隙中的流速较大，压强减小，于是在转子的上、下端形成一个压差，转子将“浮起”。随着转子的上浮，环隙面积逐渐加大，环隙中流体的流速将减小，转子两端的压差随之降低。当转子升至某一高度，转子上、下端压差造成的升力与转子的重力相等时，转子则悬浮于该高度，见图 1.30。转子所处位置越高，流量越大，因此可根据转子停留的高度读出流量大小。

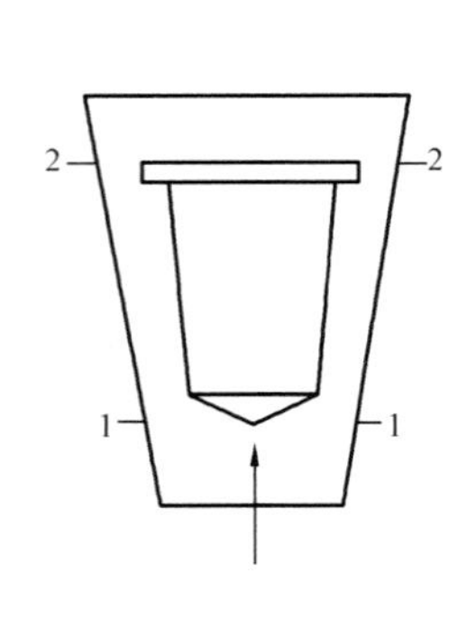

图 1.29　转子流量计示意图

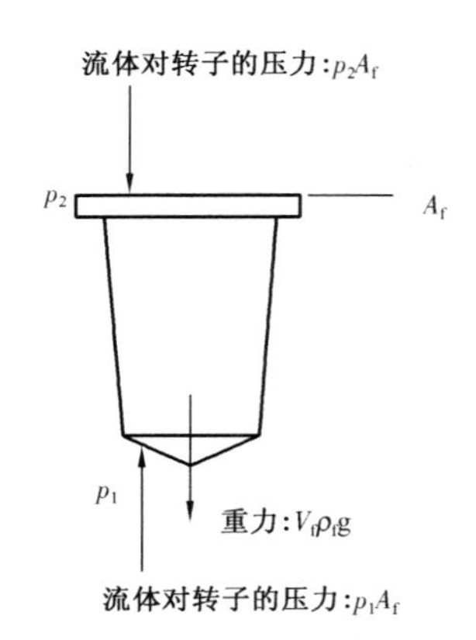

图 1.30　转子平衡示意图

孔板流量计的收缩口面积固定（恒面积），流量的大小由压力变化指示（变压差）。转子流量计则是流体通过的压力降固定（恒压差），而收缩口的面积改变（变截面）。

当转子停留在某一高度时，有

$$(p_1-p_2)A_f=V_f\rho_f g \tag{1.46}$$

在1—2截面间列伯努利方程，忽略阻力，则

$$(p_1 - p_2) = (z_2 - z_1)\rho g + \frac{\rho}{2}(u_2^2 - u_1^2)$$

或

$$(p_1 - p_2)A_f = V_f \rho g + \frac{\rho}{2}(u_2^2 - u_1^2)A_f \tag{1.47}$$

由式(1.46)、式(1.47)可得

$$\frac{\rho}{2}(u_2^2 - u_1^2)A_f = V_f(\rho_f - \rho)g$$

又因为 $u_2A_2 = u_1A_1$，代入可得

$$u_2 = \frac{1}{\sqrt{1 - \left(\frac{A_2}{A_1}\right)^2}}\sqrt{\frac{2V_f(\rho_f - \rho)g}{\rho A_f}}$$

考虑到实际转子不是圆柱状，流体有阻力，加一校正系数，化简得

$$u_2 = C_R\sqrt{\frac{2g(\rho_f - \rho)V_f}{\rho A_f}} \tag{1.48}$$

如用 u_R、A_R 表示 u_2、A_2，可得转子流量计的流量计算公式

$$V_s = C_R A_R\sqrt{\frac{2g(\rho_f - \rho)V_f}{\rho A_f}} \tag{1.49}$$

式中 V_f——转子的体积，m^3；

ρ_f——转子的密度，kg/m^3；

ρ——流体密度，kg/m^3；

A_f——转子的大端截面面积，m^2；

A_R——转子与玻璃管的环隙面积，m^2；

C_R——转子流量计的流量系数。

校正系数 C_R 弥补转子形状和阻力损失的影响，即 $C_R = f$(浮子结构，Re)。当转子结构与流体均已确定，则 V_f、A_f、ρ_f、ρ 为常数。如 Re 较高，C_R 也为常数，故 u_R = 常数，$p_1 - p_2$ = 常数，与流量无关。由此可以得出转子流量计的阻力损失 $h_f = \zeta u^2/2$ = 常数，与孔板流量计截然不同。

转子流量计的特点 (1)恒流速、恒压差，无需保留稳定段；(2)阻力不随流量而变，故常用于宽范围流量的测量；(3)耐压低(<5atm)。

转子流量计的刻度换算 由式(1.49)可知，对于一定的转子(V_f,A_f,ρ_f)和流体(ρ)，流体的体积流量(V)正比于环隙面积 A_R，即转子上升越高，A_R 越大，流量亦越大。因而可用转子所处位置的高低来反映流量的大小。

转子流量计的刻度与被测流体的密度有关。生产厂家在转子流量计出厂前，一般用常温常压下的水和空气分别作为标定流量计刻度的介质。当测量其他流体时，需要对刻度加以校正。

若用户测定的不是标定流体，而是其他流体(ρ')，则 V' 为

$$V' = C_R A_R \sqrt{\frac{2V_f g(\rho_f - \rho')}{A_f \rho'}} \tag{1.50}$$

用式(1.50)除以式(1.49)得刻度换算式

$$\frac{V'}{V} = \sqrt{\frac{(\rho_f - \rho')\rho}{(\rho_f - \rho)\rho'}} \tag{1.51}$$

所以

$$V' = V\sqrt{\frac{\rho(\rho_f - \rho')}{\rho'(\rho_f - \rho)}}$$

转子流量计的安装 必须垂直安装，否则环隙通道的形状将发生变化，甚至会使转子与管壁接触，影响测量精度。即使垂直安装，转子有时仍可能附于壁面。因此常在转子上刻有斜槽，使之旋转而位于管“中心”(转子之名由来)。使用中，特别是大型转子流量计，开启阀门应缓慢小心，以防止转子突然上升而卡于管顶或撞击玻璃管导致玻璃破碎。此外，为便于检修，流量计应加支路。

【例 1.11】 某不锈钢转子流量计($\rho_f = 7900\text{kg/m}^3$)，用来测定煤油($\rho' = 800\text{kg/m}^3$)的流量。当转子停在刻度 $V = 6\times10^{-4}\ \text{m}^3/\text{s}$ 处，试求煤油的实际流量。水在 20℃ 的密度为 998.2kg/m^3。

解：

$$V_{煤油} = V_{水}\sqrt{\frac{\rho(\rho_f - \rho')}{\rho'(\rho_f - \rho)}} = 6\times10^{-4}\times\sqrt{\frac{998.2(7900-800)}{800(7900-998.2)}}$$

$$= 6\times10^{-4}\times1.13 = 6.78\times10^{-4}(\text{m}^3/\text{s})$$

习　　题

一、填空题

1. 1atm = ________ mH_2O = ________ N/m^2；1cP = ________ P = ________ Pa·s。

2. 当地大气压为 745mmHg，测得一容器内的绝对压强为 350mmHg，则真空度为 ________。测得另一容器内的表压强为 1360mmHg，则其绝对压强为 ________。

3. 液柱压力计是基于 ________ 原理的测压装置，用 U 形管压差计测压时，当一端与大气相通时，读数 R 表示的是 ________ 或 ________。

4. 边长为 d 的正方形风管当量直径 d_e = ________。

5. 气体的黏度随温度升高而 ________，水的黏度随温度升高而 ________。

6. 用高位槽向低位槽输液，两槽均敞口。若维持两槽的液面高度不变，当关小输送管路的阀门后，管路总阻力将 ________。

7. 孔板流量计和转子流量计的最主要区别在于：前者是恒 ________，变 ________；后者是恒 ________，变 ________。

8. 某转子流量计，其转子材料为不锈钢，测量密度为 1.2kg/m^3 的空气时，最大流量为 $400\text{m}^3/\text{h}$。现用来测量密度为 0.8kg/m^3 氨气时，其最大流量为 ________ m^3/h。

二、选择题

1. 选择下述流体在管路中常用的流速：过热水蒸气________；水及一般液体________；压强较高的气体________；黏度较大的液体________。

(A)1 ~3m/s　　(B)0.5 ~1m/s　　(C)15 ~25m/s　　(D)30 ~50m/s

2. 层流与湍流的本质区别是________。

(A)流速不同　　(B)流通截面积不同

(C)雷诺数不同　　(D)层流无径向运动，湍流有径向运动

3. 在完全湍流区（阻力平方区）时，粗糙管的摩擦系数 λ 数值________。

(A)与光滑管一样　　(B)只取决于 Re

(C)只取决于相对粗糙度　　(D)与粗糙度无关

4. 层流底层越薄________

(A)接近壁面速度梯度越小　　(B)流动阻力越小

(C)流动阻力越大　　(D)流体湍动程度越小

5. 利用因次分析法的目的在于________。

(A)使试验和关联工作简化　　(B)增加试验结果的可靠性

(C)建立数学表达式　　(D)避免出现因次错误

6. 图 1.31 中高位槽液面保持恒定，液体以一定流量流经管路，ab 与 cd 两段长度相等，管径与管壁粗糙度相同，则：

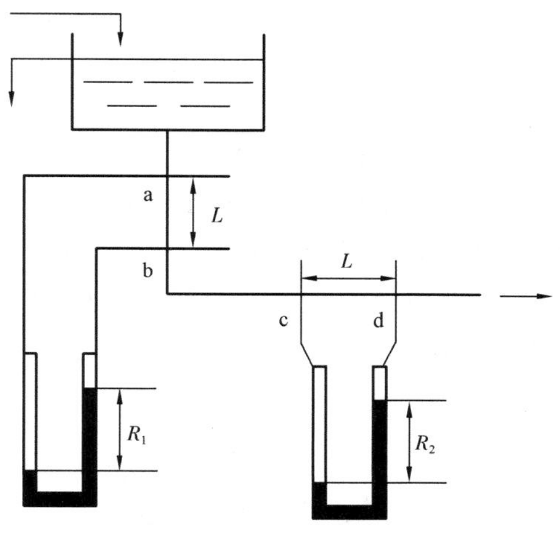

图 1.31　选择题 6 附图

(1) U 形压差计的读数________。

(A) $R_1 > R_2$　　(B) $R_1 < R_2$　　(C) $R_1 = R_2$　　(D)不能确定

(2)液体通过 ab 与 cd 段的能量损失________。

(A) $h_{fab} > h_{fcd}$　　(B) $h_{fab} < h_{fcd}$　　(C) $h_{fab} = h_{fcd}$　　(D)不能确定

(3) ab 与 cd 两段压差________。

(A) $(p_a - p_b) > (p_c - p_d)$　　(B) $(p_a - p_b) < (p_c - p_d)$

(C) $(p_a - p_b) = (p_c - p_d)$　　(D)不能确定

(4) R_1 表示________。

(A) ab 段的压差值　　(B) ab 段的位能变化

(C) ab 段的流动能量损失　　(D) ab 段的压差值及流动能量损失

7. 当 Re 增大时，孔板流量计的孔流系数 C_0 ________。

(A) 总在增大　　(B) 先减小，当 Re 增大到一定值时，C_0 保持某定值

(C) 总在减小　　(D) 不定

8. 完成下述各种流量计的比较：

(1) 孔板流量计________；

(2) 文丘里流量计________；

(3) 转子流量计________。

(A) 调换方便，但不耐高温高压，压头损失较大

(B) 能耗小，加工方便，可耐高温高压

(C) 能耗小，多用于低压气体的输送，但造价较高

(D) 读取流量方便，测量精度高，但不耐高温高压

(E) 制造简单，调换方便，但压头损失大

三、计算题

1. 混合气体组成为：CO_2 15%，O_2 5%，N_2 80%（均为体积分数），试计算该混合气体在常压、200℃时的密度。

答：0.7885kg/m^3。

2. 混合液组成为：苯 30%，甲苯 70%（均为质量分数），试求 20℃时该混合液的密度。

答：870.15kg/m^3。

3. 一盛水敞口容器，在侧壁 A、B 处有二压力引线接入 U 形压差计（指示液为水银），相关尺寸如图 1.32 所示。求：(1) 压差计读数；(2) A、B 两处的表压。

答：(1) 0；(2) p_A = 7848Pa（表），p_B = 17658Pa（表）。

4. 如图 1.33 所示，以复式水银压差计测量某密闭容器内的压力。两 U 形管连接管内为水，已知各液面标高分别为 Δ_1 = 3.0m，Δ_2 = 0.5m，Δ_3 = 2.0m，Δ_4 = 1.0m，Δ_5 = 3.2m。试求容器水面上方压强 p，以 kN/m^2（表压）表示。

答：430.66kPa（表）。

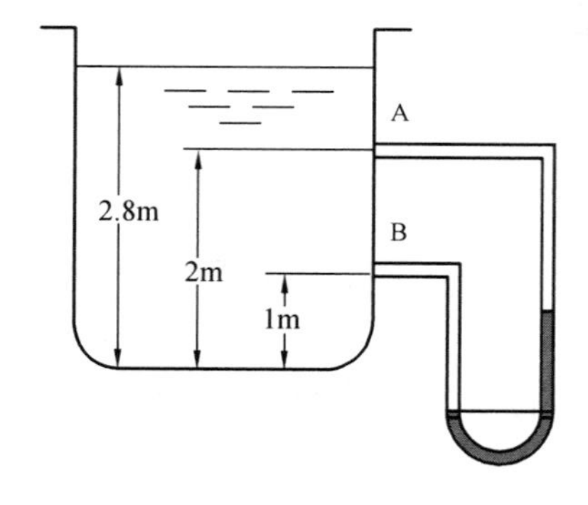

图 1.32　计算题 3 附图

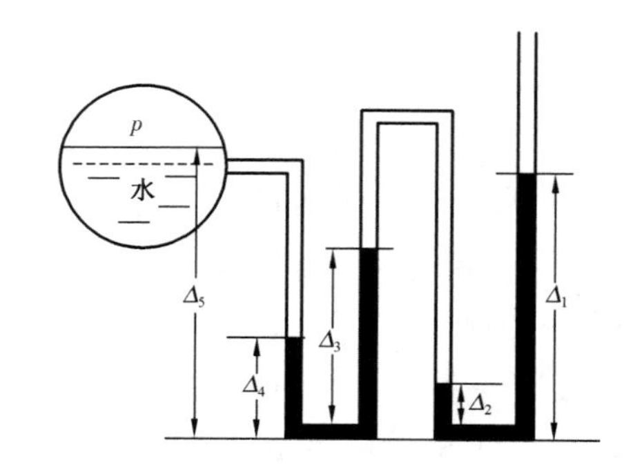

图 1.33　计算题 4 附图

5. 如图 1.34 所示，一水封设备，用于排出气体输送管路中的少量积水，若管路压力为 15kPa（表压），试计算排水管插入液面下的深度 h 最小应该为多少（m）？

答：1.53m。

6. 某厂用 ϕ114mm×4.5mm 的钢管输送压强为 10atm（绝压）、温度为 20℃的空气。已知空气流量为 6000m^3/h（标准状态），试求管道内空气的流速和质量流速。

答：20.67m/s，249.28kg/（m^2·s）。

7. 如图 1.35 所示，水在管内流动。截面 1 处管内径为 0.2m，流速为 0.5m/s；截面 2 处管内径为 0.1m。若忽略水由 1 至 2 处的阻力损失，试计算截面 1、2 处产生的水柱高度差为多少？

答：0.191m。

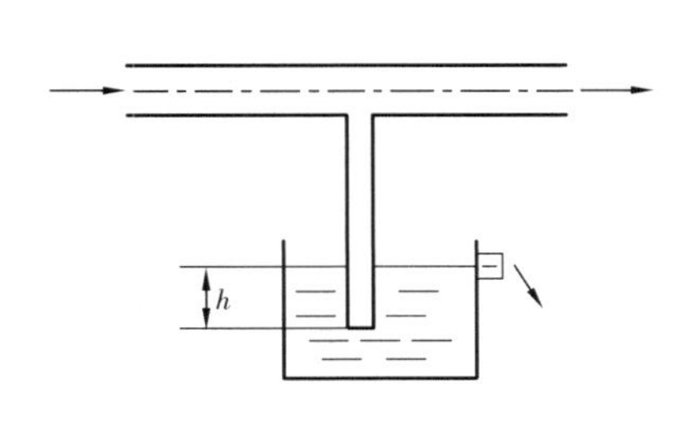

图 1.34　计算题 5 附图

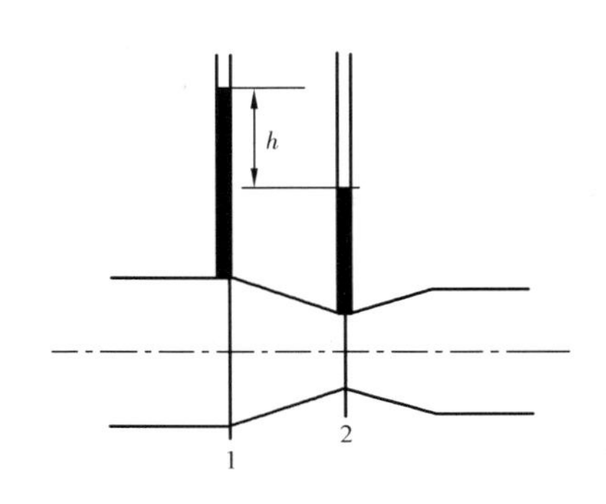

图 1.35　计算题 7 附图

8. 用鼓风机通过内径为 0.2m 的圆形导管从大气中抽取空气，如图 1.36 所示。已知导管入口处 U 形压差计的读数 R = 15mmH_2O，空气的密度为 1.29kg/m^3，求空气的流量（忽略阻力）。

答：0.47m^3/s。

9. 水以 60m^3/h 的流量在一倾斜管中流过，如图 1.37 所示，此管的内径由 100mm 突然扩大到 200mm。A、B 两点垂直距离为 0.2m，在此两点连接一 U 形管压差计，指示液为 CCl_4，密度为 1630kg/m^3，忽略阻力损失。试求：(1) U 形管两侧哪侧高？相差多少（m）？(2) 若该管水平放置，压差计读数有何变化？

答：(1) 左高右低，R = 0.341m；(2) R 不变。

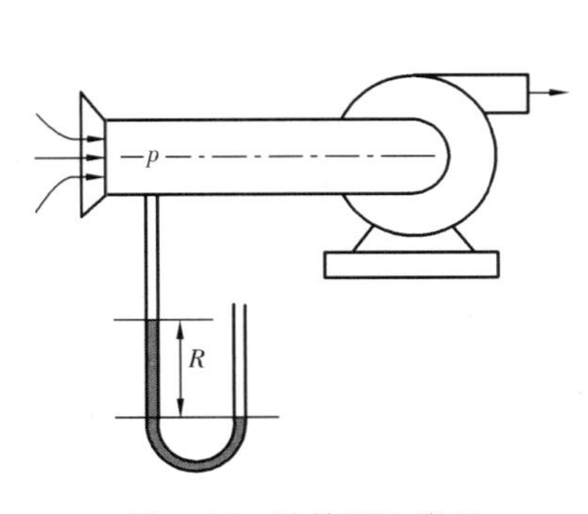

图 1.36　计算题 8 附图

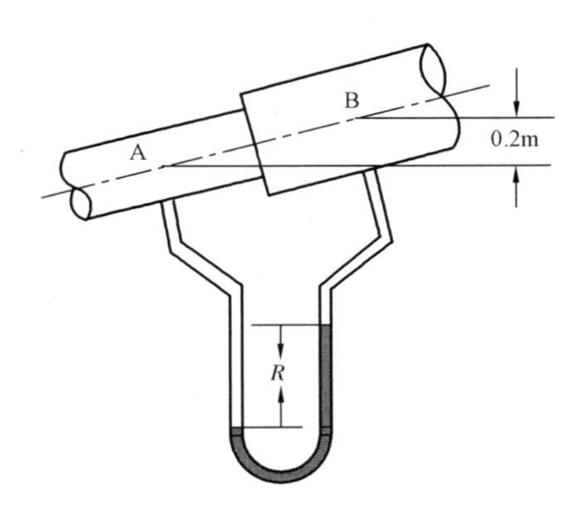

图 1.37　计算题 9 附图

10. 有一套管换热器，外管直径为 ϕ76mm × 4mm，内管直径为 ϕ43mm × 3.5mm，冷却水在套管的环隙流过，如冷却水质量流量为 4000kg/h，平均水温为 45℃，问水的流动属哪一种流型？

答：湍流。

11. 某流体在管内作层流流动，若体积流量不变，而输送管路的管径增加一倍，阻力损失有何变化？

答：为原来的 1/16。

12. 如图 1.38 所示，用 U 形压差计测量等直径管路 A、B 两点间的阻力损失。若流体和指示液的密度分别用 ρ、ρ_0 表示，A、B 两点间的垂直距离和压差计读数分别用 H、R 表示，试推导用 R 计算阻力损失 $\sum h_f$ 的计算式。

答：$\sum h_{fA-B} = \dfrac{Rg(\rho_0 - \rho)}{\rho}$。

13. 如图 1.39 所示，输液系统将某种料液由敞口高位槽 A 送至敞口搅拌反应槽 B 中，输液管为 ϕ38mm × 2.5mm 的铜管，已知系统的阻力损失为 $\sum h_f = 20.6u^2/2$（u 为管内液体流速）。试求：(1) 输液量为多少（m^3/h）？(2) 欲使输液量增加 30%，应将高位槽液面增高多少？

答：(1) 7.36m^3/h；(2) 4.16m。

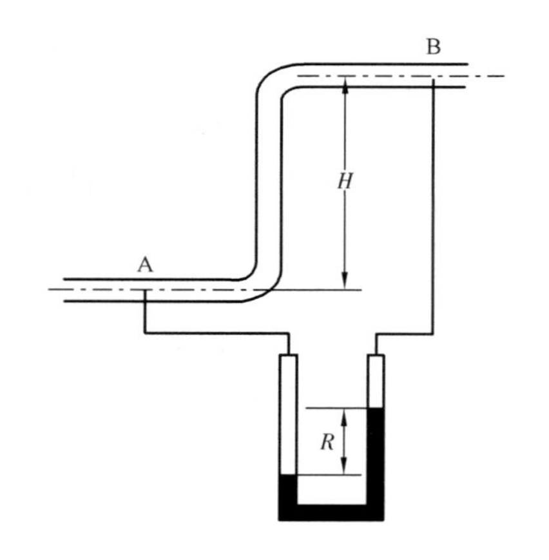

图 1.38　计算题 12 附图

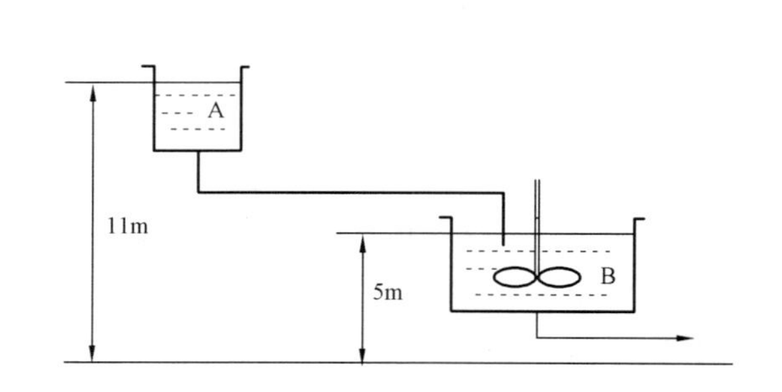

图 1.39　计算题 13 附图

14. 用泵自储油池向高位槽输送矿物油，流量为 38.4t/h。高位槽液面比油池液面高 20m，管路总长 430m（包括所有局部阻力的当量长度），管径为 ϕ108mm × 4mm。若油在输送温度下的相对密度为 0.96，黏度为 3430cP，泵的效率为 50%，求泵所需的实际功率。注：相对密度为物质的密度与 4°C 时纯水的密度（1000kg/m^3）之比。

答：152.59kW。

15. 用 ϕ108mm × 4mm 的水平管线每小时输送原油 20t。原油密度为 900kg/m^3，黏度为 7×10^{-2}Pa·s。已知管线总长为 400km，管子最大允许压强为 6.0MPa（表压），试求输送途中至少需要几个加压站？

答：12 个，管路始端设 1 个，中途设 11 个。

16. 如图 1.40 所示冷冻盐水的循环系统，盐水的密度为 1100kg/m^3，循环量为39.6t/h。管路的直径相同，盐水由 B 流经两个换热器而至 A 的总能量损失为 98J/kg，由 A 流至 B 的管路能量损失为 49J/kg，A 至 B 的位差为 7m。试求：(1)若泵的效率为 70%，其轴功率为多少(kW)？(2)若 B 处的压力表读数为 245kPa(表压)时，A 处的压强表读数为多少(Pa)？

答：(1)2.31kW；(2)61663Pa。

17. 如图 1.41 所示，水从槽底部沿内径为 100mm 的管子流出，槽中水位稳定。管路上装有一个闸阀，阀前距管路入口端 30m 处安装一个指示液为汞的 U 管压差计，测压点与管路出口段之间距离为 20m。当阀门关闭时测得 $R = 500\text{mm}$，$h = 1800\text{mm}$，当阀全开时管路摩擦系数 λ 可取为 0.018，闸阀的 $l_e/d = 15$，入管口及出管口的阻力系数分别为 0.5 及 1.0。试求：(1)当阀门全开时每小时从管中流出的水有多少(m^3)？(2)阀门全开时 U 管压差计测压点处的表压强为多少(Pa)？

答：(1)85.34m^3/h；(2)17584.62N/m^2。

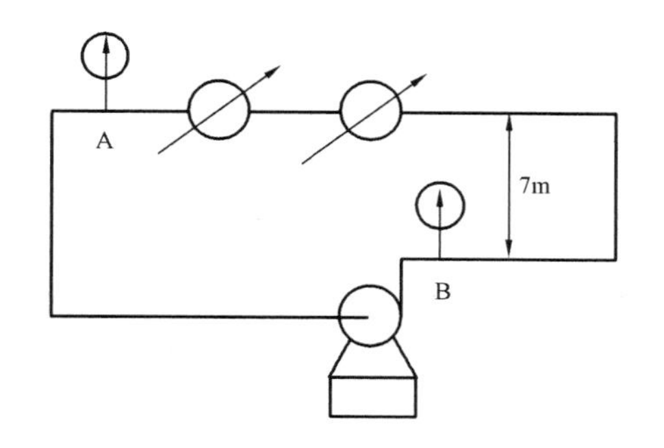

图 1.40　计算题 16 附图

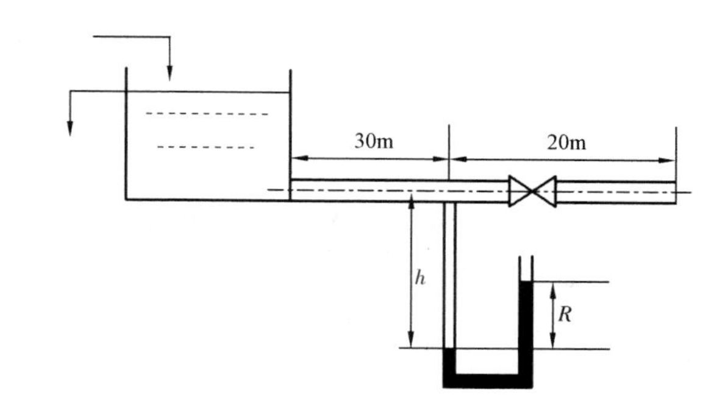

图 1.41　计算题 17 附图

18. 如图 1.42 所示，用泵将水从储槽送至敞口高位槽。两槽液面均恒定不变，管路尺寸均为 $\phi 83\text{mm} \times 3.5\text{mm}$，泵的进、出口管道上分别安装有真空表和压力表，真空表安装位置离储槽水面的高度为 4.8m，压力表安装位置离储槽水面的高度为 5m。当输水量为 36m^3/h 时，进水管道全部阻力损失为 1.96J/kg，出水管道全部阻力损失为 4.9J/kg，压力表读数为 245kPa，泵的效率为 70%，水的密度为 1000kg/m^3。试求：(1)两槽液面的高度差 H 为多少？(2)泵所需的实际功率为多少(kW)？(3)真空表的读数为多少(kPa)？

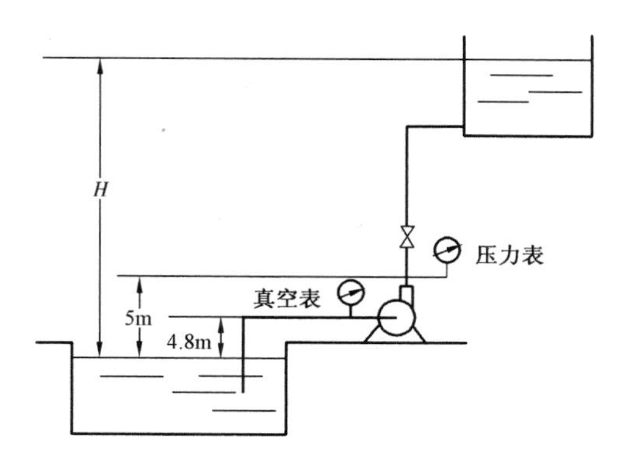

图 1.42　计算题 18 附图

答：(1)29.72m；(2)4.263kW；(3)51.49kPa。

19. 如图1.43所示，用离心泵将密封储槽中20℃的水通过内径为100mm的管道送往敞口高位槽。两槽液面高度差为10m，密封槽液面上方真空表读数 p_1 为600mmHg（真空度），泵进口处真空表读数 p_3 为294mmHg（真空度）。泵出口管路上装有一个孔板流量计，其孔口直径 $d_0 = 70\text{mm}$，流量系数 $C_0 = 0.7$，U形水银压计差读数 $R = 170\text{mm}$。已知管路总能量损失为44J/kg，水的密度为1000kg/m^3。试求：(1)出口管路中水的流速为多少(m/s)？(2)泵出口处压力表的指示值 p_4 为多少(已知 p_3 与 p_4 相距0.1m)？

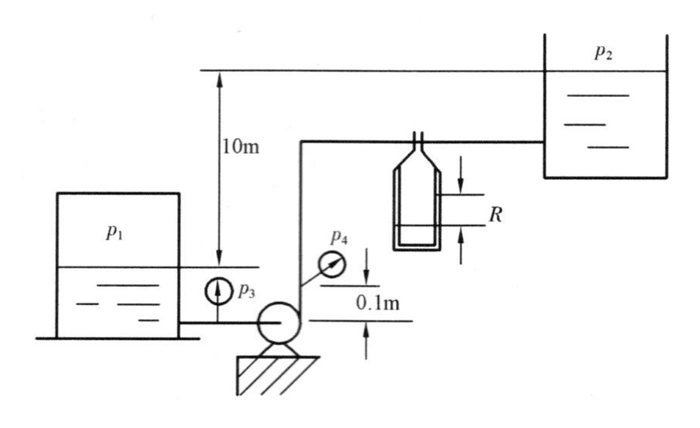

图1.43　计算题19附图

答案：(1)2.22m/s；(2)1.8×10^5Pa(表)。

20. 如图1.44所示，水槽中水位恒定。水可从BC、BD管中同时流出，两管出口处于同一水平面。AB管尺寸为 ϕ45mm×2.5mm，长为60m(忽略AB间局部阻力)，BC、BD管尺寸均为 ϕ30mm×2.5mm。当阀门全开时，包括局部阻力当量长度在内的BC、BD两管长分别为：$L_{\text{BC}} = 15\text{m}$，$L_{\text{BD}} = 24\text{m}$。试求：(1)当BD管阀门处于关闭而BC管阀门全开时的流量为多少(m^3/h)？(2)当BC、BD两管阀门均全开时各自的流量为多少(m^3/h)？

管内摩擦系数可取0.03，水的密度取1000kg/m^3，其他参数见图1.44。

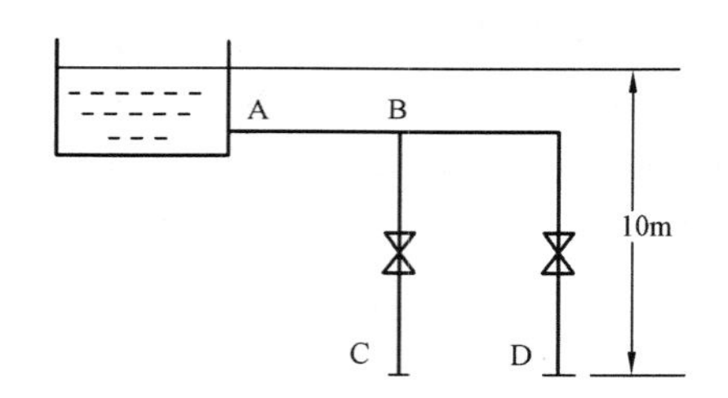

图1.44　计算题20附图

答：(1)4.86m^3/h；(2)6.95m^3/h。

符号说明

符号	意义	单位
A	面积	m^2
c_{p}	比定压热容	kJ/(kg·K)
C_0，C_{R}	流量系数	
d	管道直径	m

续表

符号	意义	单位
d_e	当量直径	m
d_0	孔径	m
E	1kg 流体所具有的总机械能	J/kg
F	力	N
g	重力加速度	m/s^2
G	质量流速	$kg(m^2 \cdot s)$
h	高度	m
h_f	流动阻力损失	J/kg
H_e	有效压头	m
H_f	压头损失	m
l	长度	m
L	长度	m
l_e	当量长度	m
m	质量	kg
m	面积比	
M	质量	kg
M	摩尔质量	kg/kmol
N	轴功率	W
N_e	有效功率	W
p	压强	N/m^2
p_a	大气压	N/m^2
Δp_f	压强降(阻力损失)	N/m^2
P	总压力	N
r	半径	m
r_H	水力半径	m
R	液柱压差计读数,或半径	m
R	通用气体常数	$8.314kJ/(kmol \cdot K)$
Re	雷诺数	
T	绝对温度	K
u	流速	m/s
u_{max}	最大速度	m/s
u_r	半径 r 处流速	m/s

续表

符号	意义	单位
U	1kg 流体的内能	J/kg
v	质量体积	m^3/kg
V	体积	m^3
V_h	体积流量	m^3/h
Vs	体积流量	m^3/s
W_s	质量流量	kg/s
w_i	i 组分的质量分数	
W_e	有效功	J/kg
y	气体摩尔分数	
z	高度	m
δ	边界层厚	m
ε	绝对粗糙度	m
ζ	阻力系数	
η	效率	
λ	摩擦系数	
μ	黏度	Pa · s,cP
ν	运动黏度	m^2/s,cSt
Π	润湿周边长	m
ρ	密度	kg/m^3
τ	剪应力	N/m^2
θ	时间	s

第 2 章　流体输送机械

在化工生产中，经常将流体从低处送至高处，由低压区送到高压区，或沿着管路输送到较远的地方。因此，必须为流体提供机械能，以克服流体流动的机械能损失，提高位能和流体压强（或减压）等。这种为流体提供能量的机械称为流体输送机械。

化工生产中输送的流体种类繁多，物性各异，输送条件及所需提供的能量也有很大的差别。为了满足不同的输送需求，需要不同结构和特性的流体输送机械。依据工作原理和结构不同，流体输送机械可分为动力式和容积式，还有不属于上述两种的其他类型，如喷射式等。

动力式（叶轮式），包括离心式和轴流式，它们是利用高速旋转的叶轮使液体获得能量。

容积式（正位移式），包括往复式和旋转式，它们是利用活塞或转子的挤压使流体升压来获得能量。

由于气体具有可压缩性，且黏度和密度都比液体小。因此，气体输送设备与液体输送设备有所区别。通常用来输送液体的机械称为泵；输送气体的机械按所产生压强的高低分别称为通风机、鼓风机、压缩机和真空泵。

本章主要介绍化工生产中常用流体输送机械的基本结构、工作原理、性能及相关计算，以便正确地选择和使用流体输送机械。

2.1　离心泵

离心泵是化工生产中最常见的一种液体输送机械。它具有结构简单、流量大而且均匀、操作灵活等优点，其使用约占化工用泵的 80% ~90% 。

2.1.1　离心泵的工作原理

离心泵的结构如图 2.1 所示，主要由叶轮和泵壳组成。叶轮固定在泵轴上，位于蜗形泵壳内。叶轮通常由 6 ~ 12 片稍微向后弯曲的叶片组成。泵壳中间有液体吸入口与吸入管路相连，液体经滤网、底阀和吸入管路进入泵内。泵壳上的液体排出口与排出管路相连，泵轴由电动机或其他动力装置驱动高速旋转。

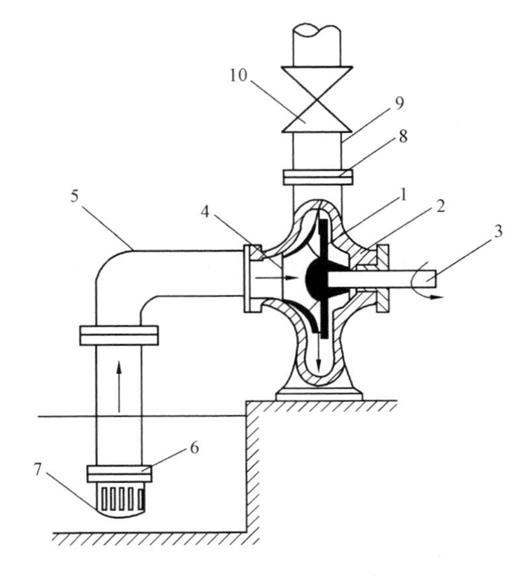

图 2.1　离心泵结构示意图

1—叶轮；2—泵壳；3—泵轴；4—吸入口；5—吸入管；6—底阀；7—滤网；8—排出口；9—排出管；10—调节阀

离心泵启动前要向泵壳内注满被输送液体。叶轮高速旋转时，将液体抛向叶轮外缘，产生较高的动能，由于蜗形泵壳中液体流通截面逐渐扩大，高速流体逐渐减速，大部分动能转变为静压能，即液体出泵壳时具有较高的静压能。

当液体被抛向叶轮外缘时，在叶轮中心处形成低压区。由于储槽液面上方的压强大于泵吸入口的压强,使液体被吸入叶轮中心。因此只要叶轮不断地旋转,离心泵就连续地吸入和排出液体。

离心泵启动时,若泵内存有空气,由于空气的密度较小,旋转后产生的离心力也较小,叶轮中心区所形成的低压不足以将储槽内的液体吸入泵内。此时,虽然启动了泵,但不能输送液体,这种现象称为**气缚**。表明离心泵无自吸能力,所以启动前必须灌泵。为了防止启动前灌入的液体泄漏,在离心泵的吸入管底部装有带滤网的止逆阀。滤网可以阻拦固体颗粒进入泵内损坏叶片或者堵塞管道和泵壳。在泵的排出管路上安装调节阀,供流量调节使用。

2.1.2 离心泵的主要部件

2.1.2.1 叶轮

叶轮是离心泵的关键部件。通过叶轮高速旋转将原动机的机械能传递给液体,使液体获得较高的动能和静压能。离心泵叶轮按结构可分为开式、半开式和闭式三种,如图2.2所示。

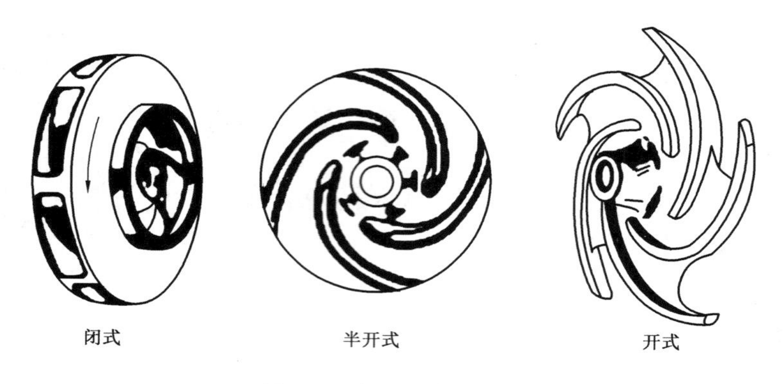

图2.2 离心泵叶轮结构

开式 无前后盖板,用于输送浆料、悬浮液或黏性较大的液体。

半开式 只有后盖板,不易堵塞,但效率低。

闭式 有前后盖板,流道易堵塞,只适用于输送清洁液体。为了平衡轴向推力、减轻磨损,在盖板上开平衡孔泄漏部分高压液体,但会使泵的效率降低。

按吸液方式的不同,叶轮分为**单吸式**和**双吸式**两种,如图2.3所示。单吸式叶轮构造简单,液体从叶轮一侧被吸入;双吸式叶轮两侧对称,液体从叶轮两侧被吸入。显然,双吸式具有较大的吸液能力,且可以消除轴向推力。

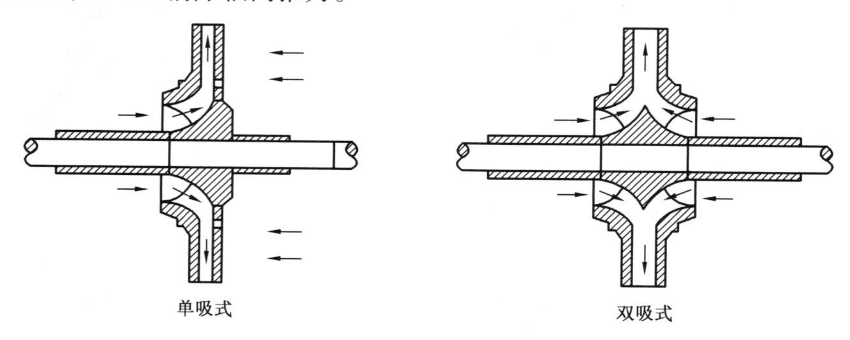

图2.3 单吸式和双吸式叶轮

2.1.2.2 泵壳

离心泵的外壳呈蜗壳形,有一个逐渐扩大的蜗形通道。叶轮在泵壳内沿着蜗形通道向逐渐扩大的方向旋转。由于流道逐渐扩大,从叶轮四周抛出的高速液体流速逐渐降低,使部分动能转化为静压能。因此,泵壳除了汇集液体外,还具有能量转换的作用。

有些离心泵在叶轮和泵壳间安装固定的导轮。其作用是减少液体流入泵壳时的碰撞,引导液体在泵壳内平缓地改变流向,降低能量损失。

2.1.2.3 轴封装置

由于泵轴转动而泵壳固定不动,在泵轴和泵壳的接触面上必然会存在一定的间隙。为了避免泵内的高压液体从间隙泄漏或者外界空气进入泵内,需要安装轴封装置。离心泵常用的轴封装置有填料密封和机械密封。

填料密封装置 又称填料函,其结构如图 2.4 所示,主要包括填料函壳、软填料和填料压盖。其中软填料一般选用浸油或涂石墨的石棉绳。用填料压盖将软填料压紧在填料函壳与泵轴之间,以达到密封效果。填料密封结构简单,但是功率损耗较大,且要经常维修。由于这种密封装置不能完全避免泄漏,故不适用输送有毒、易燃、易爆的液体。

机械密封装置 主要由一个安装在泵轴上的动环和一个固定在泵壳上的静环组成,如图 2.5 所示。两环的端面靠弹簧力互相贴紧,起到密封作用。动环由硬质金属材料制成,静环用酚醛塑料等非金属材料制成。机械密封具有使用寿命长、功率消耗少的优点。但是其中部件的加工和安装要求高,因此成本较高。机械密封适用于对密封要求较高的场合,如输送酸、碱、易燃、易爆、有毒液体等。

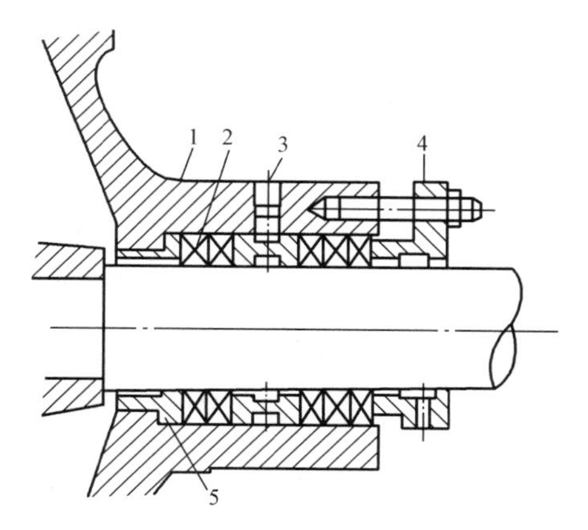

图 2.4 填料密封装置结构图

1—填料函壳;2—软填料;3—液封圈;4—填料压盖;5—内衬套

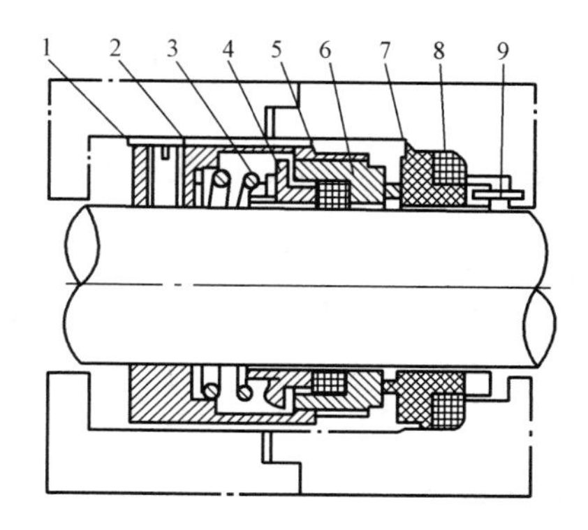

图 2.5 机械密封装置结构

1—螺钉;2—传动带;3—弹簧;4—锥环;5—动环密封圈;6—动环;7—静环;8—静环密封圈;9—防转销

2.1.3 离心泵的基本方程式

离心泵的基本方程式从理论上表达了离心泵理论压头与其结构、尺寸、转速及流量等因素之间的关系。

离心泵的理论压头是理想情况下离心泵可能达到的最大压头。理想情况是指叶片的数目无限多,厚度可忽略不计,液体完全沿着叶片的弯曲表面流动,无任何环流现象,且输送的液体为理想流体,见图 2.6。

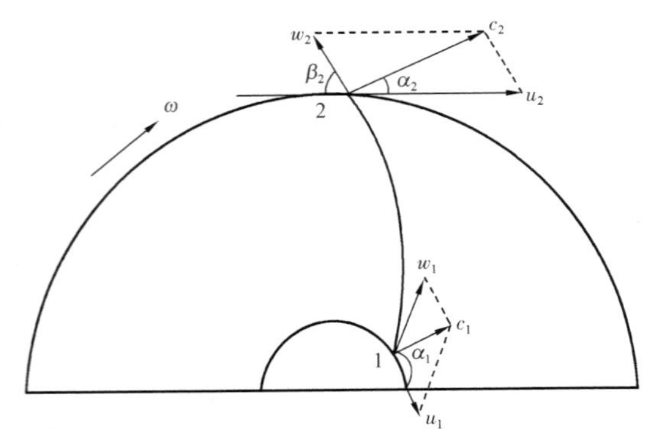

图 2.6　液体在离心泵中的流动

在上述理想情况下，在叶轮的进、出口截面间列机械能衡算式，运用速度三角形化简得

$$H_{T\infty} = \frac{u_2^2}{g} - \frac{u_2 \cot\beta_2}{g\pi D_2 b_2}Q_T \qquad (2.1)$$

式中　$H_{T\infty}$——离心泵的理论压头，m；

b_2——叶轮出口宽度，m；

u_2——出口圆周速度，m/s；

Q_T——离心泵的流量，m^3/s；

β_2——出口流动角，(°)；

g——重力加速度，m/s^2；

D_2——叶轮外径，m。

式(2.1)为离心泵基本方程式，表明影响离心泵理论压头的因素有流量、叶轮的转速和直径、叶片的几何形状。下面分别讨论各种影响因素对离心泵理论压头的影响。

(1)**叶轮转速和直径的影响**。当流量和叶片几何尺寸一定时，其理论压头随叶轮转速和直径的增加而增大。

(2)**叶片几何形状的影响**。根据流动角 β_2 的大小，叶片的形状可分为前弯、后弯和径向叶片三种。若叶轮的转速、直径、叶片的宽度和理论流量一定，离心泵的理论压头随叶片几何形状改变。

后弯叶片：$\beta_2 < 90°, \cot\beta_2 > 0, H_{T\infty} < \frac{u_2^2}{g}$；

径向叶片：$\beta_2 = 90°, \cot\beta_2 = 0, H_{T\infty} = \frac{u_2^2}{g}$；

前弯叶片：$\beta_2 > 90°, \cot\beta_2 < 0, H_{T\infty} > \frac{u_2^2}{g}$。

由此可见，前弯叶片产生的理论压头最高。但是理论压头包括静压头和动压头两部分，对输送流体而言，希望得到的是静压头而不是动压头。前弯叶片因动能所占比例较大，故能量损失较大，使泵的效率降低。所以，为获得较高的能量利用率，离心泵总是采用后弯叶片($\beta_2 \approx 25° \sim 30°$)。

(3)**流量的影响**。当离心泵的转速与叶轮几何尺寸一定时，有

$$H_{T\infty} = A - BQ_T \qquad (2.2)$$

式(2.2)为泵的理论特性方程，表示 $H_{T\infty}$ 与 Q_T 呈线性关系。该直线的斜率与叶片的形状有关。

后弯叶片：$\beta_2 < 90°, B > 0$，$H_{T\infty}$ 随着 Q_T 的增加而减小；

径向叶片：$\beta_2 = 90°, B = 0$，$H_{T\infty}$ 与 Q_T 无关；

前弯叶片：$\beta_2 > 90°, B < 0$，$H_{T\infty}$ 随着 Q_T 的增加而增大。

(4)**流体密度的影响**。离心泵基本方程式中没有液体密度，说明离心泵的理论压头与液体密度无关，但泵出口处液体的压强与被输送液体的密度成正比。

(5)**离心泵的实际压头**。上面讨论的是理想情况下离心泵的基本方程式，其中的压头称

为理论压头。而离心泵的实际压头要低于理论压头，如图 2.7 所示。其主要原因：① 叶片间有环流；② 实际流体有内摩擦；③ 流体有冲击损失和泄漏。

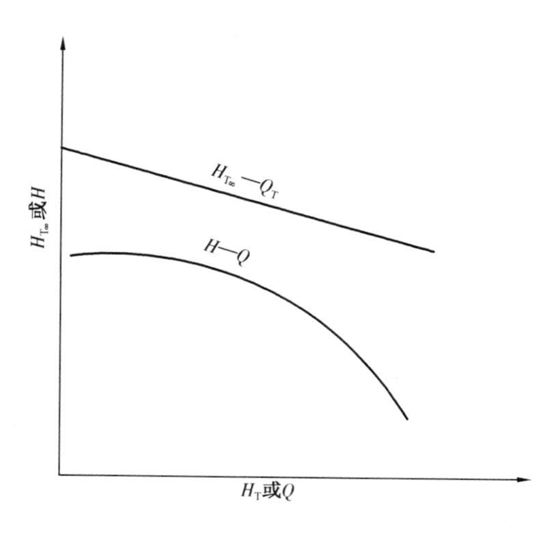

图 2.7 $H_{T\infty}$—Q_T 与 H—Q 曲线

2.1.4 离心泵的主要性能参数与特性曲线

2.1.4.1 离心泵的主要性能参数

流量 Q 单位时间离心泵排出液体的体积称为离心泵的流量，常用单位有 L/s、m^3/s 和 m^3/h。流量的大小取决于泵的结构尺寸（如叶轮的直径和宽度等）和转速。因离心泵总是与特定的管路相连，所以离心泵的实际流量还与管路特性有关。

压头 H 又称为**扬程**，是指离心泵对单位重量流体所能提供的有效能量，单位为 m。其值与离心泵的结构（如叶轮直径、叶片弯曲情况等）、转速和流量有关。

轴功率 N 与效率 η 离心泵工作时不能将原动机提供给泵轴的能量全部提供给液体，通常用效率来反映能量损失。离心泵的能量损失主要包括以下几项：

（1）**容积损失**，由泵内液体泄漏造成的损失。容积损失主要与泵的结构和液体在泵进、出口处的压强差有关。

（2）**水力损失**，黏性液体流经泵产生的阻力损失。水力损失与泵的结构、流量和液体的性质有关。

（3）**机械损失**，泵轴与轴承之间、轴承与填料函之间等机械部件间的摩擦产生的能量损失。

离心泵的轴功率指泵轴所需要的功率，用 N 表示，单位为 W 或 kW。当泵直接用电动机带动时，即为电动机传给泵轴的功率。而泵的**有效功率**为液体从叶轮获得的有效能量，用 N_e 表示。有效功率与轴功率的比值称为离心泵的效率，用 η 表示，即

$$\eta = \frac{N_e}{N} \tag{2.3}$$

而

$$N_e = QH\rho g \tag{2.4}$$

式中 Q——泵在输送条件下的流量，m^3/s；

H——泵在输送条件下的扬程，m；

ρ——被输送液体的密度，kg/m^3；

g——重力加速度，m/s^2。

当轴功率单位取 kW 时，由式（2.3）和（2.4）可得

$$N = \frac{QH\rho}{102\eta} \tag{2.5}$$

2.1.4.2 离心泵的特性曲线

离心泵的特性曲线是指离心泵主要性能参数之间关系的曲线，由泵的生产厂家在一定转速下，以常温清水为介质测定，并附于泵的说明书中，供选择和使用离心泵时参考。离心泵的特性曲线一般由 H—Q、N—Q 和 η—Q 三条曲线组成，如图 2.8 所示。各种类型的离心泵有各自的特性曲线，但变化趋势是相同的。

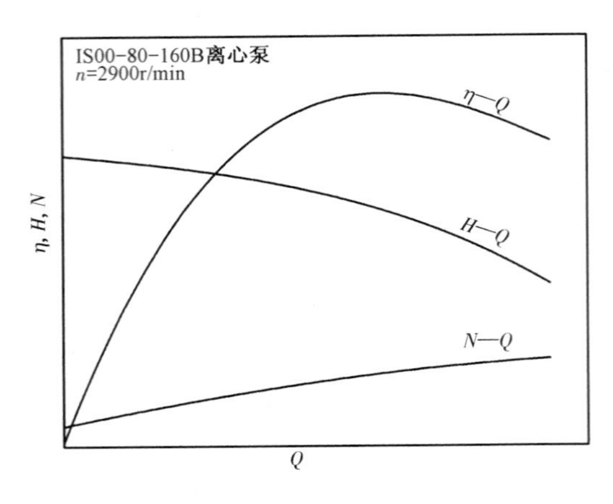

图 2.8 离心泵特性曲线

H—Q 曲线 离心泵的压头一般随流量的增加而减小（流量极小时可能例外）。

N—Q 曲线 离心泵的轴功率随流量的增加而增大，流量为零时轴功率最小，但是不为零。故离心泵启动前应关闭出口阀，使电动机的启动电流最小，以保护电动机。

η—Q 曲线 当离心泵的流量为零时，效率也为零；随着流量的增加，泵的效率先增大后减小。说明离心泵在一定转速下有个最高效率点，该点称为泵的**设计点**。此时对应的扬程 H、流量 Q 和轴功率 N 的值称为**最佳工况参数**，并标注于离心泵的铭牌上。

【例 2.1】 以常温下的清水为介质，测定一定转速下某离心泵的性能。若测得某一点数据如下：流量为 $12\text{m}^3/\text{h}$，泵入口真空表读数为 22kPa，泵出口压力表读数为 170kPa，轴功率为 1.1kW。已知泵吸入和排出管管径相同，真空表和压力表两测压点间垂直距离为 0.6m，通过该段管路的流动阻力损失可以忽略，计算该泵在此测量点下的扬程和效率。

解：以泵入口真空表处为 1—1 面，并视为基准面，泵出口压力表处为 2—2 面，列伯努利方程

$$z_1 + \frac{u_1^2}{2g} + \frac{p_1}{\rho g} + H_e = z_2 + \frac{u_2^2}{2g} + \frac{p_2}{\rho g} + \sum H_f$$

其中，$z_1 = 0, z_2 = 0.6\text{m}, u_1 = u_2, p_1 = -2.2 \times 10^4\text{Pa}$（表压），$\sum H_f = 0, p_2 = 1.7 \times 10^5\text{Pa}$（表压），代入得

$$H_e = z_2 + \frac{p_2 - p_1}{\rho g} = 0.6 + \frac{1.7 \times 10^5 + 2.2 \times 10^4}{1000 \times 9.81} = 20.2(\text{m})$$

$$\eta = \frac{N_e}{N} = \frac{H_e Q \rho g}{N} = \frac{20.2 \times 12 \times 1000 \times 9.81}{1000 \times 1.1 \times 3600} = 0.6$$

2.1.4.3 离心泵性能的改变与换算

化工生产中输送的液体是多种多样的，离心泵的工作环境也各不相同，会引起泵的性能发生改变。因此，要对泵的特性曲线进行换算。影响离心泵性能的因素主要有液体物性、泵的转速和叶轮尺寸。

液体物性的影响 离心泵的扬程和流量与被输送液体的密度无关，但轴功率随着被输送液体密度的增加而增大。液体的黏度对离心泵性能的影响较复杂，难以用理论方法推算。但

是当黏度增大时，能耗增加，最佳工况处的扬程、流量和效率均下降，而轴功率增大。

转速的影响 根据前面介绍的理论压头与流量的关系式进行分析可得到流量 Q、扬程 H 和轴功率 N 与转速 n 的关系，即**比例定律**。

$$\frac{Q'}{Q} = \frac{n'}{n}, \quad \frac{H'}{H} = \left(\frac{n'}{n}\right)^2, \quad \frac{N'}{N} = \left(\frac{n'}{n}\right)^3$$

比例定律适用于泵的转速变化在 ±20% 范围内，此时，液体离开叶轮处的速度三角形相似，且泵的效率不变。

叶轮尺寸的影响 叶轮直径的改变有两种，一种是对某一尺寸的叶轮外周切削使直径 D 变小；另一种是同一系列而尺寸不同，其几何形状完全相似。

（1）当切削较小时，液体离开叶轮处的速度三角形相似，且泵的效率不变。由离心泵基本方程可得到**切割定律**

$$\frac{Q'}{Q} = \frac{D'}{D}, \quad \frac{H'}{H} = \left(\frac{D'}{D}\right)^2, \quad \frac{N'}{N} = \left(\frac{D'}{D}\right)^3$$

（2）同一系列而尺寸不同时，流量 Q、扬程 H 和轴功率 N 随着叶轮半径 D 的变化满足下列关系式

$$\frac{Q'}{Q} = \left(\frac{D'}{D}\right)^3, \quad \frac{H'}{H} = \left(\frac{D'}{D}\right)^2, \quad \frac{N'}{N} = \left(\frac{D'}{D}\right)^5$$

2.1.5 离心泵的安装高度

由离心泵的工作原理可知，离心泵工作时在其叶轮入口处形成低压。当提高泵与储槽液面间的距离时，泵内压力会降低。若泵壳内的绝压（p_1）小于被输送液体的饱和蒸气压（p_v），则液体在泵壳内会剧烈汽化，进而影响泵的正常工作。因此，必须考虑泵的安装高度。

2.1.5.1 气蚀

当离心泵工作时叶片入口附近静压强低于或等于输送温度下液体的饱和蒸气压，液体在该处汽化产生气泡。当气泡到达高压区迅速破裂，四周高压液体冲向气泡中心，产生很大冲击力。高达数十个兆帕的压强使叶轮、泵壳发生破损，同时产生噪声，这种现象称为**气蚀**。发生气蚀时泵的流量、压头和效率都下降，严重时完全不能输送液体。因此要求泵内最低压强必须高于输送温度下液体的饱和蒸气压。由于此点不易确定，实际以发生气蚀时实测泵入口压强增加安全量后作为入口处允许的最低压强。

2.1.5.2 离心泵的最大安装高度

离心泵的抗气蚀性能可用**气蚀余量**表示，离心泵的安装高度可以由气蚀余量法来确定。

气蚀余量 Δh，又称**净正吸入压头**（NPSH），是指泵入口处动压头与静压头之和$\left(\frac{u_1^2}{2g} + \frac{p_1}{\rho g}\right)$，与液体在输送温度下的饱和蒸气压头$\left(\frac{p_v}{\rho g}\right)$之差，即

$$\Delta h = \left(\frac{u_1^2}{2g} + \frac{p_1}{\rho g}\right) - \frac{p_v}{\rho g} \tag{2.6}$$

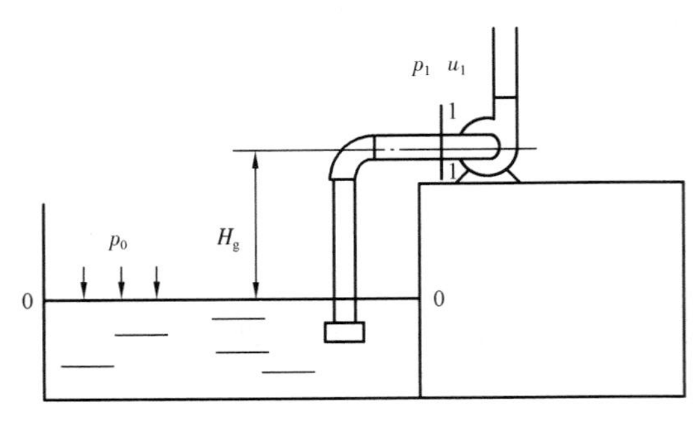

图 2.9 安装高度示意图

能保证不发生气蚀的 Δh 最小值，称为**允许气蚀余量**，记作 $\Delta h_{允}$。离心泵的允许气蚀余量为泵的性能参数，列于离心泵规格表中，其值由实验测得。

如图 2.9 所示，在储槽液面 0—0 与泵入口处 1—1 截面之间列伯努利方程，化简并把式(2.6)代入得

$$H_{gmax} = \frac{p_0}{\rho g} - \Delta h_{允} - \frac{p_v}{\rho g} - \sum H_f \qquad (2.7)$$

式中 $\Delta h_{允}$——离心泵的允许气蚀余量，m；

p_0——液面压强，Pa；

p_v——操作温度下被输送液体的饱和蒸气压，Pa；

H_{gmax}——离心泵的最大允许安装高度，m；

$\sum H_f$——吸入管路的压头损失，m。

式(2.7)为气蚀余量法计算离心泵允许安装高度的计算式。

【例 2.2】 某化工厂要将 60℃ 的热水用泵送至高 10m 的凉水塔冷却，如图 2.10 所示。吸入管路压头损失为 1m 水柱，选用 IS100－80－125 型泵，该离心泵的性能参数如下：

流量 Q, m^3/h	扬程 H, m	气蚀余量 Δh, m
100	20	4.5

试计算：(1)泵的安装高度。已知 60℃ 水的饱和蒸气压为 19920Pa，当地平均大气压为 0.1MPa；(2)若该设计用于兰州地区某化工厂，该泵能否正常工作？已知兰州地区平均大气压为 0.085MPa。

解：(1)

$$H_{gmax} = \frac{p_0}{\rho g} - \frac{p_v}{\rho g} - \Delta h_{允} - \sum H_f$$

$$= \frac{1 \times 10^5}{1000 \times 9.81} - \frac{19920}{1000 \times 9.81} - 4.5 - 1$$

$$= 2.66(m)$$

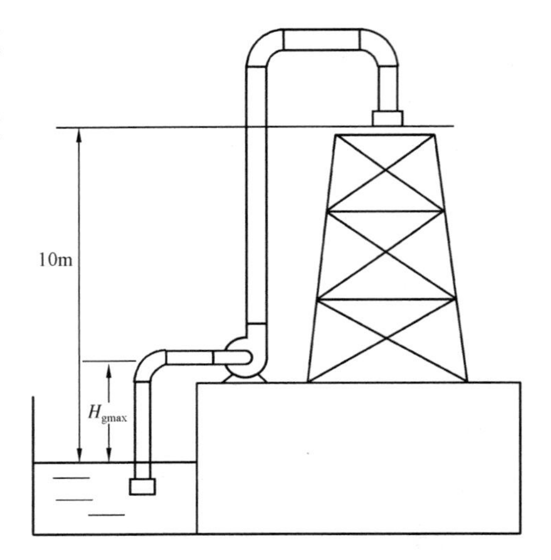

图 2.10 例 2.2 附图

(2)兰州地区的安装高度为：

$$H_{gmax} = \frac{85000}{1000 \times 9.81} - \frac{19920}{1000 \times 9.81} - 4.5 - 1 = 1.13(m)$$

可见在兰州地区安装高度应降低，才能正常运行。因此该设计用于兰州地区时，则应根据兰州地区大气压数据进行修改。

2.1.6 离心泵的工作点与流量调节

2.1.6.1 管路特性曲线与泵的工作点

对于一定的管路系统，当管内流体流量增大，则阻力损失增加，输送流体所需的压头增大。在完全湍流区，流量和压头之间的关系，可由伯努利方程得到

$$H_e = \Delta z + \frac{\Delta p}{\rho g} + \frac{\Delta u^2}{2g} + \sum H_f = A + BQ^2 \tag{2.8}$$

式(2.8)为**管路特性方程**。将该关系绘在相应的坐标图上，便得到**管路特性曲线**。

在管路中使用离心泵时，泵所能提供的流量和压头与管路所需要的要一致。此时的流量和压头要同时满足泵特性方程和管路特性方程。如图 2.11 所示，在同一坐标中绘出管路特性曲线与泵的特性曲线，两条曲线的交点称为**离心泵的工作点**。

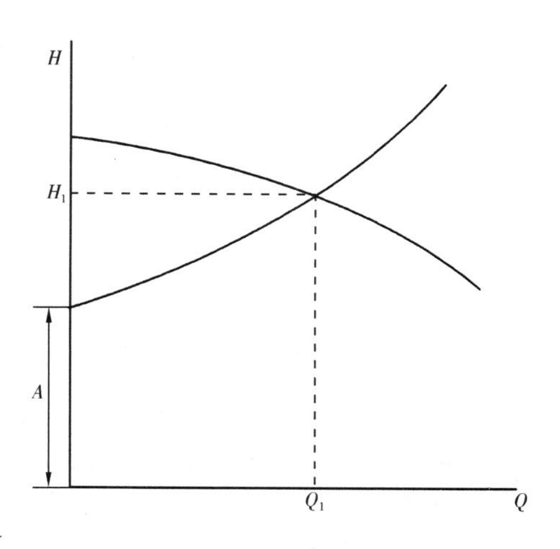

图 2.11 离心泵工作点示意图

【例 2.3】 若例 2.2 的输水管内径为 106mm，管道总长（包括局部阻力当量长度）为 100m，管道摩擦系数为 0.025。要求输水量为 80 ~ 85m^3/h，当使用 IS100 - 80 - 125 型泵，试求此时泵的工作点和有效功率。

解：管路特性方程为

$$H_e = (z_2 - z_1) + \frac{p_2 - p_1}{\rho g} + \frac{8}{3600^2 \pi^2 g}\lambda\left(\frac{l + l_e}{d^5}\right)Q^2$$

$$= 10 + 6.38 \times 10^{-9} \times 0.025 \times \frac{100}{(0.106)^5}Q^2$$

所以 $$H_e = 10 + 0.00119Q^2$$

计算若干组数据，其结果如下：

Q, m^3/h	70	80	90	100
H_e, m	15.83	17.62	19.64	21.9

查取 IS100 - 80 - 125 泵的特性数据如下：

Q, m^3/h	60	100	120
H, m	24	20	16.5

将泵性能曲线与管路特性曲线绘在图 2.12 中，得到交点 $Q = 94.5m^3/h$，$H = 20.8m$，即为泵的工作点。

此时泵的有效功率为

$$N_e = QH\rho g = \frac{94.5}{3600} \times 20.8 \times 1000 \times 9.81 = 5356(W)$$

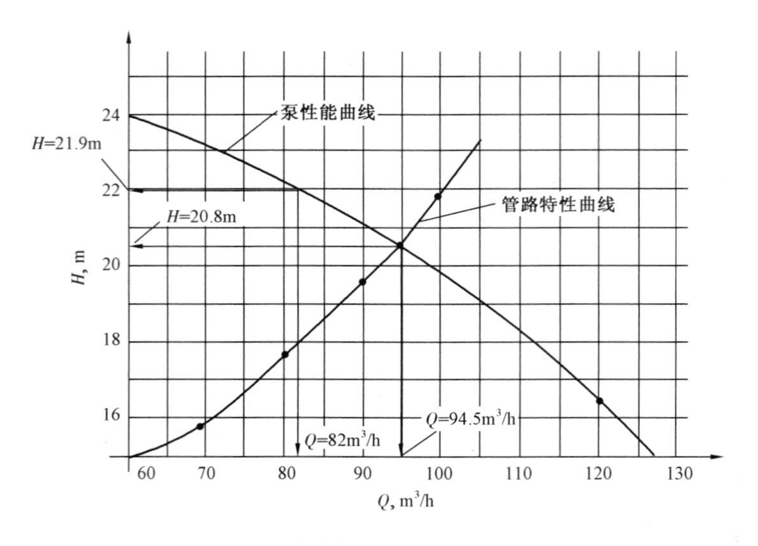

图 2.12　管路特性曲线和泵特性曲线

2.1.6.2　流量调节

在离心泵实际操作过程中,经常需要调节流量,其实质是改变泵的工作点。由于泵的工作点是由泵的特性和管路的特性所决定,因此改变两条特性曲线之一均可以达到改变工作点的目的,进而实现流量调节。

改变阀门开度　改变泵出口管路上的阀门开度,实质是改变了管路流动阻力的大小,从而使管路特性曲线发生变化,如图 2.13 所示。当减小阀门开度时,局部阻力系数增大,曲线变陡(如曲线 EB);当阀门开度增大,局部阻力减小,曲线平缓(如曲线 EC)。这种流量调节方法的优点是方便快捷,流量连续变化,在工业生产中应用广泛。但当阀门开度减小时,因局部阻力增加能耗增大。

改变泵的转速　改变泵的转速来调节流量,实质是改变泵特性曲线。泵的特性曲线随转速变化而上下移动,如图 2.14 所示。当泵的转速减小时,泵的特性曲线下移,工作点也沿着管路特性曲线下移,其能耗小,经济合理,但需要变速装置,且难以做到流量连续变化,故较少使用。一般只有在调节幅度大、时间又长的季节性调节时才使用(如水泵站)。

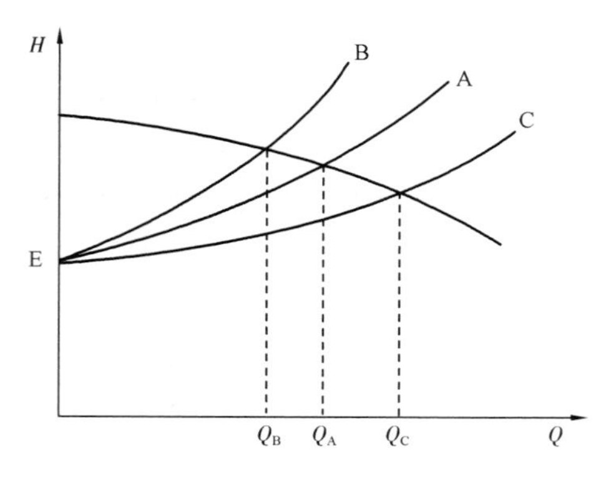

图 2.13　改变阀门开度调流量

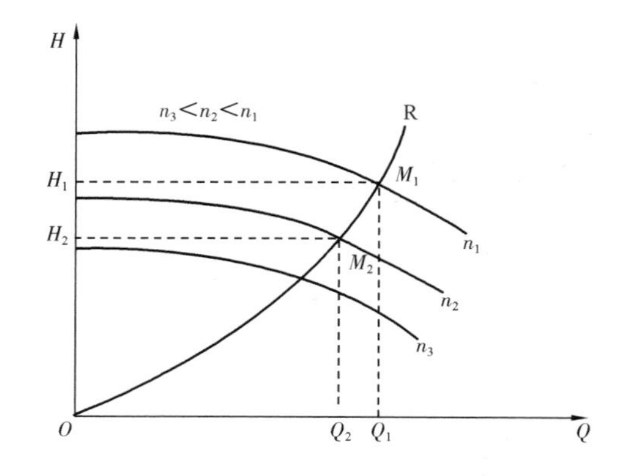

图 2.14　改变泵的转速调流量

【例 2.4】 由例 2.2 和例 2.3 可知,工作点的流量(94.5m³/h)大于所需的流量,若要使流量保持 83m³/h(即 80 ~ 85m³/h),问管路的阻力当量长度 $l+l_e$ 应调至多少?写出新的管路特性方程。

解:若流量要保持 83m³/h,从泵性能曲线图 2.12 上查得此时扬程为 $H=21.9$m,即新的工作点为 $Q=83$m³/h,$H=21.9$m。该工作点必在管路特性曲线上,代入管路特性方程得

$$21.9 = 10 + 6.38 \times 10^{-9} \times 0.025 \frac{l+l_e}{0.106^5} \times 83^2$$

所示
$$l + l_e = 144.9(\text{m})$$

即新的管路特性方程为

$$H_e = 10 + 0.00173Q^2$$

2.1.6.3 离心泵的并联与串联

在实际生产中当单台泵不能完成输送任务时,可以采用泵的并联或串联操作。下面以两台型号性能相同的泵为例,讨论离心泵组合操作的特性。

离心泵的并联 将两台型号相同的泵并联于管路中,且各自的吸入管路相同,则两台泵的流量和压头一定相同。在同一压头下,并联泵的流量为单台泵的两倍,据此将单台泵特性曲线上各点纵坐标不变而横坐标加倍,得到一系列坐标点,可得并联泵的合成特性曲线。并联后的工作点由管路特性曲线和泵的合成特性曲线的交点决定。由图 2.15 可见,总压头略高于单台泵的压头,但是由于流量增大使管路的流动阻力增加,并联后总流量低于单泵单独工作时的两倍。

离心泵的串联 两台型号相同的泵串联操作时,每台泵的流量和压头相同。因此在同一流量下,两台泵串联的总压头为单台泵的两倍。因此,将单台泵特性曲线上各个点横坐标不变而纵坐标加倍,得到一系列坐标点,可得串联泵的合成特性曲线。同样,其工作点由串联泵合成特性曲线和管路特性曲线的交点确定。如图 2.16 所示,两台泵串联操作的总压头低于单泵单独工作时的两倍,流量略大于单台泵。

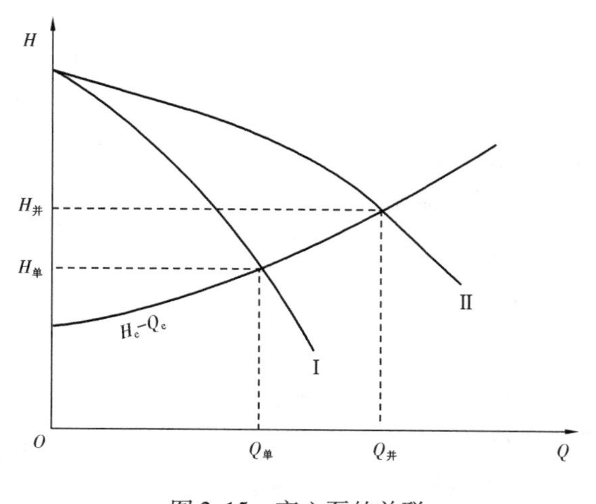

图 2.15 离心泵的并联

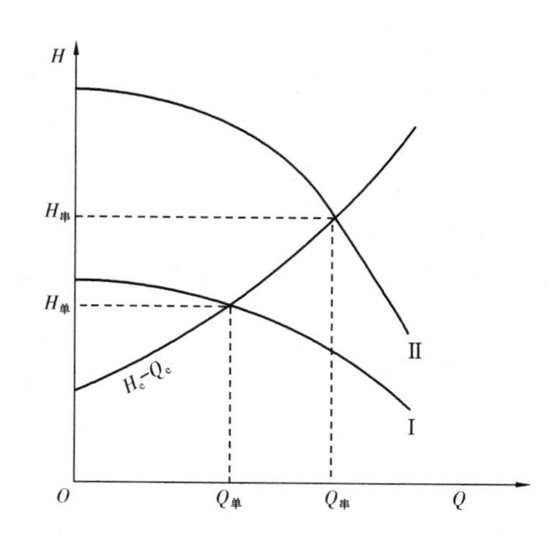

图 2.16 离心泵的串联

在实际生产中离心泵采用何种组合方式,应视具体情况而定。若泵的扬程不够,则必须采用串联操作。如果只是流量达不到要求,对于低阻力管路,采用并联的方式可以得到比串联组合方式高的流量。而对高阻力管路,采用串联的组合方式有可能得到比并联组合方式高的流量。

2.1.7 离心泵的类型与选择

2.1.7.1 离心泵的类型

根据生产需要离心泵被设计成多种类型。按照吸液方式的不同,离心泵可分为单吸泵和双吸泵;按叶轮数目不同,分为单级泵和多级泵;按照输送液体的性质和使用条件不同,可分为清水泵、油泵、耐腐蚀泵和杂质泵等。各种类型的离心泵按其结构特点分为不同的系列,并以一个或几个汉语拼音字母作为系列的代号。下面简要介绍化工生产中常用的离心泵类型。

清水泵 清水泵广泛用于化工生产、城市给排水和农林灌溉。其中 IS 型泵是根据国际标准 ISO2858 规定的性能和尺寸设计的,为单级单吸式离心水泵,其扬程范围为 8 ~ 98m,流量为 4.5 ~ 360m^3/h。IS 型泵的型号由字母加数字表示,如 IS65 - 40 - 200 型离心泵,其中各项数字意义如下:泵入口直径 65mm,泵出口直径 40mm,泵叶轮直径 200mm。

如果要求的扬程较高,可采用多级离心泵,其系列代号为 D。如要求的流量较大,可采用双吸式离心泵,其系列代号为 Sh。

耐腐蚀泵 主要用于输送腐蚀性液体,因此泵中与腐蚀性液体接触的所有部件都是由耐腐蚀材料制成,且由于密封要求较高,多采用机械密封。其系列代号为 F,其后为所用耐腐蚀材料代号。

油泵 用于输送石油产品,单吸式系列代号为 Y,双吸式系列代号 YS。因油品易燃易爆,要求油泵的密封必须良好。当输送油品温度在 200℃ 以上时,必须采用具有冷却措施的高温泵。

杂质泵 用于输送悬浮液和料浆,其系列代号为 P。该泵的特点是叶轮的流道宽,叶片数目少,且常采用半闭式或开式叶轮。

2.1.7.2 离心泵的选用

离心泵的选用通常可以按照下列步骤进行:

(1)根据被输送液体的物性和操作条件确定泵的类型;

(2)依据具体管路对泵的流量和压头的要求确定泵的型号。

当几种型号的泵同时在最佳的工作范围内满足扬程和流量的要求时,可以分别确定和比较各泵在工作点的效率,一般总是选择其中效率较高的,但也要考虑泵的成本。

2.2 其他类型泵

往复泵 一种容积式泵,依靠活塞往复运动依次开启吸入阀和排出阀来输送液体,结构如图 2.17 所示。往复泵主要部件有泵缸、活塞、活塞杆及吸入阀和排出阀。

往复泵活塞自左向右运动时,泵缸内形成负压,储槽内液体经吸入阀进入泵缸内。在吸液时因受排出管内液体的压力作用排出阀关闭。当活塞自右向左运动时,缸内液体受挤压其压力增大,使吸入阀关闭而排出阀打开排出液体。当活塞到达左端点排液完毕,完成一个工作循环。可见往复泵具有自吸能力,在启动前不需要灌泵。但在实际操作时,为使泵立即吸、排液体,避免活塞在泵缸内的干摩擦仍然进行灌泵。

活塞由泵的一端移至另一端,称为一个冲程或位移。活塞往复一次,各吸入和排出一次液体的泵,称为单动泵。若活塞往返一次,各吸入和排出两次液体,称为双动泵。单动泵的排液为周期性间断进行,其瞬时流量不均匀,形成半波形曲线,如图 2. 18(a)所示。双动泵虽然能连续排液,但是流量仍不均匀,如图 2. 18(b)所示。若采用三台单动泵连接在同一根曲轴的曲柄上的三联泵可以改善流量的均匀程度,如图 2. 18(c)所示。

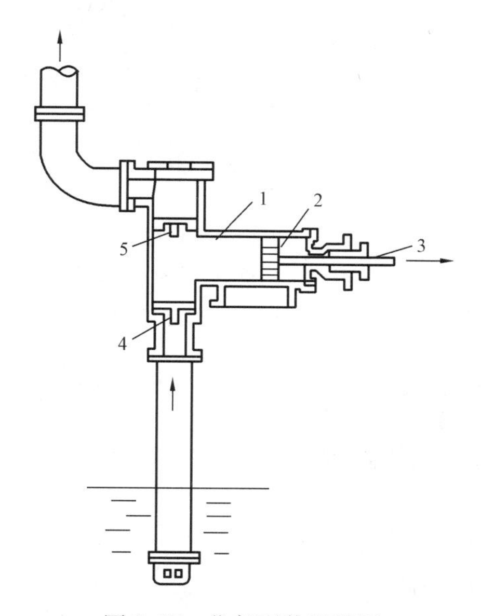

图 2. 17 往复泵装置简图

1—泵缸;2—活塞;3—塞杆;4—吸入阀;5—排出阀

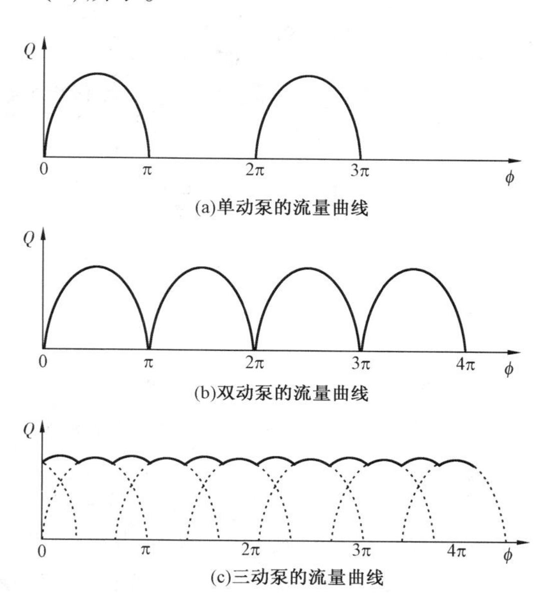

图 2. 18 往复泵的流量曲线

依据往复泵的工作原理,可知往复泵的流量只与泵的几何尺寸和活塞的往复次数有关,而与压头及管路特性无关。因此,不能用排出管路上的阀门来调节流量,一般采用旁路调节。若关闭出口阀而泵继续运转,则泵内压强会急剧升高,造成泵体、管路和电动机损坏,因此往复泵启动前必须将排出管路中的阀门打开。另外,也可通过改变活塞的往复次数或者活塞的冲程来实现流量的调节。

往复泵的压头与泵的几何尺寸无关,只要泵的机械强度和原动机的功率允许,往复泵可以提供任意高的压头。往复泵的流量与活塞位移有关,与管路特性无关,但压头受管路承受能力的限制,这种性质称为**正位移特性**,具有这种特性的泵称为**正位移泵**。由于往复泵也是借外界与泵内的压差而吸入液体的,因此安装高度也取决于泵的安装地区大气压、输送液体的性质及温度。

基于以上特点,往复泵适用于高压头、小流量、高黏度液体的输送,但不适宜输送腐蚀性液体和悬浮液。

计量泵 又称比例泵,是往复泵的一种,但设有一套可以准确而方便地调节活塞冲程的机械,如图 2. 19 所示。该泵的特点是流量准确易调,因此常用于要求输液量十分准确而又便于调整的场合。

隔膜泵　也属往复泵，通过隔膜的往复运动来吸、排液体，如图 2.20 所示。隔膜泵多用于输送腐蚀性液体或悬浮液。

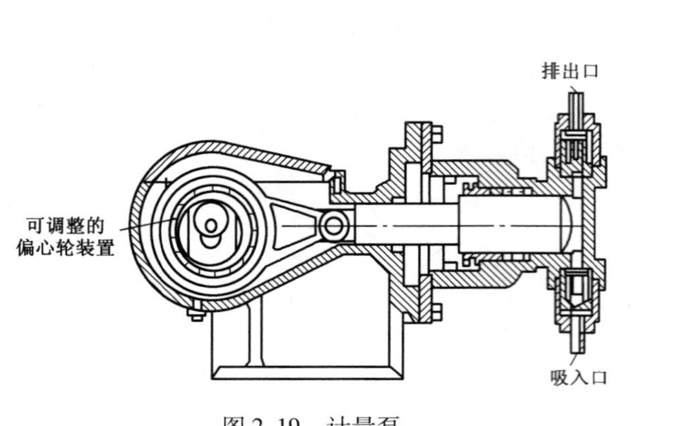

图 2.19　计量泵

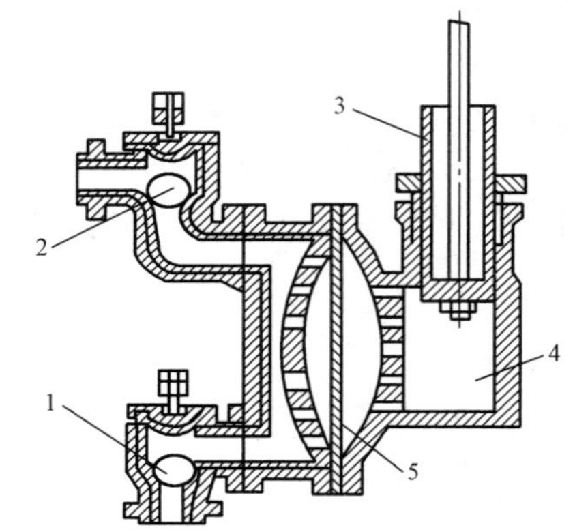

图 2.20　隔膜泵

1—吸入活门；2—压出活门；3—活柱；
4—水(或油)缸；5—隔膜

齿轮泵　旋转泵的一种，其泵壳内有一对相互啮合齿轮，将泵壳内分成吸入腔和排出腔，如图 2.21 所示。齿轮旋转时，吸入腔内两轮的齿互相拨开，形成低压区吸入液体。被吸入的液体随着齿轮转动达到排出腔。排出腔内两轮齿互相合拢排出高压液体。该泵的特点是压头高、流量小，用于黏稠、膏状物料，但不能用于含固体颗粒的悬浮液。

螺杆泵　也属于旋转泵，主要由泵壳和一个或几个螺杆构成，如图 2.22 所示。螺杆转动时，液体沿着轴向推进，挤压到排出口。其特点是效率高，噪声小，适于在高压下输送黏稠液体。

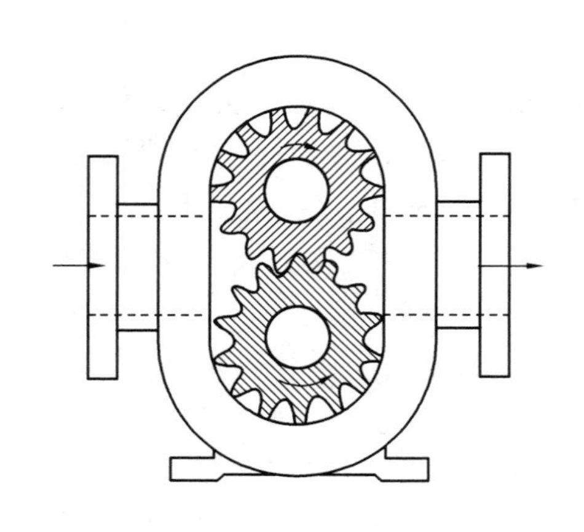

图 2.21　齿轮泵

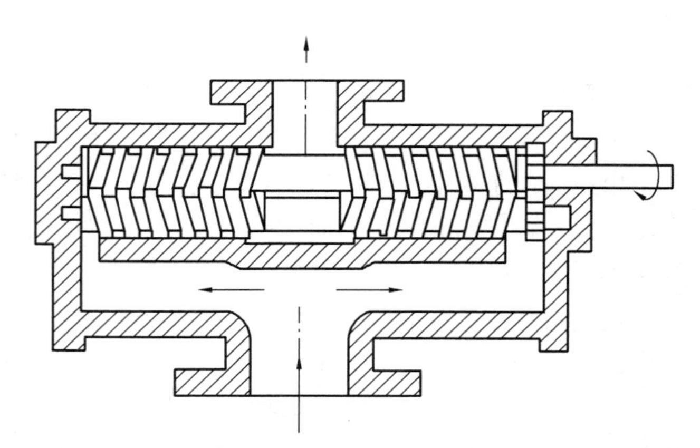

图 2.22　双螺杆泵

旋涡泵　一种特殊类型离心泵，其泵壳为正圆形，叶轮由一个四周铣有凹槽的金属圆盘构成，未铣去的部分形成辐射状的叶片，如图 2.23 所示。在叶轮和泵壳内壁之间有一引液道，其吸入口与排出口靠近，二者间以间壁相隔，间壁与叶轮间的缝隙很小以阻止压出口的高压液体漏回到入口的低压部位。叶轮高速旋转时，泵内液体随叶轮旋转，同时又在引液道与叶片间往复运动，被叶片拍击多次获得较多能量。因液体靠离心力在叶片与引液道间往复运动，故开启前也要进行灌泵。旋涡泵流量减小时压头升高很快，功率也大，因此启动时应打开出口阀，以保护泵和电动机。

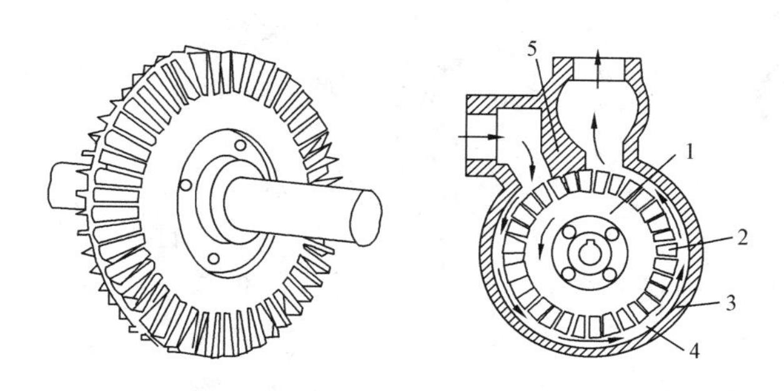

图 2.23　旋涡泵

1—叶轮；2—叶片；3—泵壳；4—引液道；5—间壁

2.3　气体输送设备

气体输送与压缩设备在化工生产中主要应用于以下几个方面：输送气体以克服管路阻力损失，通常输送量比较大；产生高压气，保证某些化学反应所需要的较高压力；产生真空，维持某些反应或者单元操作正常进行。

气体输送设备具有以下几个特点。

(1)动力消耗大。质量流量一定时，由于气体的密度小，其体积流量很大。因此气体输送管路中的流速比液体要大得多，经相同的管长后气体的阻力损失高于液体，因而气体输送机械的动力消耗往往很大。

(2)气体输送机械体积一般都很庞大。

(3)由于气体的可压缩性，故在输送机械内部气体体积和温度会随着压力变化而变化。这些变化对气体输送机械的结构、形状有很大影响。

气体输送机械依据出口压力可分类如下。

通风机　终压不大于 15kPa(表)，压缩比 1 ~ 1.5。

鼓风机　终压为 15 ~ 300kPa(表)，压缩比小于 4。

压缩机　终压大于 300kPa(表)，压缩比大于 4。

真空泵　抽出容器或者设备内气体，终压为大气压，压缩比由所需真空度决定。

气体输送机械按其原理又可分为离心式、旋转式、往复式和喷射式等类型。

2.3.1　离心式通风机、鼓风机与压缩机

离心式通风机、鼓风机、压缩机的工作原理和离心泵类似，通过叶轮高速旋转产生离心力提高气体的压力。

2.3.1.1　离心式通风机

离心式通风机的结构如图 2.24 所示，主要部件为机壳和叶片。机壳气体通道的截面低压时为矩形，高压时为圆形。为适应输送气体量大的要求，通常叶轮直径较大，叶片较短，数量较多。叶片有垂直、后弯和前弯几种形式。平直叶片一般用于低压通风机；后弯叶片通风机效率较高；前弯叶片通风机的效率较低，但是输送风量大。

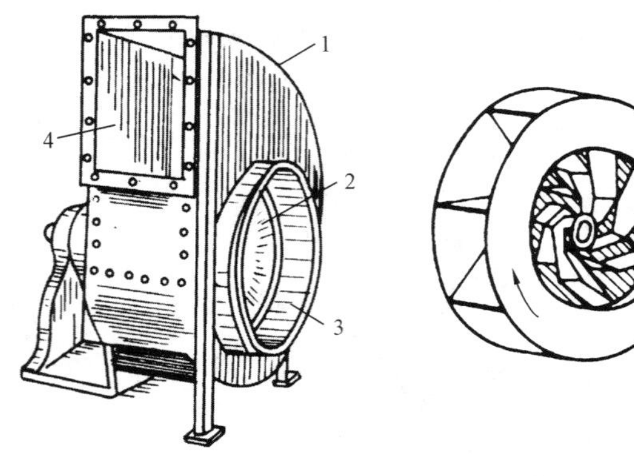

图 2.24　离心式通风机及叶轮

1—机壳;2—叶轮;3—吸入口;4—排出口

因通风机输送时气体压头变化不大,故可视为不可压缩流体。

风量 Q　气体通过进口的体积流量称为风量,其常用单位为 m^3/h。风量的大小取决于通风机的结构、尺寸和转速。

风压 H_T　单位体积气体经过风机所获得的机械能称为风压,常用单位为 Pa。风压的大小取决于结构尺寸、转速和气体进口的密度。如果以单位重量为基准,则数值很大(1mm 水柱≈1m 空气柱),使用不便。

在通风机进、出口作机械能衡算

$$H_T = W_e\rho = (z_2 - z_1)\rho g + (p_2 - p_1) + \frac{u_2^2 - u_1^2}{2}\rho + \rho\sum h_{f,1-2}$$

经化简得

$$H_T = (p_2 - p_1) + \frac{\rho u_2^2}{2} \tag{2.9}$$

式中 $p_2 - p_1$ 称为静风压,用 H_{st} 表示,$\frac{\rho u_2^2}{2}$称为动风压,可见

全风压 = 静风压 + 动风压

因通风机性能表上的风压一般都是在 20℃,一个大气压下以空气为介质测得的,此时空气的密度是 $1.2kg/m^3$。故应将操作条件下所需压头 H'_T换算成标准状态下的压头 H_T,然后选择通风机。

$$H_T = H'_T\frac{\rho}{\rho'} = H'_T\frac{1.2}{\rho} \tag{2.10}$$

轴功率与效率　离心式通风机的轴功率为

$$N = \frac{H_T Q}{1000\eta} \tag{2.11}$$

式中　N——轴功率,kW;

Q——风量,m^3/s;

H_T——风压,Pa;

η——效率,因由全风压确定,又称全压效率。

应注意,在式(2.11)中 Q 和 H_T 必须是同一状态下的数值。

离心式通风机的特性曲线由生产厂家在 1atm、20℃的条件下以空气为介质测定,主要有 $H_T—Q$、$H_{st}—Q$、$N—Q$ 和 $\eta—Q$ 四条曲线,如图 2.25 所示。

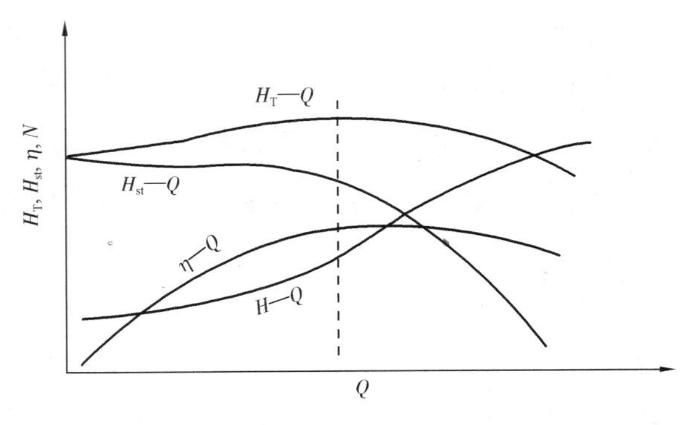

图 2.25　离心式通风机的特性曲线

注:虚线表示最高效率时风机的各项参数

2.3.1.2　离心式鼓风机和压缩机

离心式鼓风机和压缩机又称透平鼓风机和透平压缩机，工作原理与离心式通风机相同，其结构类似于多级的离心泵，见图 2.26。

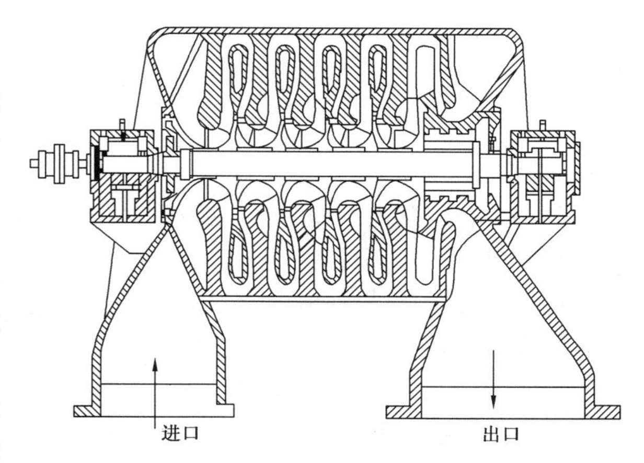

图 2.26　五级离心式鼓风机结构示意图

鼓风机　外壳直径与宽度之比较大，叶片数目较多，转速亦较高，以获较大风压。

压缩机　叶轮级数多，可达到 10 级以上，转速较高，能产生更高的压强。压缩比高，气体体积变化较大，温度升高显著，因此压缩机通常分为几段，每段包括若干级，叶轮直径与宽度逐渐缩小，段间设中间冷却器，以免温度过高。

2.3.2　往复式压缩机

往复式压缩机的结构和工作原理与往复泵类似，依靠活塞的往复运动将气体吸入和压出。在排气结束时，为了防止活塞撞击缸盖，活塞端面与气缸盖之间必须留有一很小的间隙称为"余隙"。压缩机的一个工作循环由"膨胀—吸入—压缩—排出"四个阶段构成。

使用中为了避免排出气体温度过高，减少功率损耗，提高压缩机的经济性和气缸容积的利用率，同时使压缩机的结构更合理，通常采用多级压缩。

往复式压缩机的主要性能参数有排气量、轴功率和效率。

2.3.3　真空泵

真空泵是从具有一定真空度的容器或系统中抽气，一般在大气压下排气的机械。下面简要介绍几种工业生产中常用的真空泵。

往复真空泵　结构和工作原理与往复压缩机基本相同，但也有其自身的特点。在低压下操作，气缸内、外压差很小，所用的吸入和排出阀门更加轻巧。当要求达到较高的真空度时，压缩比会很大，要保证较大的吸气量，余隙容积必须很小。

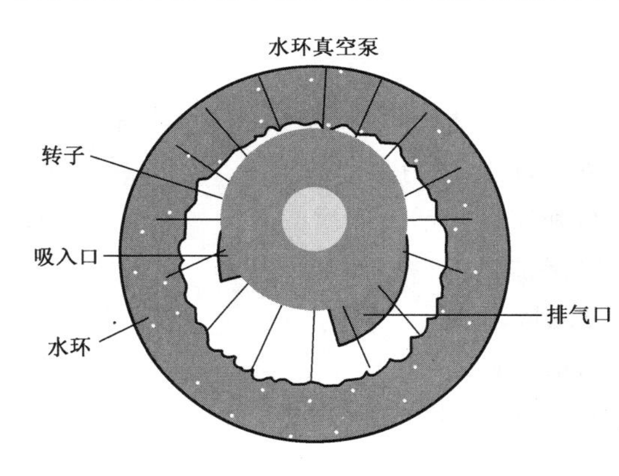

图 2.27　水环真空泵结构

水环真空泵　结构如图 2.27 所示，外壳呈圆形，其中的叶轮偏心安装。启动前，泵内注入一定量的水，当叶轮旋转时，在离心力的作用下，水被甩至壳壁形成水环。此水环具有密封作用，使叶片间的空隙形成许多大小不同的密封室。如果以叶轮上部为起点，在叶轮旋转的前 180°密封室由小变大形成真空，从吸入口吸入气体，当叶轮从 180°旋转到 360°过程中密封室由大变小，气体由压出口排出。

水环真空泵结构简单、紧凑，易于制造和维修，使用寿命长，适于抽吸含有液体的气体，更适于抽吸腐蚀性或易爆气体。但其效率低。

习 题

一、填空题

1. 离心泵在启动前不灌泵，泵会发生________现象。

2. 离心泵的主要部件有________、________、________。

3. 离心泵叶轮按结构不同可分为________、________、________。

4. 泵壳的作用：________；________。

5. 离心泵的特性曲线包括________、________和________。这些曲线表示在一定________下，输送某种特定的液体时泵的性能。

6. 离心泵的安装高度超过允许安装高度时，离心泵会发生________现象。

7. 离心泵的工作点是________曲线和________曲线的交点。在调节流量时，改变出口阀门开度实质是改变________，改变离心泵的转速实质是改变________。

8. 离心泵启动前关闭出口阀的目的是________。

9. 若被输送流体的黏度增大，则离心泵的压头________，流量________，效率________，轴功率________。

10. 若将离心泵的转速提高，则离心泵的流量________，扬程________。

11. 离心泵的流量调节阀安装在________管路上，关小出口阀门后，真空表读数________，压力表读数________。

12. 往复泵是依靠________的往复运动，依次开启________和关闭________，从而吸入和排出液体。其流量只与________有关，而与________无关。

13. 离心式通风机的全风压等于________与________之和，其单位是________。

二、选择题

1. 离心泵扬程的意义是________。

(A)升扬高度　　(B)泵的吸液高度

(C)液体出泵和进泵的压差换算成液柱高度

(D)单位重量流体出泵和进泵的机械能差值

2. 离心泵停止运行时，宜________。

(A)先关出口阀后断电　　(B)先停电后关出口阀

(C)先关出口阀或先停电均可　　(D)单级泵先停电，多级泵先关出口阀

3. 在测定离心泵性能时，若将压力表装在调节阀后面，则压力表读数将________。

(A)随流量的增大而减小　　(B)随流量的增大而增大

(C)随流量的增大而先增加后减小　　(D)随流量的增加而基本不变

4. 往复泵的流量调节通常采用________，离心泵流量调节通常采用________。

(A)出口阀调节　　(B)旁路调节

(C)改变活塞冲程　　(D)改变活塞往复次数

5. 离心泵的调节阀开大时，则有________。

(A)吸入管路阻力损失不变　　(B)泵出口处的压强减小

(C)泵入口处的真空度减小　　(D)泵工作点的扬程升高

6. 某泵在运行时发现有气蚀现象，应________。

(A)停泵，向泵内灌液　　(B)降低泵的安装高度

(C)检查进口管路是否漏液　　(D)检查出口管阻力是否过大

7. 离心泵的效率 η 和流量 Q 的关系为________。

(A) Q 增大，η 增大　　(B) Q 增大，η 先增大后减小

(C) Q 增大，η 减小　　(D) Q 增大，η 先减小后增大

8. 离心泵的轴功率 N 与流量 Q 的关系是________。

(A) N 随 Q 的增大而增大　　(B) N 随 Q 的增大而减小

(C) N 随 Q 的增大先增大后减小　　(D) N 随 Q 的增大先减小后增大

9. 往复泵适用于________。

(A)大流量且要求流量均匀的场合　　(B)介质腐蚀性强的场合

(C)投资较小的场合　　(D)流量较小，压头较高的场合

三、计算题

1. 某台离心泵每分钟输送水 $10m^3$，泵出口压力表读数为 373kPa，入口真空度为 28kPa，两个测压点的垂直距离为 400mm，吸入管内径为 350mm，排出管内径为 300mm。忽略水在管中的摩擦阻力损失，则该泵产生的压头为多少(mH_2O)？

答：$41.4mH_2O$。

2. 某泵当转速为 n 时，轴功率为 1.5kW，输液量为 $20m^3/h$。当转速调到 n' 时，输液量为 $18m^3/h$，若泵的效率不变，此时泵的轴功率为多少(kW)？

答：1.09kW。

3. 用泵将水由水池输送到高位槽，两槽液面维持恒定且敞口，间距为 10m。管内径为 50mm，在阀门全开时输水系统的总阻力损失当量长度为 50m，摩擦系数 $\lambda = 0.03$。泵的性能曲线，在流量为 $6 \sim 15m^3/h$ 的范围内可以用下式描述：$H = 18.92 - 0.82Q^{0.8}$。式中 H 为泵的扬程，m；Q 为泵的流量，m^3/h。问：(1)如要求流量为 $10m^3/h$，单位质量水所需外加功为多少？单位重量水所需外加功为多少？此泵能否完成任务？(2)如要求输送量减少至 $8m^3/h$(通过关小阀门来实现)，泵的轴功率减少百分之几(忽略泵的效率变化)？

答：(1)128.35J/kg，13.08m，能完成任务；(2)15.1%。

4. 某离心泵在一定转速下的特性方程为 $H = 26 - 0.4 \times 10^6 Q^2$，用该泵将水从储槽送到某高位槽，两槽均敞口且液面高度差为 10m。管路系统的阻力损失 $\sum h_f = 0.6 \times 10^6 Q^2$(式中 $\sum h_f$ 和 H 的单位为 m，Q 的单位为 m^3/s)。试计算：(1)若两槽水位恒定，流量为多少(m^3/h)？(2)泵的有效功率。

答：(1) $14.4m^3/h$；(2)0.77kW。

5. 欲用离心泵将 20℃ 水以 $30m^3/h$ 的流量由水池打到敞口高位槽，两液面均保持不变，液面高度差为 18m，泵的吸入口在水池液面上方 2m 处。泵的吸入管路全部阻力为 1m 水柱。压出管路的全部阻力为 3m 水柱，泵的效率为 0.6，求泵的轴功率。若已知泵的必须气蚀余量为 5m，问上述安装高度是否合适？大气压为 101325Pa，水的密度取 $1000kg/m^3$。

答：3kW；合适。

符 号 说 明

符号	意义	单位
b	叶轮宽度	m
c	离心泵叶轮内液体运动的绝对速度	m/s
d	管子直径	m
D	叶轮直径	m
g	重力加速度	m/s^2
Δh	离心泵气蚀余量	m
H	泵的压头	m
H_f	管路系统的压头损失	m
H_g	离心泵的允许安装高度	m
H_T	离心式通风机的风压	Pa
H_{st}	离心式通风机的静风压	Pa
$H_{T\infty}$	离心泵的理论压头	m
l	长度	m
l_e	管路当量长度	m
n	离心泵的转速	r/min
N	泵或压缩机的轴功率	W 或 kW
N_e	泵的有效功率	W 或 kW
p	压强	Pa
p_0	当地的大气压	Pa
p_v	液体的饱和蒸气压	Pa
Q	泵或风机的流量	m^3/s 或 m^3/h
R	叶轮半径	m
u	流速	m/s
w	离心泵叶轮内液体质点运动的相对速度	m/s
α	绝对速度与圆周速度的夹角	(°)
β	相对速度与圆周速度反方向延长线的夹角	(°)
η	效率	
ρ	密度	kg/m^3
ω	叶轮旋转角速度	rad/s

第3章　传　　热

3.1　概述

传热即热量传递,是最重要的单元操作之一。在化工生产中,物料的加热与冷却、高温或低温设备的保温以及余热的回收等都是传热过程。换热设备在化工厂设备投资中所占比例很大。

在化工领域,研究传热过程所需解决的主要问题有以下三个:(1)确定介质消耗量;(2)换热器的设计;(3)过程的强化。第一个问题的解决依靠热量衡算,后两个问题决定于换热速率。传热过程是由一些基本的传热方式组合的,故首先需要掌握各种基本传热方式的机理及传热速率,然后再研究它们在不同工业换热过程中的综合应用规律。

3.1.1　传热方式

热量的传递有三种基本方式,即传导、对流和辐射。在固体内部的热量传递只能以传导方式进行,但流体与壁面间的传热则同时包括对流与传导,对高温流体还有辐射。

3.1.2　传热过程中冷、热流体的接触方式

生产上最常遇到的是冷、热两种流体之间的传热过程,也称为热交换过程。实现热交换过程的设备称换热器,根据冷、热流体的接触方式不同,换热器可分为三种类型。

3.1.2.1　直接混合式

直接混合式换热是将冷、热流体直接混合的一种传热方式。例如,老式澡堂中水池的水,是将水蒸气直接通入冷水中,使冷水加热。工业中常见的凉水塔亦属此类。其优点是传热效果好,设备简单,但只能用于允许两种流体互混的场合。

3.1.2.2　蓄热式

蓄热式换热器内装有热容量较大的固体填料,操作时首先通入热流体以加热填料,然后通入冷流体,用填料所积蓄的热量加热冷流体。一般来说,这种传热方式只适用于气体介质。此类换热器结构较简单,但两流体间会有少量混杂。常见的如煤气炉中的空气预热器。

3.1.2.3　间壁式

多数情况下,工艺上不允许冷、热流体直接接触,故直接混合式和蓄热式在工业上并不常见。工业上用得最多的是间壁式传热过程,即冷、热流体在固体壁面两侧通过壁面进行换热。间壁式换热器形式很多,如**夹套式、套管式、列管式、板式**等。其中最简单的是图3.1所示的套管式换热器,其热量传递过程包括三个步骤:

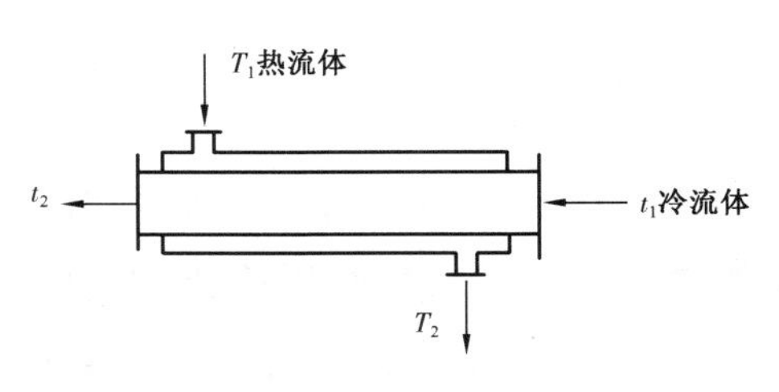

图3.1　套管式换热器

(1)热流体将热量传给壁面;

(2)热量在壁面内的传递;

(3)壁面将热量传给冷流体。

间壁式换热器中最典型的是列管式换热器,又称管壳式换热器。图3.2为单程列管式换热器。一流体由右侧封头5的接管4进入器内,流过管束2后,由另一端的封头接管流出。另一流体由壳体左侧的接管3进入,壳体内装有折流挡板7,使流体在壳与管束之间沿折流板作折流流动,然后从另一端的壳体接管流出换热器。通常把流经管束的流体称为**管程流体**,其行程为**管程**;把流经管间环隙的流体称为**壳程流体**,其行程为**壳程**。由于图中管程流体在管束内只流过一次,故此换热器也称为**单管程**列管式换热器。

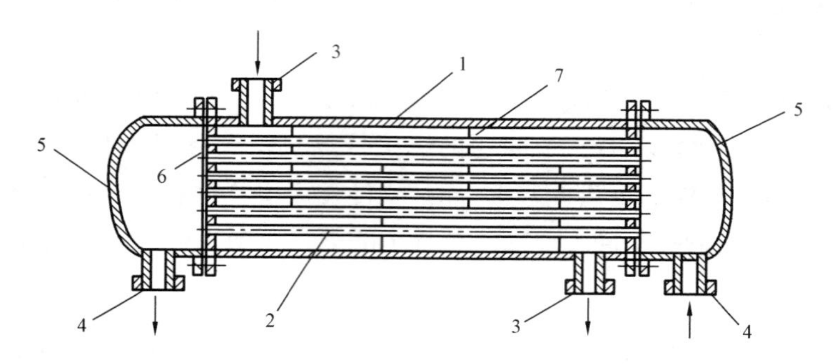

图3.2　单程列管式换热器

1—壳体;2—管束;3、4—接管;5—封头;6—管板;7—折流板

图3.3为双程列管式换热器。隔板4将封头内的空间一分为二,管程流体只能先经一半管束,待流到另一封头再流经另一半管束,然后从接管流出换热器。由于管程流体在管束内流经两次,故也称为**双管程**列管式换热器。若流体在管束内来回流过多次,则称为多管程(如四程、六程等)换热器。

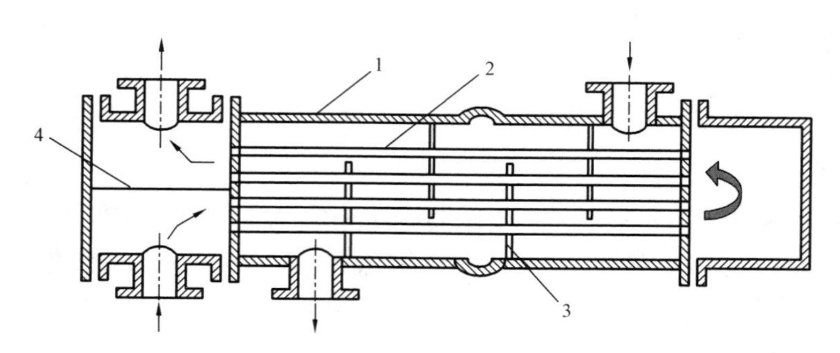

图3.3　双程列管式换热器

1—壳体;2—管束;3—折流板;4—隔板

本章主要讨论间壁式换热器中的传热过程。

3.1.3　稳态传热和非稳态传热

连续生产过程中的传热过程一般属稳态传热过程,此时流体温度仅随位置变化,而不随时间变化。

间歇生产以及连续生产中开车和停车阶段的传热,都属于非稳态传热过程,此时流体温度不仅随位置变化,也随时间变化。

3.2 热传导

热传导的机理相当复杂,目前了解的还很不完全。简而言之,物体中温度较高的分子(流体)、晶格(非金属固体)、自由电子(金属),由于它们的运动比较剧烈,通过碰撞将热量向低温处传递的过程,称为**导热**或**热传导**。导热发生在同一物体内部或紧密接触的物体间。在此过程,物体各部分可以不发生宏观的相对位移。

3.2.1 傅里叶定律

3.2.1.1 温度场和温度梯度

物体(或空间)各点温度在时空中的分布称为温度场,可用下式表示

$$t = f(x, y, z, \theta) \tag{3.1}$$

式中 t——温度,℃;

x, y, z——任一点的空间坐标;

θ——时间,s。

温度场中所有温度相同的点组成的面称**等温面**。显然,各等温面互不相交。自等温面上某一点出发,沿不同方向的温度变化率不同,而以该点法线方向的温度变化率最大,称为**温度梯度**。它是一个向量,如图 3.4 所示,其方向与给定点的法线方向一致,以温度增加的方向为正。

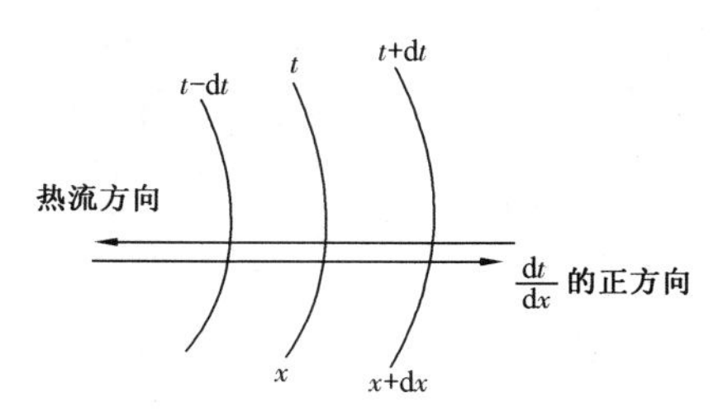

图 3.4 温度梯度的方向

对于一维稳态的温度场,式(3.1)可简化为

$$t = f(x) \tag{3.2}$$

则温度梯度可表示为

$$\lim_{\Delta x \to 0} \frac{\Delta t}{\Delta x} = \frac{dt}{dx} \tag{3.3}$$

以下主要讨论化工过程中常见的一维稳态传热问题。

3.2.1.2 傅里叶定律

热传导的微观机理虽然复杂,难以弄清,但其宏观规律遵循傅里叶定律。对于一维导热,其表达式为

$$dQ = -\lambda dS \frac{dt}{dx} \tag{3.4}$$

或

$$q = -\lambda \frac{dt}{dx} \tag{3.5}$$

式中 Q——传热速率,J/s 或 W;

q——热通量、热流密度,W/m^2;

S——导热面积,m^2;

λ——导热系数，W/(m·K)或W/(m·℃)；

$\dfrac{dt}{dx}$——温度梯度，K/m或℃/m。

傅里叶定律指出：热通量正比于传热面的温度梯度。式中的负号表示热流方向与温度梯度方向相反，即热量从高温传向低温。

3.2.1.3 导热系数

导热系数是表征物质导热能力的一个参数，是物质的物理性质之一，和组成、结构、密度、温度及压强有关。

对于固体材料，若其结构和组成一定，导热系数与温度近似呈线性关系，可用下式表示

$$\lambda = \lambda_0(1 + at) \tag{3.6}$$

式中 λ——固体在温度 t 时的导热系数，W/(m·℃)；

λ_0——固体在0℃时的导热系数，W/(m·℃)；

a——温度系数，对大多数金属为负，大多数非金属为正，1/℃。

表3.1列出了常见物质导热系数的大值范围。

表3.1 常见物质导热系数的大致范围

物质种类	λ 数量级，W/(m·℃)	温度，℃	常见物质的 λ 值，W/(m·℃)
金属	$10 \sim 10^2$	0~100	银412，铜381，铝228，碳钢45，铸铁40，不锈钢17
建筑材料	$10^{-1} \sim 10$	0~100	耐火砖1.0，建筑砖0.7，水泥0.3
绝热材料	$10^{-2} \sim 10^{-1}$	0~100	保温砖0.15，石棉0.15，玻璃棉0.043，软木0.035
液体	10^{-1}	20	水0.6，甘油0.28，乙醇0.18
气体	$10^{-2} \sim 10^{-1}$	0(常压)	空气0.012，水蒸气0.012，氢0.014，氧0.023，氮0.023

非金属液体中，水的导热系数最大，为0.6W/(m·℃)。除水和甘油，绝大多数液体的导热系数随温度的升高而略降。

气体的导热系数很小，对导热不利，但对保温有利。工业上的保温材料如软木、玻璃棉等，就是因其空隙中有气体，保温隔热。气体的导热系数随温度的升高而增大，而压力的影响可以忽略。

3.2.2 平壁的稳态热传导

3.2.2.1 单层

单层平壁的稳态导热如图3.5所示。设有一高度和宽度都很大的平壁，两侧表面壁温保持均匀恒定，且仅沿垂直于壁面的 x 轴变化，分别为 t_1 和 t_2，$t_1 > t_2$，λ 不随温度而变（取平均值）。对此一维稳态平壁热传导，Q、S 都为常数。

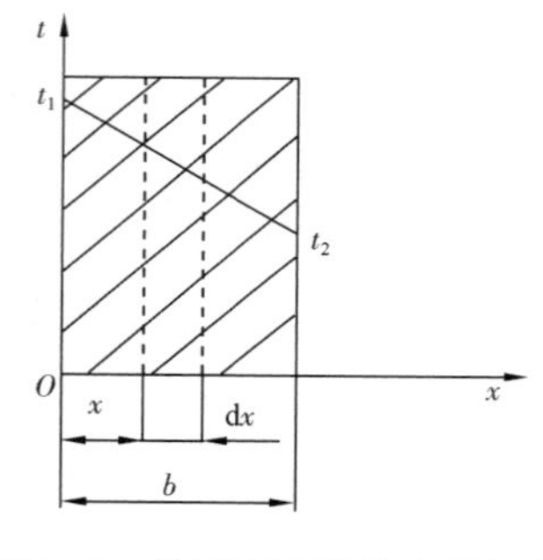

图3.5 单层平壁的稳态热传导

当 x 由 $0 \to b$ 时，则 t 由 $t_1 \to t_2$，这时积分式(3.4)得

$$Q\int_0^b dx = -\lambda S\int_{t_1}^{t_2} dt \text{（因为 } S \text{ 是常数）}$$

所以 $$Q = \frac{t_1 - t_2}{\frac{b}{\lambda S}} = \frac{\Delta t}{R} \tag{3.7}$$

或热通量 $$q = \frac{Q}{S} = \frac{\Delta t}{\frac{b}{\lambda}} = \frac{\Delta t}{R'} \tag{3.8}$$

$$R = \frac{b}{\lambda S}, R' = \frac{b}{\lambda}$$

式中 b——平壁厚度,m;

Δt——温度差,导热推动力,℃;

R——导热热阻,℃/W;

R'——导热热阻,$m^2 \cdot$ ℃/W。

式(3.7)、式(3.8)表明热流量(或热通量)与导热推动力 Δt 成正比,与热阻 R(或 R')成反比。

3.2.2.2 **多层**

在工业生产中常见的是多层平壁的导热过程。现以图3.6所示的三层平壁为例,说明多层平壁导热过程的计算。

对于一维定态导热,热量在平壁内没有积累,所以通过各层的热流量应该相等,即

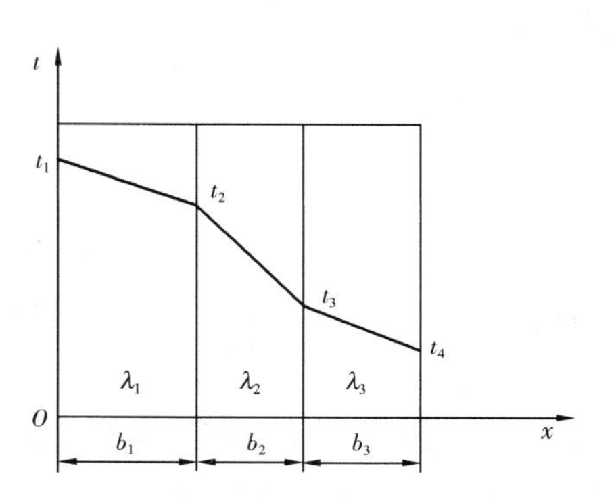

图3.6 多层平壁的稳态热传导

$$Q = \frac{\Delta t_1}{R_1} = \frac{\Delta t_2}{R_2} = \frac{\Delta t_3}{R_3}$$

整理可得

$$Q = \frac{\Delta t_1 + \Delta t_2 + \Delta t_3}{R_1 + R_2 + R_3} = \frac{t_1 - t_4}{R_1 + R_2 + R_3}$$

所以 n 层平壁热传导速率为

$$Q = \frac{\sum_{i=1}^{n} \Delta t_i}{\sum_{i=1}^{n} R_i} = \frac{\text{总推动力}}{\text{总阻力}} \tag{3.9}$$

从式(3.9)可以得出以下结论:(1)通过多层平壁的定态热传导,传热推动力和热阻可以加和,即总推动力等于各层推动力之和,总热阻等于各层热阻之和;(2)温差和热阻成正比,即哪一层的温差大,哪一层的热阻就大,反之亦然,与串联电路的欧姆定律相似。

【例3.1】 燃烧炉的壁由三种材料组成,如图3.7所示。最内层是耐火砖,其厚度为150mm,导热系数为1.05W/(m·K);中间为绝热砖,其厚度为290mm,导热系数为0.15W/(m·K);最外层为建筑砖,其厚度为240mm,导热系数为0.81W/(m·K)。

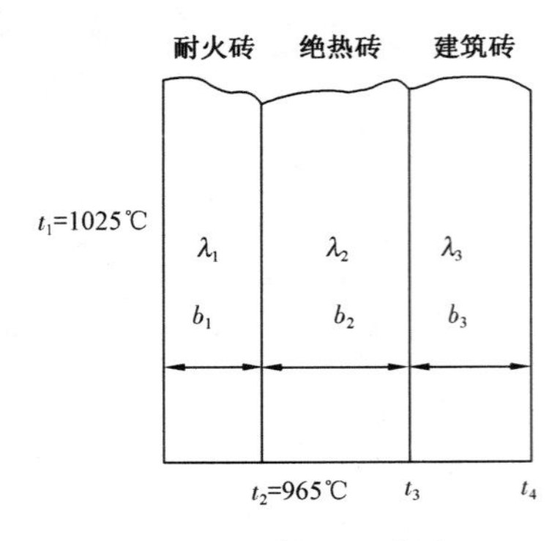

图 3.7　例 3.1 附图

若炉的内壁温度为 1025℃，耐火砖与绝热砖交界处温度为 965℃。试求：(1)单位面积上的传热速率 q；(2)绝热砖与普通砖之间的温度 t_3；(3)普通砖外壁温度 t_4。

解：(1)

$$q = \frac{Q}{S} = \frac{\lambda_1}{b_1}(t_1 - t_2) = \frac{1.05}{0.15}(1025 - 965) = 420(\mathrm{W/m^2})$$

(2)因稳定传热，故 $q_1 = q_2 = q_3 = 420\mathrm{W/m^2}$，因为

$$q_2 = \frac{\lambda_2}{b_2}(t_2 - t_3)$$

解得

$$t_3 = t_2 - \frac{q_2 b_2}{\lambda_2} = 965 - \frac{420 \times 0.29}{0.15} = 153(℃)$$

(3)同理因为

$$q_3 = \frac{\lambda_3}{b_3}(t_3 - t_4)$$

解得

$$t_4 = t_3 - \frac{q_3 b_3}{\lambda_3} = 153 - \frac{420 \times 0.24}{0.81} = 29(℃)$$

3.2.3　圆筒壁的稳态热传导

在生产中通过圆筒壁的导热极为普遍。与平壁的导热不同，当热流径向穿过圆筒壁时，传热面积随半径变化。

3.2.3.1　单层

设有一单层圆筒壁，如图 3.8 所示，长为 L，内、外半径分别为 r_1 及 r_2。内、外壁温恒定，分别为 t_1 和 t_2。筒壁导热系数 λ 为常数(取平均值)，则圆筒壁内的传热属于一维稳态传热。

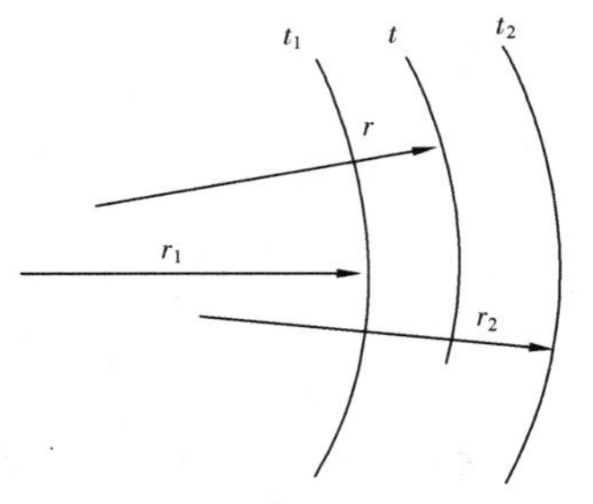

图 3.8　单层圆筒壁的稳态热传导

在圆筒中取一半径为 r、长为 L 的等温圆筒面。此时，傅里叶定律可写成

$$Q = -2\pi rL\lambda\frac{\mathrm{d}t}{\mathrm{d}r}$$

积分得

$$Q\int_{r_1}^{r_2}\frac{\mathrm{d}r}{r} = -\lambda(2\pi L)\int_{t_1}^{t_2}\mathrm{d}t$$

$$\ln\frac{r_2}{r_1} = \frac{-2\pi L\lambda}{Q}(t_2 - t_1)$$

所以

$$Q = \frac{2\pi L(t_1 - t_2)}{\frac{1}{\lambda}\ln\frac{r_2}{r_1}} \tag{3.10}$$

式(3.10)即为单层圆筒壁的热传导速率计算式。该式也可改写为

$$Q = 2\pi L\lambda \frac{t_1 - t_2}{\ln \frac{r_2}{r_1}} = \frac{2\pi L\lambda (r_2 - r_1)(t_1 - t_2)}{(r_2 - r_1)\ln \frac{r_2}{r_1}} \tag{3.11}$$

令

$$r_m = \frac{r_2 - r_1}{\ln \frac{r_2}{r_1}} \tag{3.12}$$

$$S_m = 2\pi r_m L = \frac{(S_2 - S_1)}{\ln \frac{S_2}{S_1}} \tag{3.13}$$

则

$$Q = 2\pi r_m L\lambda \frac{t_1 - t_2}{r_2 - r_1} = \frac{t_1 - t_2}{\frac{b}{\lambda S_m}} = \frac{\Delta t}{R} \tag{3.14}$$

$$R = \frac{b}{\lambda S_m}$$

式中　r_m——圆筒壁的对数平均半径,m;

　　　S_m——圆筒壁的对数平均面积,m^2。

可见引入对数平均半径和对数平均面积后,圆筒壁的导热计算式在结构上与平壁相同。

需要指出:当$\frac{r_2}{r_1}<2$时,可用算术平均值代替对数平均值,其误差<4%。

3.2.3.2　多层

以图3.9所示的三层圆筒壁为例,若各层之间接触良好,则与处理多层平壁的情况类似,根据串联传热过程推动力和热阻可以叠加的原理,得到通过该三层圆筒壁的热流量为

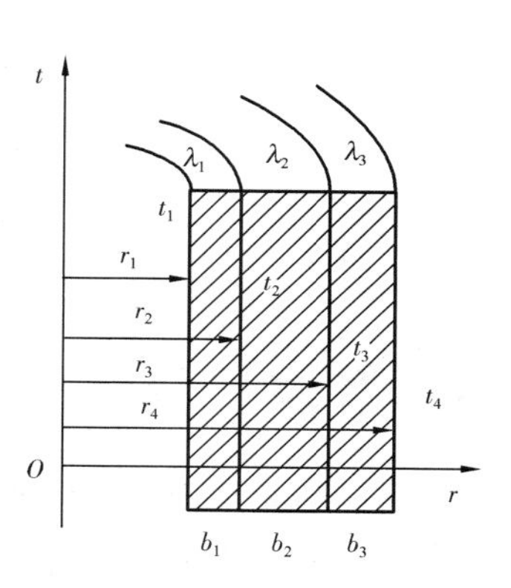

图3.9　多层圆筒壁的稳态热传导

$$Q = \frac{(t_1 - t_2) + (t_2 - t_3) + (t_3 - t_4)}{R_1 + R_2 + R_3} = \frac{(t_1 - t_4)}{\frac{b_1}{\lambda_1 S_{m1}} + \frac{b_2}{\lambda_2 S_{m2}} + \frac{b_3}{\lambda_3 S_{m3}}} \tag{3.15}$$

$$S_{m1} = \frac{2\pi L(r_2 - r_1)}{\ln \frac{r_2}{r_1}},\ S_{m2} = \frac{2\pi L(r_3 - r_2)}{\ln \frac{r_3}{r_2}},\ S_{m3} = \frac{2\pi L(r_4 - r_3)}{\ln \frac{r_4}{r_3}}$$

推广到 n 层圆筒壁的传热速率公式为

$$Q = \frac{\sum \Delta t}{\sum R} = \frac{\sum_{i=1}^{n}(t_i - t_{i+1})}{\sum_{i=1}^{n}\frac{b_i}{\lambda_i S_{mi}}} \tag{3.16}$$

与多层平壁的情况类似,多层圆筒壁各层的热阻和温差成正比,且也具有加和性。需要指出:多层圆筒壁各层的热流量(传热速率)相同,但热通量(热流密度)不同,而多层平壁不但各层的热流量相同,热通量也是相同的。

【例3.2】 在一个ϕ108mm×4mm的钢管外包有两层绝热材料:里层为50mm的氧化镁粉,其平均导热系数为0.07W/(m·K);外层为25mm的石棉层,其平均导热系数为0.2W/(m·K)。现用热电偶测得管内壁的温度为165℃,石棉层外表面温度为45℃。已知管壁的导热系数为45W/(m·K)。试求:(1)每米管长的热损失;(2)两种保温层界面的温度。

解:(1)每米管长的热损失

$$r_1 = \frac{0.1}{2} = 0.05(\mathrm{m}),r_2 = 0.05 + 0.004 = 0.054(\mathrm{m})$$

$$r_3 = 0.054 + 0.05 = 0.104(\mathrm{m}),r_4 = 0.104 + 0.025 = 0.129(\mathrm{m})$$

$$\frac{Q}{L} = \frac{2 \times 3.14 \times (165 - 45)}{\frac{1}{45}\ln\frac{0.054}{0.05} + \frac{1}{0.07}\ln\frac{0.104}{0.054} + \frac{1}{0.2}\ln\frac{0.129}{0.104}} = 72.17(\mathrm{W/m})$$

(2)保温层界面温度 t_3

$$\frac{Q}{L} = \frac{2\pi(t_1 - t_3)}{\frac{1}{\lambda_1}\ln\frac{r_2}{r_1} + \frac{1}{\lambda_2}\ln\frac{r_3}{r_2}}$$

$$72.17 = \frac{2 \times 3.14 \times (165 - t_3)}{\frac{1}{45}\ln\frac{0.054}{0.05} + \frac{1}{0.07}\ln\frac{0.104}{0.054}}$$

解得

$$t_3 = 57.4(℃)$$

3.3 对流传热

对流传热是指由于流体的宏观运动而引起的热量传递现象,它是通过流体质点的定向流动和混合而进行热量传递的,故与流体的流动情况密切相关。显然,对流传热必然包含导热过程。

本节介绍的对流传热特指工程实际中最常用的流体与固体壁面间的传热过程,也称**对流给热**。

3.3.1 牛顿冷却定律

3.3.1.1 对流传热分析

实验表明,当流体流过平壁时,在温差相同的情况下,无论是层流还是湍流,壁面处的温度梯度较静止时都有所提高,热通量加大。

下面以湍流为例进行分析。如图3.10所示,流体沿固体壁面流动,设固体壁面温度为t_w(高温端),流体湍流主体的温度为t。

在固体壁面附近存在层流底层,然后是过渡层,再往后是湍流主体。温度分布如图3.10所示。在层流底层,流体作平行于壁面的流动,在法线方向没有相对位移。此层存在明显的温度梯度,热量主要以导热的方式传递。而在湍流主体,由于流体质点的脉动,热量的传递主要是由于对流即质点的混杂实现，因此传热迅速，温度趋于均一。

由上述分析可知，对流传热必然包含导热过程。传热过程的主要热阻在层流底层，因此减小层流底层的厚度可以有效提高对流传热速率。

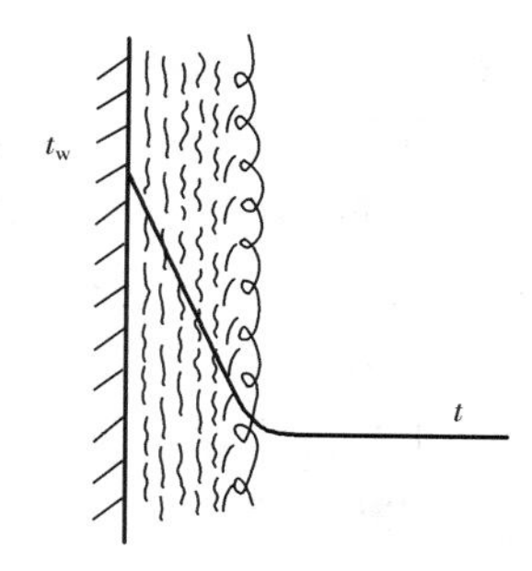

图 3.10　对流传热机理

3.3.1.2　**牛顿冷却定律方程**

壁面与流体间的传热过程因对流而变得非常复杂，难以进行严格的数学计算。工程上根据传热过程的普遍规律，认为传热速率应与传热推动力及传热面积成正比，而将其他复杂的影响因素都归纳到一比例系数内，即

$$dQ = \alpha dS\Delta t \tag{3.17}$$

或

$$q = \alpha\Delta t \tag{3.18}$$

式中　dQ——传热速率，W；

q——热通量或热流密度，W/m^2；

Δt——流体与壁面的温差，℃；

dS——传热面积，m^2；

α——对流传热（膜）系数或给热系数，$W/(m^2 \cdot K)$或$W/(m^2 \cdot ℃)$。

式(3.17)、式(3.18)都称为牛顿冷却定律。注意牛顿冷却定律不是理论推导的结果，它只是一种推论。引入对流传热系数并没有改变问题的复杂性，凡是影响对流传热的因素都将影响对流传热系数的值。问题的解决仍然依赖于试验测定不同情况下的对流传热系数，并将其关联成经验公式。

另外，式中的α、Δt、ΔS是对应的，不同的情况，表达形式有所区别。例如，对于套管换热器，当冷流体在内管被加热，而热流体在环隙中被冷却，则对某一微元长度dL上的对流传热速率可有以下两种表达形式

$$dQ = \alpha_i dS_i (t_w - t) \tag{3.19}$$

$$dQ = \alpha_o dS_o (T - T_w) \tag{3.20}$$

$$dS_i = \pi d_i dL, dS_o = \pi d_o dL$$

式中　dS_i，dS_o——传热管的内、外表面积，m^2；

d_i，d_o——传热管的内、外管径，m；

t，T——冷、热流体的平均温度，℃；

t_w，T_w——冷侧和热侧的壁温，℃。

3.3.2　对流传热系数的影响因素及准数关联

3.3.2.1　影响因素

流体的性质　各种流体物理性质的差异显然会影响对流传热，其中影响较大的是比热、导热系数、密度和黏度。

流动的类型　从对流传热的机理可知，流体质点的湍动有利于对流传热，所以流体湍流时

的 α 值就大，且随着雷诺数的增大，层流底层厚度减薄，对流传热系数就增大。而层流时，流体无混杂的质点运动，其 α 值较湍流时的小。

流动的起因 流体在外力（泵、搅拌器等）作用下的流动称**强制对流**。因内部存在温度差，导致流体各部分密度不同，引起流体的流动称**自然对流**。与强制对流不同，自然对流传热系数与体积膨胀系数 β、重力加速度 g 以及温差 Δt 有关。一般来说，在强制对流过程中虽然同时伴有自然对流，但影响较小，可以忽略不计。

相态的变化 在传热过程中，有相变化时，其 α 值比无相变化时的大很多。因为流体在发生相变化时产生的相变热很大，而且热阻较小。

传热面形状、位置与尺寸 不同形状的传热面，如圆管、平板或管束，是水平放置还是垂直放置，是管内还是管外，以及不同的管径、管长等都对 α 值有影响。通常将对传热有决定性影响的尺寸称为特征尺寸，用 L 表示。

3.3.2.2 准数关联

因次分析的方法是将影响对流传热的因素无因次化，通过试验决定无因次准数之间的关系。这是理论指导下的试验研究方法，在科学研究中广为使用。

对于流体无相变对流传热过程，传热系数 α 可表示为

$$\alpha = f(u, \rho, L, \mu, \beta g\Delta t, \lambda, c_p)$$

可以转化成无因次形式

$$Nu = f(Re, Pr, Gr) \tag{3.21}$$

式(3.21)中各准数的名称、符号及物理意义见表3.2。

表3.2 准数符号和意义

准数名称	符号	意义
努塞尔数	$Nu = \frac{\alpha L}{\lambda}$	包含对流传热系数
雷诺数	$Re = \frac{Lu\rho}{\mu}$	表示流动状态的影响
普朗特数	$Pr = \frac{c_p\mu}{\lambda}$	表示流体物性的影响
格拉晓夫数	$Gr = \frac{\beta g\Delta t L^3\rho^2}{\mu^2}$	表示自然对流的影响

3.3.3 流体无相变时的经验公式

必须指出，下面介绍的对流传热系数准数关联式都属于经验公式，因此要注意使用范围。此外还要注意各式中所规定的定性温度和特征尺寸。定性温度规定了流体物性数据按什么温度求出，特征尺寸则规定了各准数中的几何尺寸 L 怎样选取。

3.3.3.1 圆形直管内强制湍流

对气体和低黏度液体，通常采用下式

$$Nu = 0.023Re^{0.8}Pr^n \begin{cases} 被加热, n = 0.4 \\ 被冷却, n = 0.3 \end{cases} \tag{3.22a}$$

或

$$\alpha = 0.023 \frac{\lambda}{d_i} Re^{0.8} Pr^n \tag{3.22b}$$

应用范围：$Re > 10^4$，$0.7 < Pr < 120$，管长与管径之比$\frac{L}{d_i} > 60$，$\mu < 2\mu_水$。若$\frac{L}{d_i} < 60$时，可将算得的α乘以$\left[1 + \left(\frac{d_i}{L}\right)^{0.7}\right]$进行校正。

特征尺寸：Nu、Re中的L取管内径d_i。

定性温度：取流体进、出口温度的算术平均值。

式中n与热流方向有关是不难理解的。流体被加热时，层流底层的温度高于流体主体温度。若为液体，则温度升高时黏度减小，导致层流底层减薄，使传热系数增大，此为液体受热时n比冷却时大的原因。若为气体，则黏度随温度的升高而增大，所以层流底层的厚度将增加，传热系数将减小。但大多数气体的Pr数小于1，故气体受热时指数n仍比冷却时的大。

【例3.3】 在列管式换热器中用水蒸气加热苯，换热器由40根ϕ25mm×2.5mm的钢管组成。苯在管内流动，流量为8.88kg/s，进、出口温度分别为20℃和80℃，试求：(1)管内的对流传热系数；(2)若苯的流量增加一倍，进、出口温度不变，管内对流传热系数有何变化？

解：(1)苯的定性温度$t_m = \frac{20+80}{2} = 50(℃)$，查得苯的物性数据为：

$$\rho = 852\text{kg/m}^3, \quad c_p = 1.82\text{kJ/(kg·K)}$$

$$\mu = 0.45 \times 10^{-3}\text{N·s/m}^2, \quad \lambda = 0.14\text{W/(m·K)}$$

管内苯的流速

$$u = \frac{8.88}{\frac{\pi}{4}0.02^2 \times 40 \times 852} = 0.83(\text{m/s})$$

雷诺数

$$Re = \frac{du\rho}{\mu} = \frac{0.02 \times 0.83 \times 852}{0.45 \times 10^{-3}} = 3.14 \times 10^4$$

普朗特数

$$Pr = \frac{c_p\mu}{\lambda} = \frac{1.82 \times 10^3 \times 0.45 \times 10^{-3}}{0.14} = 5.85$$

所以

$$\alpha = 0.023 \frac{\lambda}{d} Re^{0.8} Pr^{0.4} = 0.023 \times \frac{0.14}{0.02} \times (3.14 \times 10^4)^{0.8} \times 5.85^{0.4}$$

$$= 1.29 \times 10^3[\text{W/(m}^2\text{·K)}]$$

(2)苯的流量增加一倍，流速也增加一倍，即$u' = 2u$，设此时的对流传热系数为α'，由题意知物性不变，则

$$\alpha' = \alpha\left(\frac{u'}{u}\right)^{0.8} = 1.29 \times 10^3 \times 2^{0.8} = 2.25 \times 10^3[\text{W/(m}^2\text{·K)}]$$

3.3.3.2 圆形直管内过渡区

当$Re = 2300 \sim 10^4$时，先按湍流算，然后乘上校正系数f

$$f = 1 - \frac{6 \times 10^5}{Re^{1.8}} \tag{3.23}$$

3.3.3.3 弯管内强制对流

流体在弯管内流动，由于受离心力作用，扰动加剧，对流传热系数增大。试验结果表明，通过对直管的对流传热系数进行校正可得到弯管内流体的对流传热系数，即

$$\alpha' = \alpha\left(1 + 1.77\frac{d}{R}\right) \tag{3.24}$$

式中 α',α——流体在弯管和直管内流动时的对流传热系数，W/(m^2·℃)；

d——管子内径，m；

R——弯管轴的弯曲半径，m。

3.3.3.4 流体在非圆形管内强制对流

较简单的方法是沿用圆形直管的计算公式，而将管内径 d_i 代之以当量直径 d_e，这种方法准确性欠佳。另外还可以针对具体的非圆形管道查找相应的经验公式。

3.3.3.5 流体在换热器的管壳间流动

化工生产中常用的列管式换热器大多装有折流挡板，以使流体在管束间曲折地流过。由于流速和流动方向不断改变，在较小的 Re 下($Re > 100$)即可达到湍流。如图 3.11 所示，对于装有圆缺形折流挡板且缺口面积为 25% 时，管束外流体的对流传热系数可用下式计算

$$Nu = 0.36Re^{0.55}Pr^{\frac{1}{3}}\left(\frac{\mu}{\mu_w}\right)^{0.14} \tag{3.25}$$

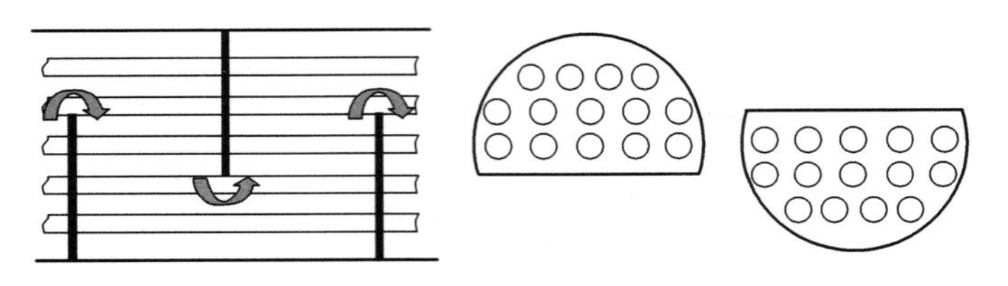

图 3.11 弓形折流板

式(3.25)适用范围：$Re = 2\times10^3 \sim 10^6$，定性温度为进、出口温度平均值，$\mu_w$ 为壁温下的流体黏度。式中 $\left(\frac{\mu}{\mu_w}\right)^{0.14}$ 可取近似值：液体被加热时，取 $\left(\frac{\mu}{\mu_w}\right)^{0.14} \approx 1.05$；液体被冷却时，取 $\left(\frac{\mu}{\mu_w}\right)^{0.14} \approx 0.95$；对气体，不论加热或冷却，均取 $\left(\frac{\mu}{\mu_w}\right)^{0.14} \approx 1.0$。

当量直径按图 3.12 所示的管子排列情况分别用不同的式子计算。

管束按正方形排列时

$$d_e = \frac{4(t^2 - 0.785d_o^2)}{\pi d_o} \tag{3.26}$$

管束按正三角形排列时

$$d_e = \frac{4\left(\frac{\sqrt{3}}{2}t^2 - 0.785d_o^2\right)}{\pi d_o} \tag{3.27}$$

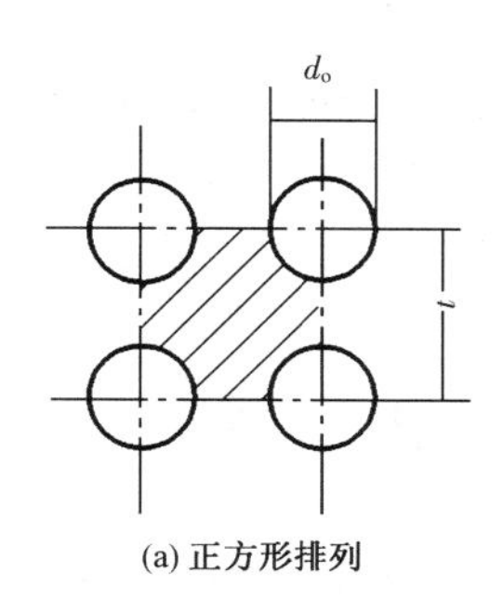

(a) 正方形排列

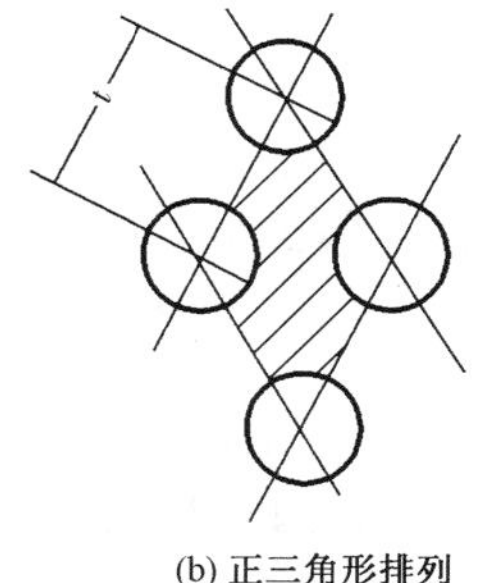

(b) 正三角形排列

图 3.12　管间当量直径的推导

式中　t——管心距，m；

d_o——管外径，m。

流速 u 根据流体流过的最大截面积 S_{max} 计算

$$S_{max} = hD\left(1 - \frac{d_o}{t}\right) \tag{3.28}$$

式中　h——相邻挡板间的距离，m；

D——壳体的内径，m。

3.3.4　流体有相变时的对流传热简介

液体沸腾和蒸气冷凝都是伴有相变化的对流传热过程。相变化的存在，使传热过程有其特有的规律，机理较为复杂。下面简单介绍沸腾和冷凝传热的特点，关于传热系数的计算公式请参阅相关资料。

3.3.4.1　蒸气冷凝

冷凝传热过程的特点　蒸气冷凝作为一种传热方法在工业生产中得到广泛应用。当饱和蒸气与温度较低的壁面相遇时，蒸气放出潜热并冷凝成液体。在饱和蒸气冷凝过程中，气液两相共存，对于纯物质蒸气的冷凝，系统只有一个自由度。因此恒压下只能有一个气相温度。或者说，在冷凝传热时气相不可能存在温度梯度。

如果加热蒸气是过热蒸气，而且冷壁温度高于相应的饱和温度，则壁面上不会发生冷凝现象，蒸气与壁面之间只是一般的对流传热。此时，热阻将集中于壁面附近的层流底层内。因蒸气的导热系数较小，故过热蒸气的对流传热系数远小于蒸气冷凝传热系数，这也是工业上通常使用饱和蒸气作为加热介质的主要原因。

膜状冷凝和滴状冷凝　若冷凝液能润湿壁面时，冷凝液在壁面呈膜状，这种情况称为**膜状冷凝**。若冷凝液不能润湿壁面而形成许多液滴，并沿壁面落下，这种情况称为**滴状冷凝**。滴状冷凝时，由于大部分壁面直接暴露在蒸气中，热阻小得多，所以滴状冷凝的对流传热系数比膜状冷凝时大几倍到十几倍。但是滴状冷凝往往不能持久，在工业生产中遇到的冷凝过程大都是膜状冷凝。

影响因素　影响冷凝传热的因素较多，其中主要有以下两个：

(1)蒸气流速的影响。当蒸气流速较小时，其影响可以忽略。但当蒸气流速较大且与液膜流向相同时，蒸气将加速液膜的流动，使液膜减薄，从而使对流传热系数增大。反之，若蒸气与液膜流向相反，则对流传热系数便减小。不过若蒸气流速很大，则逆向流动可以冲散液膜使壁面露出，对流传热系数反而增大。

(2) 不凝气体的影响。工业蒸气中总会含有少量不凝气体，随着冷凝的进行，不凝气体将在壁面积聚成层，相当于附加了一层热阻，从而使对流传热系数显著下降。故蒸气冷凝的换热装置一般都设有排放口，定期排放不凝气体。

3.3.4.2 液体沸腾

工业上液体沸腾可分为大容积沸腾和管内沸腾两种。所谓**大容积沸腾**，是指加热面被浸在无强制对流的液体中时发生的沸腾。此时，从加热面产生的气泡能脱离壁面自由上浮，对液体造成扰动，强化了传热过程。**管内沸腾**是指液体以一定的速度通过加热管时发生的沸腾。此时，管内表面产生的气泡被迫与液体一起流动，形成复杂的两相流动，其机理比大容积沸腾更为复杂。本节仅介绍大容积内的饱和沸腾。

大容积饱和沸腾 物理化学有关表面现象的知识告诉我们，新相的生成是比较困难的，为弥补由于凹面引起的蒸气压降低，使小气泡得以生成，液体的温度必须高于操作压强下液体的饱和温度(t_s)。也就是说，液体在沸腾时是处于过热状态的，显然在液相中紧贴加热面的液体具有最大的**过热度**，用 $\Delta t = t_w - t_s$ 表示。气泡是在壁面上某些凹凸不平的点上产生的，这种点称为汽化核心。过热度增大，汽化核心数增多。汽化核心的生成是一个复杂的问题，它与表面粗糙程度、材料的性质等多种因素有关。

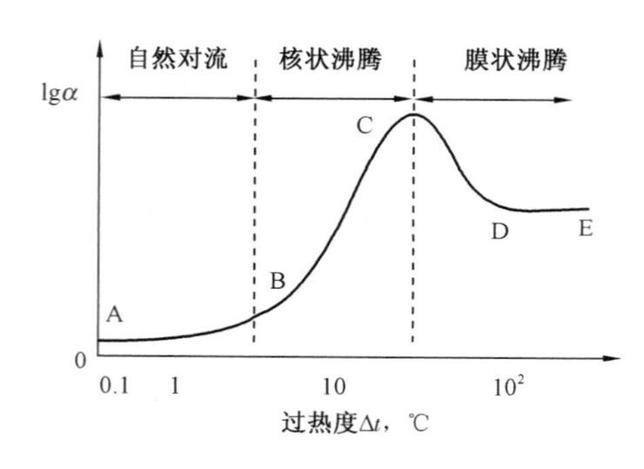

图 3.13 水的沸腾曲线

图 3.13 是水在常压下沸腾时对流传热系数与过热度的关系。当过热度 Δt 较小时，气泡极少，壁面与液体之间的传热属自然对流传热，α 随 Δt 的变化不大，如图中 AB 段所示，在此阶段，汽化现象仅发生在液体表面，严格说还不是沸腾，而是表面汽化。在 BC 段，随着 Δt 的增大，汽化核心数增加很快，气泡生成和长大的速度也增加，加剧了对液体的扰动，使对流传热系数迅速增加，此时由汽化核心产生的气泡对传热起主导作用，称为**核状沸腾**。到了 CD 段，随着 Δt 进一步增大，加热面上的汽化核心大大增加，以至气泡产生的速度大于脱离壁面的速度，气泡相连形成不稳定气膜，将加热面与液体隔开，由于气体的导热系数 λ 较小，使 α 下降，此阶段称为**不稳定膜状沸腾**。当到达 DE 段，传热面几乎全被气膜覆盖，α 基本不变，此时为**稳定膜状沸腾**。

3.4 辐射传热

3.4.1 基本概念

物体以电磁波的形式向外传递能量的过程称为**辐射**，被传递的能量称为**辐射能**。若是因热的原因发生的辐射称为**热辐射**。实验证明，任何温度大于绝对零度的物体，都会不停地以电磁波的形式向外辐射能量，温度越高，辐射能越多。与此同时，物体也不断吸收来自外界其他物体的辐射能，并转化为热能。当物体向外界辐射的能量与其从外界吸收的辐射能不等时，该物体与外界就产生热量的传递，其结果是高温物体向低温物体传递了热量，这种传热方式称为**辐射传热**。

辐射能可以在真空中传播，不需要任何物质作媒介，这是区别于导热、对流传热的主要不同点。因此，辐射传热的规律也不同于对流传热和导热。

工程上，当热物体的温度不是很高，以辐射方式传递的热量远较对流和导热传递的热量小时，常常将辐射传热忽略不计。但对于高温物体，热辐射则往往成为传热的主要方式。

从理论上说，热辐射的电磁波波长从零到无穷大。但在工业上遇到的温度范围内，有实际意义的热辐射波长位于0.38～1000μm之间，而且大部分能量集中于红外线区段的0.76～20μm范围内。可见光的波长范围为0.38～0.76μm，所以可见光的辐射能在热辐射中只占很少的一部分。

和可见光一样，当来自外界的辐射能投射到物体表面上，也会发生吸收、反射和穿透现象，服从光的反射和折射定律。热射线在均一介质中作直线传播，在真空和大多数气体中可以完全透过，但不能透过工业上常见的大多数固体和液体。因此固体和液体的辐射只能发生在物体的表面层，并且只有互相能够照见的物体之间才能进行辐射传热。

设外界投射到某一物体上的辐射能为 Q。其中一部分 Q_A 进入表面后被物体吸收，一部分 Q_R 被物体反射，其余部分 Q_D 穿透物体。按能量守恒定律有

$$Q = Q_A + Q_R + Q_D$$

即

$$\frac{Q_A}{Q} + \frac{Q_R}{Q} + \frac{Q_D}{Q} = 1 \tag{3.29a}$$

或

$$A + R + D = 1 \tag{3.29b}$$

$$A = \frac{Q_A}{Q}, R = \frac{Q_R}{Q}, D = \frac{Q_D}{Q}$$

式中 A——吸收率；

R——反射率；

D——透过率。

能全部吸收辐射能的物体，即 $A=1$，称为**黑体**。能全部反射辐射能的物体，即 $R=1$，称为**白体**或**镜体**。黑体和白体都是理想物体，实际上并不存在，实际物体也只能或多或少地接近白体或黑体。如表面磨光的铜，其反射率可达0.97，接近白体。又如黑色的煤，其吸收率在0.97以上，接近于黑体。能透过全部辐射能的物体，即 $D=1$，称为**透热体**。一般来说，单原子和由对称双原子构成的气体，如He、O_2、N_2 和 H_2 等，可视为透热体。

我们将能够以相同的吸收率吸收所有波长辐射能的物体称为**灰体**。灰体也是理想物体，但工业上遇到的多数物体，能部分吸收所有波长的辐射能，但吸收率相差不多，可近似为灰体，从而使辐射计算大为简化。

3.4.2 热辐射的基本定律

3.4.2.1 物体的辐射能力

物体在一定温度下，单位时间单位表面所发射的全部波长的总能量，称为物体在该温度下的**辐射能力**，用 E 表示，其单位为 W/m^2。理论研究证明，黑体的辐射能力服从下面的斯蒂芬—波尔兹曼定律

$$E_b = \sigma_0 T^4 = C_0 \left(\frac{T}{100}\right)^4 \tag{3.30}$$

式中　E_b——黑体的辐射能力，W/m^2；

σ_0——黑体的辐射常数，$5.67\times10^{-8}W/(m^2\cdot K^4)$；

T——黑体表面的绝对温度，K；

C_0——黑体的辐射系数，其值为 $5.67W/(m^2\cdot K^4)$。

斯蒂芬—波尔兹曼定律表明黑体的辐射能力与其表面绝对温度的四次方成正比，也称为**四次方定律**。显然热辐射与对流、传导遵循完全不同的规律。斯蒂芬—波尔兹曼定律表明辐射传热对温度异常敏感，低温时热辐射往往可以忽略，而高温时则成为主要的传热方式。

实验表明，实际物体的辐射能力恒小于同温度下黑体的辐射能力。我们把同温度下实际物体的辐射能力与黑体的辐射能力之比称为该物体的**黑度**，用 ε 表示

$$\varepsilon = \frac{E}{E_b} \tag{3.31}$$

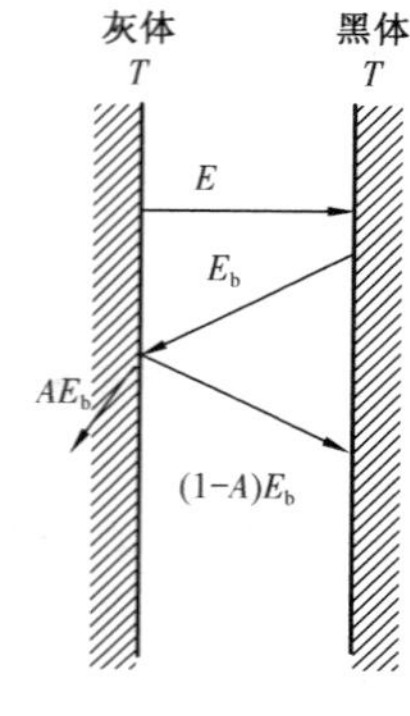

图 3.14　平行平板间的辐射

式中　E——实际物体的辐射能力，W/m^2。

3.4.2.2　克希霍夫定律

如图 3.14 所示，设有两块相距很近的平行平壁，一块为灰体，一块为黑体。壁间没有任何能吸收辐射能的物质存在，从一个平面辐射出去的能量可完全落在另一个平面上。当两壁面间的辐射传热达到平衡时，二壁面温度相等，灰体辐射和吸收的能量必相等，即

$$E = AE_b$$

或

$$\frac{E}{A} = E_b \tag{3.32}$$

式(3.32)称为克希霍夫定律。它表明灰体的辐射能力与其吸收率的比值恒等于同温度下黑体的辐射能力，因此，物体的辐射能力越大其吸收能力也越大，即善于辐射者必善于吸收。

比较黑度的定义可知，物体的吸收率与其黑度虽然物理意义不同，但在同一温度下，二者在数值上是相等的，即

$$A = \varepsilon \tag{3.33}$$

式(3.33)是克希霍夫定律的另一种表达形式。

3.4.3　两固体间的辐射传热

工业上经常遇到的两固体间的辐射传热可以看作两个灰体之间的辐射传热。两固体间的辐射传热不仅与两固体的温度、材料及表面状况有关，还与表面大小、形状、距离及相对位置有关。从高温物体 1 传给低温物体 2 的辐射传热速率 Q_{1-2} 可用下式计算

$$Q_{1-2} = S\varphi C_{1-2}\left[\left(\frac{T_1}{100}\right)^4 - \left(\frac{T_2}{100}\right)^4\right] \tag{3.34}$$

式中　Q_{1-2}——辐射传热速率，W；

C_{1-2}——总辐射系数，$W/(m^2\cdot K^4)$；

T_1,T_2——热、冷物体的表面温度，K；

S——物体 1 的辐射面积，m^2；

φ——角系数，表示从物体 1 发射的总能量被物体 2 所拦截的分数。

总辐射系数 C_{1-2}与两物体的黑度及黑体的辐射系数有关。角系数 φ 与物体的形状、大小、距离和相对位置有关。

下面介绍两种简单情况下的 C_{1-2}及 φ 的计算：

(1)两个很大平行壁面间的辐射。

当两壁面间距离较小，而面积较大时，显然 $\varphi=1$，总辐射系数为

$$C_{1-2}=\frac{C_0}{\frac{1}{\varepsilon_1}+\frac{1}{\varepsilon_2}-1} \tag{3.35}$$

(2)热物体被冷物体包围时的辐射。

这是工业上常遇到的情况，此时 $\varphi=1$，总辐射系数为

$$C_{1-2}=\frac{C_0}{\frac{1}{\varepsilon_1}+\frac{S_1}{S_2}\left(\frac{1}{\varepsilon_2}-1\right)} \tag{3.36}$$

当两物体距离很近，表面积相差很小，即 $S_1/S_2\approx1$，式(3.36)简化为式(3.35)，即可按两个很大平行壁面间的辐射计算。当 S_2 比 S_1 大很多时，即 $S_1/S_2\approx0$，则式(3.36)简化为 $C_{1-2}=\varepsilon_1C_0$，此结果具有很大的实用意义，因为可以不必知道物体 2 的表面积 S_2 和黑度 ε_2，就可以进行辐射传热的计算。大房间内高温设备的辐射散热，热电偶工作端点与管壁间的辐射传热都属于这种情况。

3.4.4 辐射传热的强化与削弱

改变黑度　由辐射传热速率计算式可知，当其他因素一定，可以通过改变物体表面黑度来强化或减弱辐射传热。例如，为了增大电气设备的散热量，可在其表面涂上黑度较大的油漆。反过来为了减少高温管道的热损失，可在其外面裹上黑度很小的镀锌板。

采用遮热板　有时为削弱表面之间的辐射传热，常在两个辐射物之间插入薄板来阻挡辐射传热，这种薄板称为遮热板。

【例 3.4】　某车间有一炉门高 2m，宽 1m，其表面温度为 500℃。为减少其散热量，在炉门前不远处放置一块与炉门大小相同的铝板作为遮热挡板，求放置铝板前后炉门的辐射散热量。已知室温为 25℃，炉门和铝板的黑度分别为 0.70、0.11。

解：(1)铝板放置前，炉门 1 被车间 2 所包围，即 $\varphi_{1-2}=1$，$C_{1-2}=\varepsilon_1C_0$，则炉门的辐射散热量为

$$Q_{1-2}=S\varphi C_{1-2}\left[\left(\frac{T_1}{100}\right)^4-\left(\frac{T_2}{100}\right)^4\right]=2\times1\times0.7\times5.67\times\left[\left(\frac{773}{100}\right)^4-\left(\frac{298}{100}\right)^4\right]$$

$$=2.77\times10^4(\mathrm{W})$$

(2)放置铝板后，当传热达到稳定时，炉门对铝板的辐射传热量等于铝板向车间的辐射传热量，现以下标 3 表示铝板，则

$$Q_{1-3}=Q_{3-2}$$

炉门与铝板间的辐射传热可视为两个很近大平板间的相互辐射，$\varphi_{1-3}=1$，则

$$C_{1-3}=\frac{C_0}{\frac{1}{\varepsilon_1}+\frac{1}{\varepsilon_3}-1}=\frac{5.67}{\frac{1}{0.7}+\frac{1}{0.11}-1}=0.596[\mathrm{W/(m^2\cdot K^4)}]$$

$$Q_{1-3}=S\varphi_{1-3}C_{1-3}\left[\left(\frac{T_1}{100}\right)^4-\left(\frac{T_3}{100}\right)^4\right]$$

因铝板3被车间2所包围，$\varphi_{3-2}=1$，且 $S_2\gg S_3$，故

$$C_{3-2}=\varepsilon_3C_0=5.67\times0.11=0.624[\mathrm{W/(m^2\cdot K^4)}]$$

$$Q_{3-2}=S_3\varphi_{3-2}C_{3-2}\left[\left(\frac{T_3}{100}\right)^4-\left(\frac{T_2}{100}\right)^4\right]$$

由
$$S_3\varphi_{3-2}C_{3-2}\left[\left(\frac{T_3}{100}\right)^4-\left(\frac{T_2}{100}\right)^4\right]=S_1\varphi_{1-3}C_{1-3}\left[\left(\frac{T_1}{100}\right)^4-\left(\frac{T_3}{100}\right)^4\right]$$

即
$$0.624\times\left[\left(\frac{T_3}{100}\right)^4-\left(\frac{298}{100}\right)^4\right]=0.596\times\left[\left(\frac{773}{100}\right)^4-\left(\frac{T_3}{100}\right)^4\right]$$

解得
$$T_3=650(\mathrm{K}),t_3=377(℃)$$

则放置铝板后，炉门的辐射散热量为

$$Q_{1-3}=2\times0.596\times\left[\left(\frac{773}{100}\right)^4-\left(\frac{650}{100}\right)^4\right]=2.13\times10^3(\mathrm{W})$$

即散热量降低了$(2.77\times10^4-2.13\times10^3)=2.56\times10^4(\mathrm{W})$，热损失只有原来的7.7%。

3.4.5 对流与辐射联合传热计算

当设备的外壁温度较高时，热量将以对流和辐射两种方式向四周散失。因此设备的热损失应为对流传热和辐射传热两部分之和。

尽管热辐射和对流传热遵循完全不同的规律，但在对流和热辐射同时存在的场合，常将辐射热流量也表示成牛顿冷却定律的形式，以便与对流传热速率合并表示。

由对流传热而散失的热量为

$$Q_{\mathrm{C}}=\alpha S_{\mathrm{w}}(T_{\mathrm{w}}-T)$$

由辐射传热而散失的热量为

$$Q_{\mathrm{R}}=S_{\mathrm{w}}C_{1-2}\left[\left(\frac{T_{\mathrm{w}}}{100}\right)^4-\left(\frac{T}{100}\right)^4\right]$$

也可按牛顿冷却定律写成以下形式

$$Q_{\mathrm{R}}=\alpha_{\mathrm{R}}S_{\mathrm{w}}(T_{\mathrm{w}}-T)$$

其中
$$\alpha_R = \frac{C_{1-2}\left[\left(\frac{T_w}{100}\right)^4 - \left(\frac{T}{100}\right)^4\right]}{T_w - T}$$

式中　T_w——设备外壁的绝对温度，K；

T——周围环境的的绝对温度，K；

S_w——设备外壁面积，m^2；

α_R——辐射传热系数，$W/(m^2 \cdot K)$。

所以设备热损失为

$$Q = Q_C + Q_R = (\alpha + \alpha_R)S_w(T_w - T) \tag{3.37a}$$

或
$$Q = \alpha_T S_w(T_w - T) \tag{3.37b}$$

其中，$\alpha_T = \alpha + \alpha_R$，称为对流、辐射联合传热系数，$W/(m^2 \cdot K)$。

3.5　换热器的传热计算

在工业上大量存在的间壁式换热器中，冷、热流体被金属管壁隔开，传热过程由固体内部的导热及流体与固体壁面间的对流传热组合而成。前面已经讲述了导热和各种情况下的传热所遵循的规律，本节在此基础上讨论换热器传热过程的计算问题。

3.5.1　热量衡算

以图3.15所示的定态操作的套管换热器为例，若热损失可忽略，且冷、热流体的比热取定性温度下的值。当流体无相变时，按热量守恒，有

$$Q = W_h c_{ph}(T_1 - T_2) = W_c c_{pc}(t_2 - t_1) \tag{3.38}$$

式中　Q——换热器的热流量，J/s 或 W；

W_h，W_c——热、冷流体的质量流量，kg/s；

c_{ph}，c_{pc}——热、冷流体的比定压热容，$J/(kg \cdot ℃)$；

T_1，T_2——热流体的进、出口温度，℃；

t_1，t_2——冷流体的进、出口温度，℃。

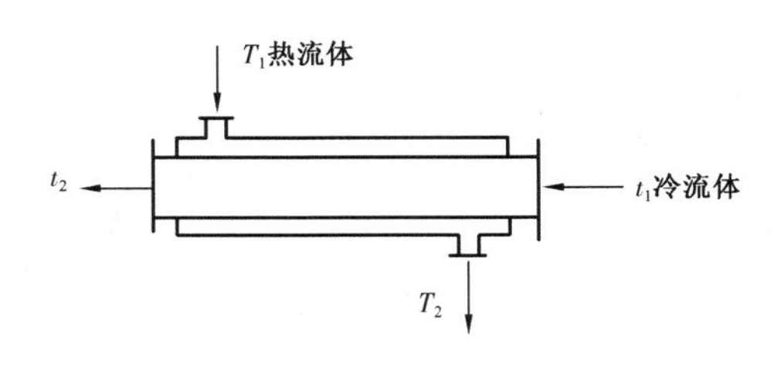

图3.15　热平衡方程推导图

若间壁一侧流体有相变化，如热流体一侧为饱和蒸气的冷凝，且冷凝液在饱和温度下离开换热器，则

$$Q = W_h r = W_c c_{pc}(t_2 - t_1) \tag{3.39}$$

式中　W_h——饱和蒸气的质量流量，kg/s；

r——饱和蒸气的冷凝潜热，J/kg。

当冷凝液离开换热器时低于饱和温度，则还应计入冷凝液所放出的显热，即

$$Q = W_h[r + c_{ph}(T_g - T_2)] = W_c c_{pc}(t_2 - t_1) \tag{3.40}$$

式中　T_g——饱和温度，℃。

式(3.38)、式(3.39)、式(3.40)都是热平衡方程。

3.5.2 总传热速率微分方程

根据前面阐述的导热和对流给热的规律,结合热平衡方程,换热器的传热计算应该可以解决。但是,这种做法必须引入壁面温度,从而给计算带来不便。为使用方便,希望能够避开壁温,直接根据冷、热流体的温度进行传热速率的计算。

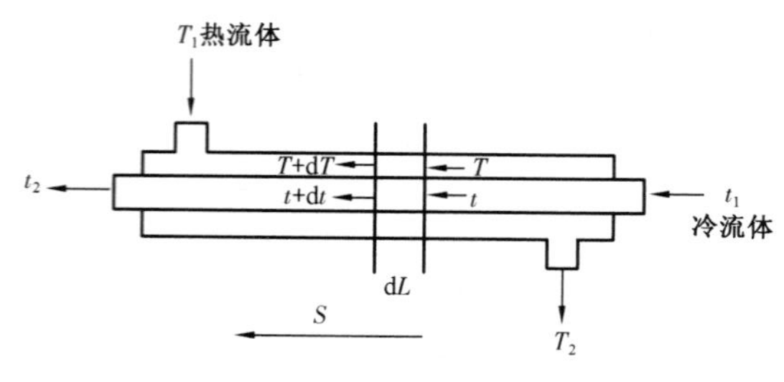

图 3.16 逆流操作的套管换热器

3.5.2.1 传热过程的微分表达式

在图 3.16 所示的套管换热器中,考虑流体的温度沿换热器变化,故取换热器的一段微元长度 dL 进行分析。在该微元段,热量由热流体传给管壁外侧,再由管壁外侧传给内侧,最后由管壁内侧传给冷流体。在定态条件下,各环节的传热速率应该相等,即

$$dQ = \frac{T - T_w}{\dfrac{1}{\alpha_o dS_o}} = \frac{T_w - t_w}{\dfrac{b}{\lambda dS_m}} = \frac{t_w - t}{\dfrac{1}{\alpha_i dS_i}} \tag{3.41}$$

整理可得

$$dQ = \frac{T - t}{\dfrac{1}{\alpha_o dS_o} + \dfrac{b}{\lambda dS_m} + \dfrac{1}{\alpha_i dS_i}} = \frac{\text{总推动力}}{\text{总阻力}} \tag{3.42}$$

其中,$\dfrac{1}{\alpha_o dS_o}$、$\dfrac{b}{\lambda dS_m}$、$\dfrac{1}{\alpha_i dS_i}$分别为各环节的热阻,$(T-t)$为传热过程的总推动力。

式(3.42)再次说明,串联过程的推动力和阻力具有加和性。

将式(3.42)右端分子分母都乘以 dS_o,则有

$$dQ = \frac{dS_o(T - t)}{\dfrac{1}{\alpha_o} + \dfrac{b}{\lambda}\dfrac{d_o}{d_m} + \dfrac{1}{\alpha_i}\dfrac{d_o}{d_i}} \tag{3.43}$$

令

$$\frac{1}{K_o} = \frac{1}{\alpha_o} + \frac{b}{\lambda}\frac{d_o}{d_m} + \frac{1}{\alpha_i}\frac{d_o}{d_i} \tag{3.44}$$

则

$$dQ = K_o dS_o (T - t) \tag{3.45}$$

同理可得

$$dQ = K_i dS_i (T - t) \tag{3.46}$$

$$dQ = K_m dS_m (T - t) \tag{3.47}$$

其中

$$\frac{1}{K_i} = \frac{1}{\alpha_i} + \frac{b}{\lambda}\frac{d_i}{d_m} + \frac{1}{\alpha_o}\frac{d_i}{d_o} \tag{3.48}$$

$$\frac{1}{K_m} = \frac{1}{\alpha_o}\frac{d_m}{d_o} + \frac{b}{\lambda} + \frac{1}{\alpha_i}\frac{d_m}{d_i} \tag{3.49}$$

式(3.45)、式(3.46)、式(3.47)称总传热速率微分方程,K_o、K_i、K_m 分别为基于外表面积、内表面积和对数平均面积的总传热系数,单位为 $W/(m^2 \cdot ℃)$。

有几点需要注意：(1)总传热速率微分方程是针对某一微元传热面积上的传热速率方程，所以式中各项都是针对该微元段的，是局部的参数；(2)该式也是总传热系数 K 的定义式，即单位温差下的热通量，单位与 α 相同，但温差区域不同；(3)$1/K$ 代表两侧流体传热的总热阻；(4)因为 $K_o dS_o = K_i dS_i = K_m dS_m$，说明 K 与传热面积是对应的，工程上一般用 $K_o dS_o$。

3.5.2.2 污垢热阻

换热器使用一段时间后，传热表面有污垢积存，相当于在传热管内、外各加了一层圆筒状污垢壁，使整个传热过程增加了两个导热环节。设污垢层的厚度为 b_s，其导热系数为 λ_s，用 R_s 来表示二者的比值，即 $R_s = b_s/\lambda_s$，称为**污垢热阻**，一般由实验测定。由于污垢层一般很薄，可以近似用传热管的内、外表面积来代替管内、外污垢层的对数平均面积。不难推出相应的含有污垢热阻的总传热系数表达式

$$\frac{1}{K_o} = \frac{1}{\alpha_o} + R_{so} + \frac{b}{\lambda}\frac{d_o}{d_m} + R_{si}\frac{d_o}{d_i} + \frac{1}{\alpha_i}\frac{d_o}{d_i} \tag{3.50}$$

$$\frac{1}{K_i} = \frac{1}{\alpha_i} + R_{si} + \frac{b}{\lambda}\frac{d_i}{d_m} + R_{so}\frac{d_i}{d_o} + \frac{1}{\alpha_o}\frac{d_i}{d_o} \tag{3.51}$$

$$\frac{1}{K_m} = \frac{1}{\alpha_o}\frac{d_m}{d_o} + R_{so}\frac{d_m}{d_o} + \frac{b}{\lambda} + R_{si}\frac{d_m}{d_i} + \frac{1}{\alpha_i}\frac{d_m}{d_i} \tag{3.52}$$

式中　R_{si}，R_{so}——管内、外的污垢热阻，$m^2 \cdot ℃/W$。

3.5.3 总传热速率方程

将总传热速率微分方程沿换热器进行积分，就可得到针对整个换热器的总传热速率方程。

3.5.3.1 恒温差传热

若冷、热流体都是在饱和状态下发生相变，则换热器内冷、热流体温度恒定，物性恒定，则 K 也是恒定的，积分结果为

$$Q = KS(T - t) \tag{3.53}$$

3.5.3.2 变温差传热——逆流与并流

积分条件：(1)定态传热；(2)流体物性取定性温度下的值。显然此条件下总传热系数 K 为常数，不再是局部参数。

以逆流为例，见图 3.17，为了积分方便，沿温度增加的方向积分。

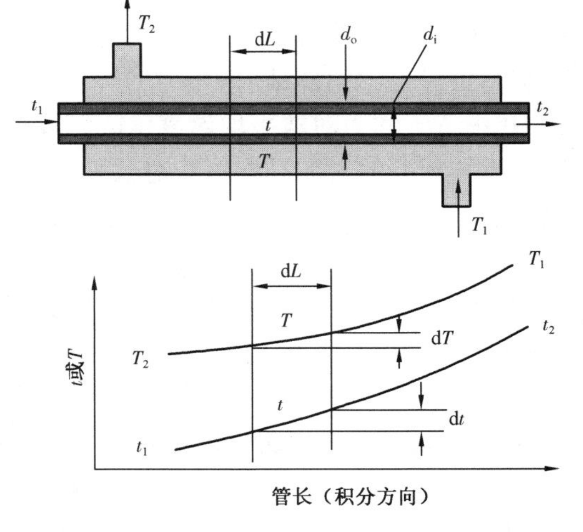

图 3.17　逆流换热器中冷、热流体温度沿换热器的变化

因为　　$dQ = K(T - t)dS = K\Delta t dS$

$dQ = W_h c_{ph} dT = W_c c_{pc} dt$（随 $S\uparrow$，$Q\uparrow$，冷、热流体温度皆 $\uparrow$）

所以
$$K(T-t)\mathrm{d}S=\frac{\mathrm{d}T}{\dfrac{1}{W_{\mathrm{h}}c_{ph}}}=\frac{\mathrm{d}t}{\dfrac{1}{W_{\mathrm{c}}c_{pc}}}=\frac{\mathrm{d}T-\mathrm{d}t}{\dfrac{1}{W_{h}c_{ph}}-\dfrac{1}{W_{c}c_{pc}}}$$

令 $m=\dfrac{1}{W_{\mathrm{h}}c_{ph}}-\dfrac{1}{W_{\mathrm{c}}c_{pc}}$，得

$$K(T-t)\mathrm{d}S=\frac{\mathrm{d}(T-t)}{m}$$

积分
$$mK\int_{0}^{S}\mathrm{d}S=\int_{\Delta t_1}^{\Delta t_2}\frac{\mathrm{d}\Delta t}{\Delta t}\Rightarrow mKS=\ln\frac{\Delta t_2}{\Delta t_1}$$

又
$$Q=W_{\mathrm{h}}c_{ph}(T_1-T_2)=W_{\mathrm{c}}c_{pc}(t_2-t_1)$$

故
$$W_{\mathrm{h}}c_{ph}=\frac{Q}{T_1-T_2},\quad W_{\mathrm{c}}c_{pc}=\frac{Q}{t_2-t_1}$$

$$m=\frac{(T_1-T_2)-(t_2-t_1)}{Q}=\frac{(T_1-t_2)-(T_2-t_1)}{Q}=\frac{\Delta t_2-\Delta t_1}{Q}$$

所以
$$Q=KS\frac{\Delta t_1-\Delta t_2}{\ln\dfrac{\Delta t_1}{\Delta t_2}}=KS\Delta t_{\mathrm{m}}\tag{3.54}$$

其中
$$\Delta t_{\mathrm{m}}=\frac{\Delta t_1-\Delta t_2}{\ln\dfrac{\Delta t_1}{\Delta t_2}}\tag{3.55}$$

式(3.54)称为**总传热速率方程**或**传热基本方程**，是传热计算的基本方程式。注意以上推导中虽然假设冷、热流体作逆流流动，并规定两流体均无相变化。但是，当流体并流或存在相变化时，也可推出同样结果。

式中 Δt_{m} 称为**对数平均温度差**或**对数平均推动力**。对数平均推动力其实就是换热器两端冷、热流体温差的对数平均值。对数平均值恒小于算术平均值。当两端温差相差悬殊时，对数平均值要比算术平均值小很多。但是，当两端温差相差不大时（$\Delta t_{大}/\Delta t_{小}<2$）可用算术平均推动力近似代替对数平均推动力。

在冷、热流体进、出口温度相同的情况下，逆流操作的对数平均推动力必大于并流操作的对数平均推动力。因此，就增加传热过程推动力而言，逆流操作总是优于并流操作。不过当一侧流体因有相变化而恒温、而另一侧无相变化时，逆流和并流的推动力是相同的。

【例 3.5】 在内管为 ϕ180mm × 10mm 的套管换热器中，将流量为 3500kg/h 的某液体从 100℃冷却到 60℃，其平均比定压热容为 2.38kJ/(kg · ℃)。环隙走冷却水，其进、出口温度分别为 40℃和 50℃，平均比定压热容为 4.17kJ/(kg · ℃)。基于传热外表面积的总传热系数 K_{o} = 2000W/(m^2 · ℃)，且保持不变，热损失可以忽略。试求：(1)冷却水用量；(2)计算两流体作逆流和并流情况下的平均温差及所需管长。

解：(1)由热量衡算

$$W_{\mathrm{h}}c_{ph}(T_1-T_2)=W_{\mathrm{c}}c_{pc}(t_2-t_1)$$

$$3500 \times 2.38 \times (100 - 60) = W_c \times 4.17 \times (50 - 40)$$

所以

$$W_c = 7990.41(\text{kg/h})$$

(2)

$$\Delta t_{m逆} = \frac{(100 - 50) - (60 - 40)}{\ln \frac{100 - 50}{60 - 40}} = 32.7(℃)$$

$$\Delta t_{m并} = \frac{(100 - 40) - (60 - 50)}{\ln \frac{100 - 40}{60 - 50}} = 27.9(℃)$$

$$Q = 3500 \times 2.38 \times (100 - 60) = 333200(\text{kJ/h})$$

$$Q = K_o S_o \Delta t_m, S_o = \pi d_o L$$

逆流时所需管长

$$L = \frac{Q}{\pi d_o K_o \Delta t_{m逆}} = \frac{333200 \times 10^3}{3.14 \times 0.18 \times 2000 \times 32.7 \times 3600} = 2.50(\text{m})$$

并流时所需管长

$$L = \frac{Q}{\pi d_o K_o \Delta t_{m并}} = \frac{333200 \times 10^3}{3.14 \times 0.18 \times 2000 \times 27.9 \times 3600} = 2.93(\text{m})$$

由本例可见,若两流体的进、出口温度一定,逆流时的平均温度差比并流时要大。因此当热负荷确定时,逆流所需要的传热面积就小。另一方面,不难分析,对一定的热流量来说,逆流操作时热流体(或冷流体)的温度变化较并流大一些,从而导致冷却剂(或加热剂)的用量比并流时要少。工程上通常采用逆流操作,但对某些情况,则需考虑用并流。如加热黏度较大的液体,采用进口端温差较大的并流操作,可使流体一开始就很快升温,降低黏度,减少阻力损失。又如加热热敏性物料时,并流操作可控制物料出口温度不致过高。

3.5.3.3 变温差传热——复杂流动

在实际工业用换热器中,两流体作纯逆流或纯并流的情况并不多。特别是在多管程换热器中,两流体做复杂的错、折流流动。此时平均温度差的计算比较复杂,工程上采用先按纯逆流求出 Δt_m,然后再根据具体情况乘以校正系数的办法,即

$$Q = KS\varepsilon_{\Delta t}\Delta t_m$$

校正系数 $\varepsilon_{\Delta t}$ 与冷、热流体的温度变化有关,是辅助参数 R 与 P 的函数,即

$$\varepsilon_{\Delta t} = f(R, P)$$

其中

$$R = \frac{T_1 - T_2}{t_2 - t_1} = \frac{热流体的温降}{冷流体的温升}$$

$$P = \frac{t_2 - t_1}{T_1 - t_1} = \frac{冷流体的温升}{两流体的最初温差}$$

根据 R、P 的数值,可以从图 3.18 中查出 $\varepsilon_{\Delta t}$ 值。

由图 3.18 可以看出，$\varepsilon_{\Delta t}$恒小于 1，这表明折流和错流的推动力都比逆流时要小。使用错流和折流的目的主要在于提高流体在换热器内的流速或使换热器的结构比较紧凑合理。一般希望 $\varepsilon_{\Delta t} > 0.8$，否则应该用多壳程或将多台换热器串联使用。

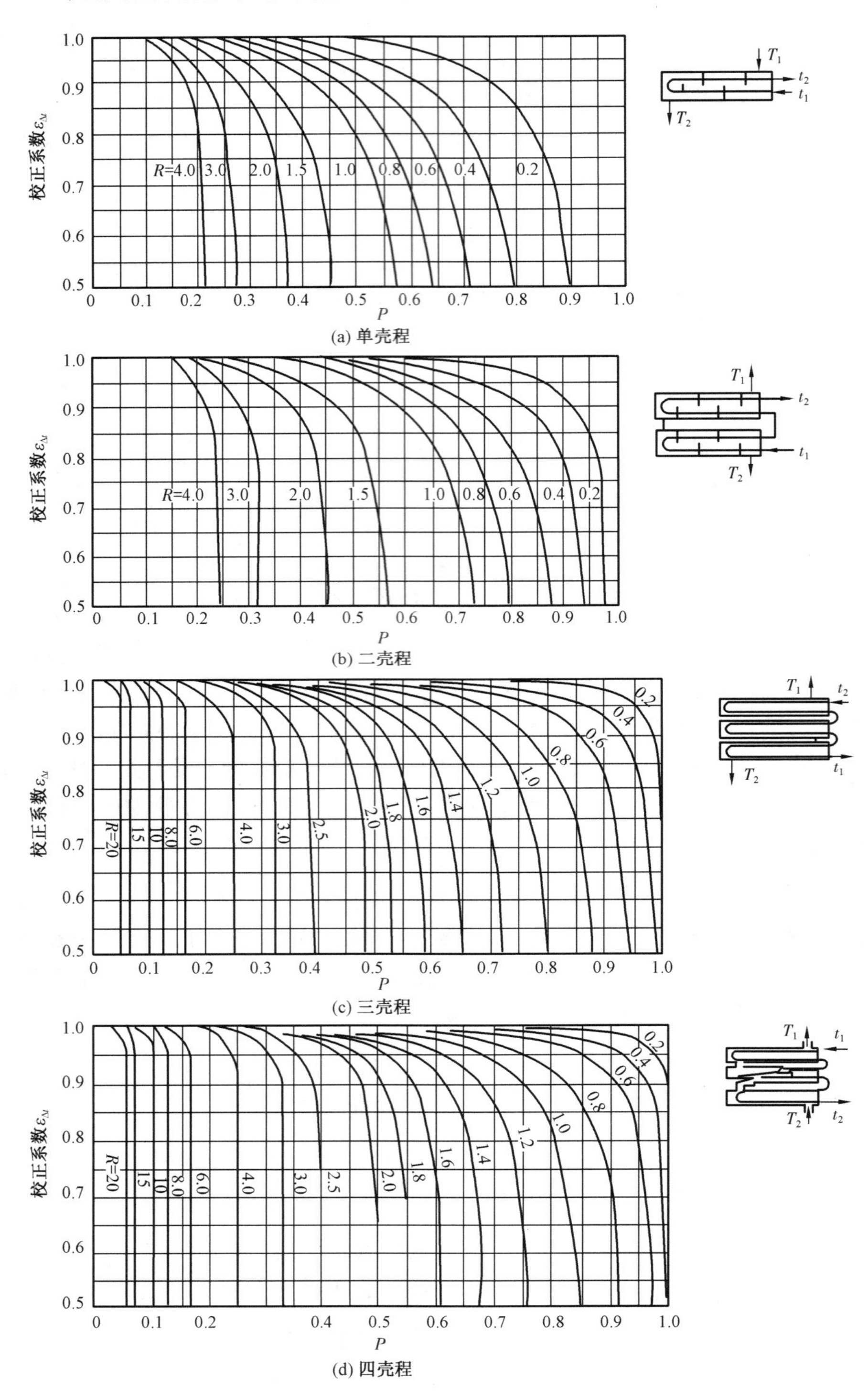

图 3.18　对数平均温度差校正系数 $\varepsilon_{\Delta t}$值

【例 3.6】 在一单壳程、双管程的列管换热器中，冷流体由 20℃ 加热到 50℃，热流体由 90℃ 冷却至 70℃，试求此时的平均传热温差。

解：

$$\Delta t_{m逆} = \frac{(70-20)-(90-50)}{\ln\frac{70-20}{90-50}} = \frac{10}{\ln\frac{50}{40}} = 44.8(℃)$$

又因

$$\frac{\Delta t_1}{\Delta t_2} = \frac{50}{40} = 1.25 < 2$$

故

$$\Delta t_m = \frac{\Delta t_1 + \Delta t_2}{2} = \frac{50+40}{2} = 45(℃)$$

可见用算术平均代替对数平均的误差为

$$\frac{45-44.8}{44.8} \times 100\% = 0.45\%$$

折流时的平均传热温差为

$$\Delta t_m = \varepsilon_{\Delta t}\Delta t_{m逆}$$

$$R = \frac{T_1 - T_2}{t_2 - t_1} = \frac{90-70}{50-20} = 0.67,\ P = \frac{t_2 - t_1}{T_1 - t_1} = \frac{50-20}{90-20} = 0.43$$

由图查得 $\varepsilon_{\Delta t}=0.94$，故

$$\Delta t_m = 0.94 \times 44.8 = 42.1(℃)$$

3.5.3.4 强化传热的途径

所谓强化传热，就是要想办法提高式(3.54)中的传热速率 Q。提高 K、S、Δt_m 中的任何一个，都可以强化传热。

增大传热面积 S，意味着提高设备费。但是通过换热器内部结构的改革，增大 S 亦不失为强化传热的途径之一。

增大传热温差 Δt_m，一般是改变流体流向，逆流操作比并流操作的 Δt_m 大。

提高总传热系数 K，主要是提高 α_o、α_i、λ 等，若忽略导热项，且不考虑内、外表面之差，则

$$K = \frac{1}{\frac{1}{\alpha_o} + \frac{1}{\alpha_i}}$$

当 α_o 和 α_i 相差较大时，如 $\alpha_o \gg \alpha_i$ 时，则

$$K = \frac{1}{\frac{\alpha_o + \alpha_i}{\alpha_i\alpha_o}} = \frac{\alpha_i\alpha_o}{\alpha_i + \alpha_o} \approx \frac{\alpha_i\alpha_o}{\alpha_o} = \alpha_i$$

这说明对流传热系数较小一侧流体的热阻为控制热阻。为了提高 K，就要设法提高 α_i，也就是增加传热系数较小一侧流体的 α 值。

3.5.4 传热计算示例

【例 3.7】 某逆流操作的换热器,传热管外表面积为 7m^2,用 120℃的饱和水蒸气将流量为 $36\text{m}^3/\text{h}$ 的水从 80℃加热至 95℃,此时基于外表面积的总传热系数为 $2800\text{W}/(\text{m}^2\cdot℃)$。当操作一年后,由于污垢积累,水侧的污垢热阻由 0 增至 $0.0001125\text{m}^2\cdot℃/\text{W}$。若维持水的流量及进口温度不变,其出口温度为多少?若必须保证原出口温度,可以采取什么措施?已知蒸气侧和管壁热阻可以忽略不计。

解:可查得 $\rho_{水}=10^3\text{kg/m}^3$,$c_{p水}=4.2\text{kJ}/(\text{kg}\cdot\text{K})$,因为

$$\frac{1}{K_{o新}}=\frac{1}{K_{o旧}}+R_{so}=\frac{1}{2800}+0.0001125$$

所以
$$K_{o新}=2129[\text{W}/(\text{m}^2\cdot℃)]$$

由
$$Q'=W_c c_{pc}(t_2'-t_1)=K_{o新}S_o\Delta t_m'$$

$$\frac{36\times10^3\times4200}{3600}\times(t_2'-80)=2129\times7\times\frac{(120-80)-(120-t_2')}{\ln\dfrac{120-80}{120-t_2'}}$$

解得
$$t_2'=92(℃)$$

在新情况下若想维持原水出口温度 95℃,可以采取提高蒸气温度(调节蒸气压力)和清除污垢等措施。

【例 3.8】 某厂用一套管换热器,每小时冷凝 110℃的甲苯蒸气 2000kg。16℃的冷却水在内径为 50mm 的内管作湍流流动,流量为 5000kg/h。已知甲苯的冷凝潜热为 363kJ/kg,其冷凝传热系数为 $14000\text{W}/(\text{m}^2\cdot℃)$。冷却水的比定压热容可取 $4.2\text{kJ}/(\text{kg}\cdot℃)$,其对流传热系数为 $1740\text{W}/(\text{m}^2\cdot℃)$,忽略管壁及污垢热阻且不计热损失。试求:(1)冷却水的出口温度及套管长;(2)由于气候变化,冷却水进口温度升为 25℃,若忽略水物性的变化,在水流量不变的情况下,该冷凝器生产能力的变化率。

解:(1)由热量衡算

$$Q=W_h r=W_c c_{pc}(t_2-t_1)$$

可解出
$$t_2=\frac{2000\times363}{5000\times4.2}+16=50.6(℃)$$

由题意可取$\dfrac{1}{K_i}\approx\dfrac{1}{\alpha_i}+\dfrac{1}{\alpha_o}$,则

$$K_i=\frac{1}{\dfrac{1}{1740}+\dfrac{1}{14000}}=1547.65[\text{W}/(\text{m}^2\cdot℃)]$$

又
$$Q=W_h r=\frac{2000\times363\times10^3}{3600}=2.02\times10^5(\text{W})$$

$$\Delta t_1=110-16=94(℃),\Delta t_2=110-50.6=59.4(℃)$$

因
$$\frac{\Delta t_1}{\Delta t_2} < 2$$

所以
$$\Delta t_m = \frac{\Delta t_1 + \Delta t_2}{2} = 76.7(℃)$$

由
$$Q = K_i S_i \Delta t_m = K_i \pi d_i L \Delta t_m$$

可解出
$$L = \frac{Q}{K \pi d \Delta t_m} = \frac{2.02 \times 10^5}{1547.65 \times \pi \times 0.05 \times 76.7} = 10.84(m)$$

(2)水温升高

传热面积
$$S_i = \pi d_i L = 3.14 \times 0.05 \times 10.84 = 1.70(m^2)$$

$$Q' = K_i S_i \Delta t'_m = W_c c_{pc}(t'_2 - 25)$$

$$\Delta t'_m = \frac{(110 - 25) + (110 - t'_2)}{2} = 97.5 - 0.5t'_2$$

$$1547.65 \times 1.7 \times (97.5 - 0.5t'_2) = \frac{5000 \times 4.2 \times 10^3}{3600} \times (t'_2 - 25)$$

解出
$$t'_2 = 56.4(℃)$$

验算
$$\frac{\Delta t'_1}{\Delta t'_2} = \frac{110 - 25}{110 - 56.4} = 1.6 < 2$$

$$Q' = W_c c_{pc}(t'_2 - t'_1) = \frac{5000 \times 4.2 \times 10^3}{3600} \times (56.4 - 25) = 1.83 \times 10^5(W)$$

所以
$$\frac{Q - Q'}{Q} = \frac{2.02 \times 10^5 - 1.83 \times 10^5}{2.02 \times 10^5} \times 100\% = 9.4\%$$

【例3.9】 拟在单程逆流列管换热器中用35℃的水将流量为1kg/s的热油由150℃冷却至65℃。油走管程,水走壳程,水的出口温度为75℃。已知油与水均处于湍流,操作条件下水侧和油侧的对流传热系数分别为2000W/(m²·℃)和1000W/(m²·℃),油的平均比定压热容为4kJ/(kg·℃)。若传热管外表面积为13m²,换热管由ϕ25mm×2.5mm的管子组成,热损失及管壁热阻可忽略,试回答:(1)该换热器是否可用?(2)若油的流量增至1.2kg/s,其他条件均不变,仅将管程改为双程并知温差校正系数$\varepsilon_{\Delta t}=0.80$,该换热器能否用?

解:(1)校核换热器所需面积

$$Q = W_h c_{ph}(T_1 - T_2) = 1 \times 4 \times 10^3 \times (150 - 65) = 3.4 \times 10^5(W)$$

$$\Delta t_m = \frac{\Delta t_1 - \Delta t_2}{\ln\frac{\Delta t_1}{\Delta t_2}} = \frac{(150 - 75) - (65 - 35)}{\ln\frac{150 - 75}{65 - 35}} = 49.1(℃)$$

$$\frac{1}{K_o} \approx \frac{1}{\alpha_o} + \frac{1}{\alpha_i}\frac{d_o}{d_i} = \frac{1}{2000} + \frac{1}{1000} \times \frac{25}{20} \Rightarrow K_o = 571.4[W/(m^2 \cdot ℃)]$$

$$S_o = \frac{Q}{K_o \Delta t_m} = \frac{3.4 \times 10^5}{571.4 \times 49.1} = 12.12(m^2) < 13(m^2)$$

可用。

(2)改为双程后,因为 $\alpha_i \propto u_i^{0.8}$,所以

$$\alpha_i' = \left(\frac{u_i'}{u_i}\right)^{0.8} \alpha_i = \left(\frac{W_i'}{W_i}\frac{n'}{n}\right)^{0.8} \alpha_i = (1.2 \times 2)^{0.8} \times 1000 = 2014.5[\mathrm{W/(m^2 \cdot ℃)}]$$

$$\frac{1}{K_o'} \approx \frac{1}{\alpha_o} + \frac{1}{\alpha_i'}\frac{d_o}{d_i} = \frac{1}{2000} + \frac{1}{2014.5} \times \frac{25}{20} \Rightarrow K_o' = 892.5[\mathrm{W/(m^2 \cdot ℃)}]$$

$$\Delta t_m' = \varepsilon_{\Delta t}\Delta t_m = 0.80 \times 49.1 = 39.3(℃)$$

$$Q' = 1.2Q = 1.2 \times 3.4 \times 10^5 = 4.08 \times 10^5(\mathrm{W})$$

$$S_o' = \frac{Q'}{K_o'\Delta t_m'} = \frac{4.08 \times 10^5}{892.5 \times 39.3} = 11.63(\mathrm{m^2}) < 13(\mathrm{m^2})$$

可用。

3.6 换热器

换热器是化工、石油、食品及其他许多工业部门的通用设备,在生产中占有重要地位。由于生产规模、物料的性质、传热的要求等各不相同,故换热器的类型也是多种多样。按用途不同,换热器可分为加热器、冷却器、冷凝器、蒸发器和再沸器等;按传热方式不同可分为混合式、蓄热式和间壁式。在工业中间壁式换热器应用最多,以下讨论仅限于此类换热器。

3.6.1 夹套式换热器

夹套式换热器是在容器外壁安装夹套制成,参见图 3.19,在夹套和容器壁之间形成密闭空间,成为一种流体的通道。这种换热器结构简单,加工方便,广泛用于反应器的加热和冷却。但其加热面受容器壁面限制,传热系数不高。为提高传热系数且使容器内液体传热均匀,可在容器内安装搅拌器。

3.6.2 沉浸式蛇管换热器

如图 3.20 所示,沉浸式蛇管换热器是将金属管弯绕成各种与容器相适应的形状,并沉浸在容器内的液体中,冷、热流体在管内、外进行换热。蛇管换热器的优点是结构简单,便于防腐,能承受高压。其缺点是蛇管外液体湍动程度低,对流传热系数小。为此,可在容器内安装搅拌器。

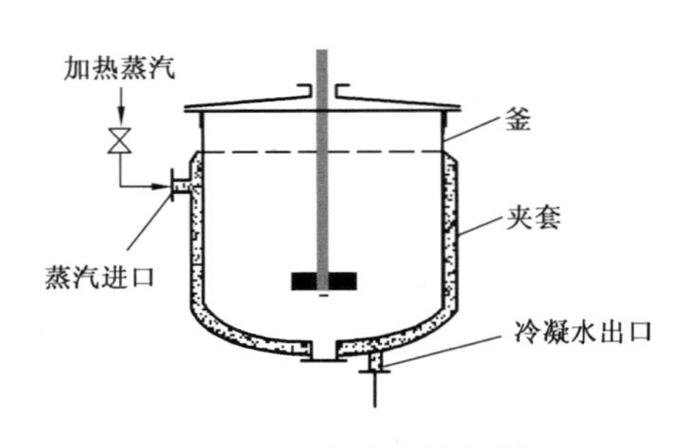

图 3.19 夹套式换热器

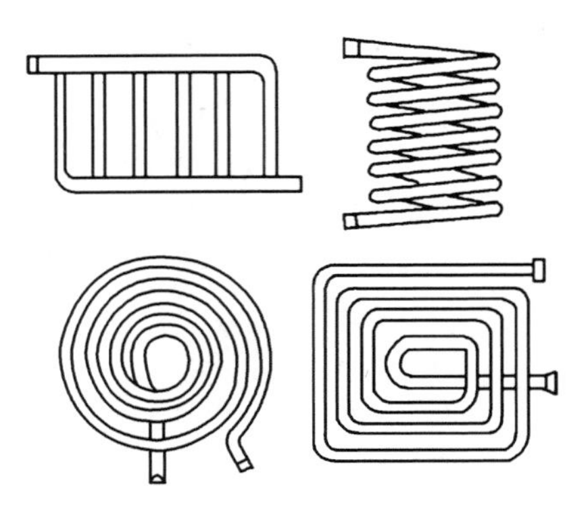
图 3.20 沉浸式蛇管换热器

3.6.3　喷淋式换热器

如图 3.21 所示,喷淋式换热器是将换热管成排地固定在支架上,冷却水从最上面的喷淋装置中均匀淋下,热流体在管内流动,冷却水可收集后再进行重新分配。这种换热器大多放置在空气流通之处,冷却水的蒸发会吸收一部分热量,从而降低了冷却水的温度,提高了传热推动力。管外是一层湍动程度很高的液膜,故对流传热系数很高。喷淋式换热器主要用于管内流体的冷却,其优点是结构简单,造价低,能耐高压,便于检修、清洗,传热效果好。缺点是喷淋不易均匀,只能安装在室外且占用空间大。

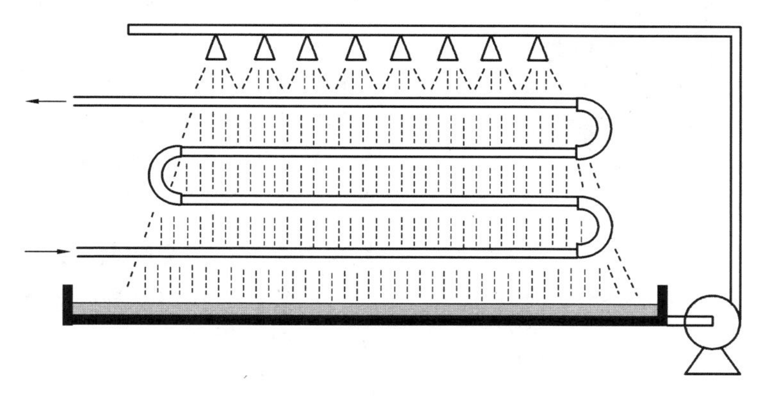

图 3.21　喷淋式换热器

3.6.4　套管式换热器

如图 3.22 所示,套管式换热器是由不同直径的直管组成的同心套管,并由 U 形弯头连接而成。一种流体走内管,另一种流体走环隙。两种流体可得到较高的流速,故对流传热系数较大。

套管换热器结构简单,能耐高压,传热系数较大;因冷、热流体可为纯逆流,故传热推动力最大;另外使用亦方便,可根据传热的需要增减管段数量。缺点是结构不够紧凑,占地较大,金属消耗量大,接头多而易漏。该种换热器主要用于超高压生产过程,可用于流量不大、所需传热面积不大的场合。

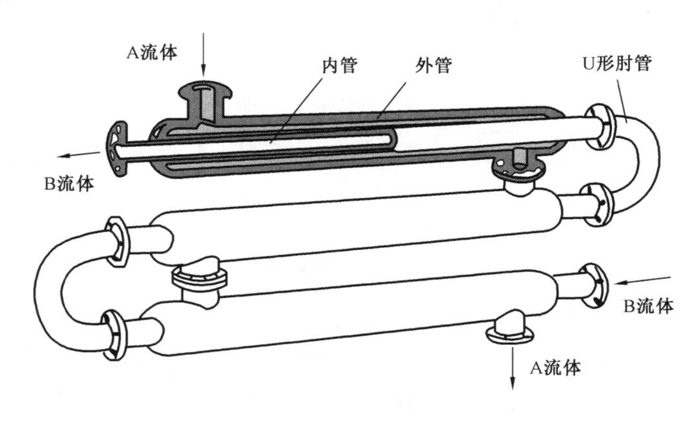

图 3.22　套管式换热器

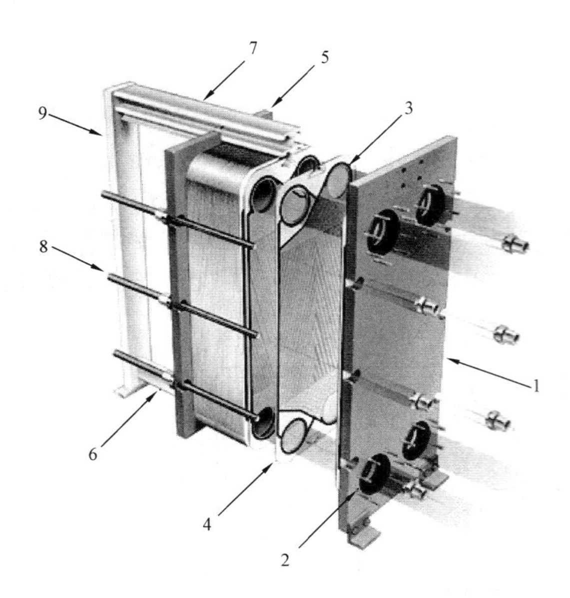

图 3.23　板式换热器

1—固定压紧板;2—连接口;3—垫片;4—板片;5—活动压紧板;6—下导杆;7—上导杆;8—夹紧螺栓;9—支柱

3.6.5　板式换热器

板式换热器是由一组矩形金属薄板平行排列,相邻薄板之间衬以垫片并用框架夹紧组装而成。如图 3.23 所示,板片四角开有圆孔,形成流体的通道。冷、热流体交替地在板片两侧流过,通过板片进行换热。通常板片被压制成各种波纹或槽形表面,既可以增大板片的刚度,又加强了流体的湍动,提高传热系数。

板式换热器传热系数高,结构紧凑,单位体积设备的传热面积大,拆装方便,可以根据传热的需要增减板片数目,检修清洗也方便。主要缺点是操作压强和操作温度比较低,通常操作压力不超过 2MPa,操作温度小于 250℃。

3.6.6　列管式换热器

列管式换热器又称管壳式换热器,是工业生产中用得最多的一种换热器。它主要由壳体、管束、管板和封头等部件构成。如图 3.24 所示,壳体多为圆形,内装平行管束。管束两端固定在管板上,封头与壳体用法兰连接。进行热交换时,一种流体在管内流动,其行程称为管程,另一种流体在管束与壳体的空隙中流动,其行程称为壳程。管束壁面即为传热面。

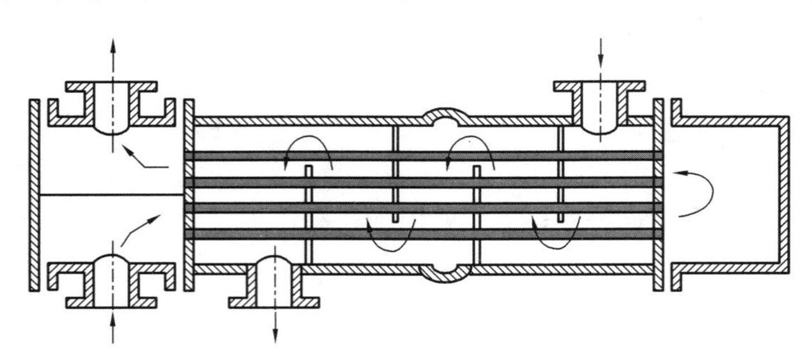

图 3.24　列管式换热器

为提高壳程流体的对流传热系数,通常在壳体内安装一定数量与管束垂直的折流挡板,见图 3.25。折流挡板不仅可以防止流体短路,增加流速,还迫使流体多次错流通过管束,大大增加湍动程度。常用的折流挡板有圆缺形和圆盘形。

流体只在管程内通过一次的称为**单管程**,在壳程内只通过一次的称为**单壳程**。有时为了增加流速,提高传热系数,可在封头内设置隔板,把管束分成几组,流体每次只流过部分管子而往返管束多次,便称为**多管程**。若在壳体内安装与管束平行的纵向挡板,使流体在壳程内多次往返,便称为**多壳程**。由于管内外流体的温度不同,使管束与壳体的温度也不同。当温差相差较大时,就可能因热应力而使管子弯曲、断裂或从管板上松脱,所以必须从结构上采取补偿措施。按照所采取的补偿方法,列管式换热器可分为以下几种形式。

3.6.6.1　**固定管板式**

如图3.26所示，管板与壳体连接在一起，具有结构简单、造价低的优点。但壳程清洗困难，要求壳程流体必须是洁净且不易结垢的。这种换热器常用于冷、热流体温差小于50℃的场合。当冷、热流体温差较大且壳体内压力又不太高时，可在壳体上安装膨胀节（又称补偿圈）以克服热应力的影响，参见图3.27。

3.6.6.2　**浮头式**

如图3.28所示，浮头式换热器的特点是有一端的管板不与壳体相连，而是连同它的顶盖（浮头）一起可以在壳体内自由伸缩，这种结构不仅完全消除了热应力，而且整个管束可以从壳体中抽出，便于清洗和检修。因此，浮头式换热器是应用较多的一种结构形式。缺点是结构复杂、造价高。

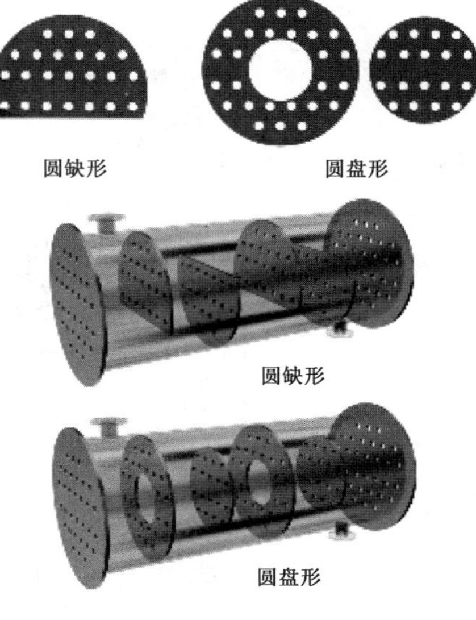

图3.25　折流挡板

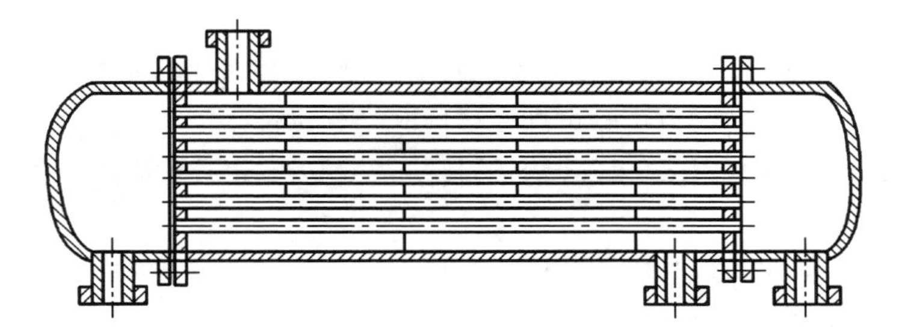

图3.26　固定管板式换热器

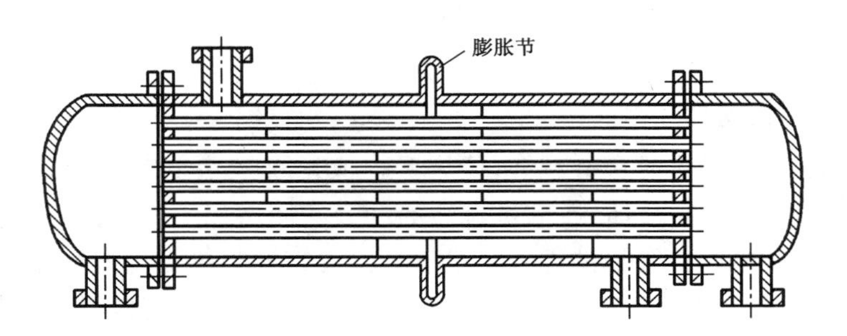

图3.27　带膨胀节的固定管板式换热器

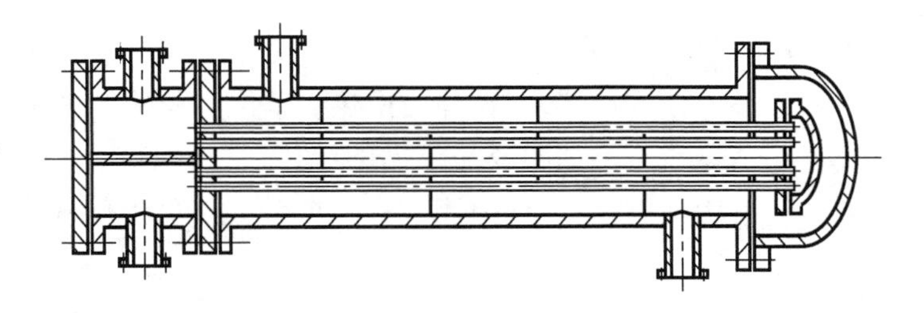

图3.28　两管程浮头式换热器

3.6.6.3 U 形管式

U 形管式换热器的每根管子都弯成 U 形，且固定在同一块管板上。封头以隔板分成两个区域，见图 3.29，这样每根管子都可以自由伸缩。U 形管换热器结构较浮头式简单，整个管束也可从壳体中抽出；但管程不易清洗，只适用于清洁、不易结垢的流体。

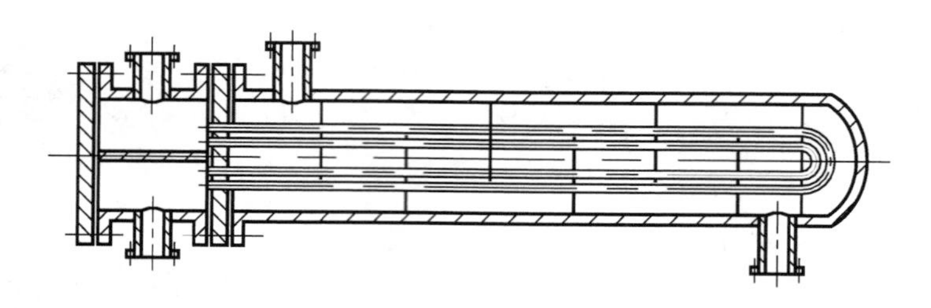

图 3.29 U 形管式换热器

3.6.7 列管式换热器选用中应注意的问题

3.6.7.1 流体通道的选择

在列管式换热器中，冷、热流体的通道应按以下原则考虑：

(1) 不清洁和易结垢的液体应走易清洗的行程，如固定管板式换热器可选管程。

(2) 腐蚀性流体宜在管程，以免管束和壳体同时受到腐蚀。

(3) 饱和蒸气宜走壳程，因蒸气比较清洁，传热系数与流速无关而且在壳体内冷凝液容易排出。

(4) 压力高的流体宜在管内，以免壳体承受压力。

(5) 被冷却的流体宜走壳程，便于散热。

(6) 流量小的流体应走管程，因为可以通过增加管程数来增大流速。但若流量小而黏度大的流体，则应走壳程，因为在壳程中流体的流向和流速多次改变，在较低雷诺数 ($Re > 100$) 下即可达到湍流。

3.6.7.2 管、壳程数的选择

当流量一定时，管程数和壳程数越多，传热系数越大，对传热过程有利。但是采用多管程或多壳程必导致流体阻力的增加，使输送流体的动力费用增加。因此，在决定换热器的程数时，需权衡传热和流体输送两方面的得失。对于壳程成为控制热阻且该侧介质流速较低需强化壳程传热、或壳程可利用压降较大、或温差校正系数较小需提高有效温差等场合，应优先选用双壳程换热器。但双壳程换热器制造工艺复杂，一次性投资较高，所以工程上常采用换热器组合操作来代替多壳程换热器。

3.6.7.3 换热管规格和排列方式的选择

选用较小管径，可以提高流体的传热系数，并使换热器单位容积的传热面积增大。因此对于洁净的流体，管径可取小些。对于不洁净或易结垢的流体，管径应取大些，以免堵塞。我国目前试行的系列标准规定采用 $\phi 19\text{mm} \times 2\text{mm}$ 和 $\phi 25\text{mm} \times 2.5\text{mm}$ 两种规格，管长有 1.5m、2.0m、3.0m、6.0m。

管子的排列方式常用的有正三角形、正方形直列和正方形错列，见图 3.30。正三角形排列比较紧凑，在相同的壳体内可以多排一些管子，而且壳程流体不易走短路，湍动程度较高，传

热系数大。正方形直列比较松散,传热系数较差,但管外的清洗比较方便,适于壳程易结垢的流体。如将管束旋转45°安装成正方形错列,传热系数可适当提高。

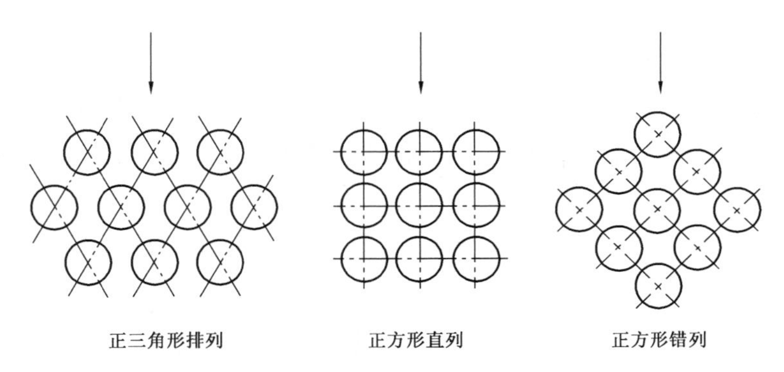

图3.30 管子在管板上的排列

3.6.7.4 折流挡板

在壳体内安装折流挡板可以提高壳程对流传热系数,同时也起到支撑管子的作用。为取得良好的效果,挡板的形状和间距必须适当。

最常使用的是圆缺形挡板,其弓形缺口的高度约为壳径的20%~25%。由图3.31可以看出,弓形缺口太大或太小都会产生"死区",既不利于传热,又往往增加流体阻力。

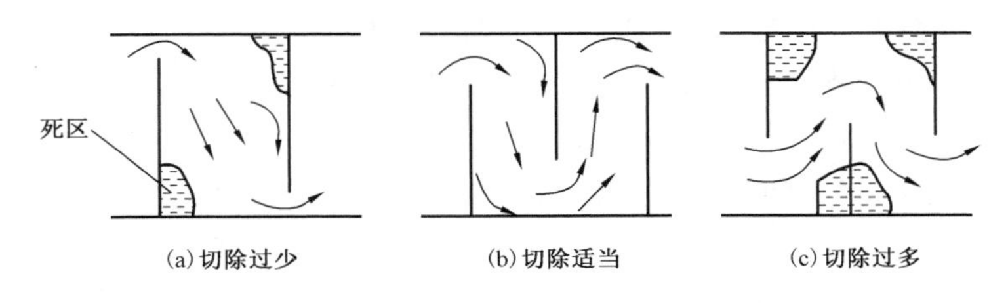

图3.31 折流挡板缺口对流动的影响

相邻挡板间距一般为壳体内径的0.2~1.0倍。间距太大,不能保证流体垂直流过管束,使管外表面传热系数下降;间距太小,不便于制造和检修,阻力损失亦大。

3.6.7.5 管壳式换热器的选用步骤

(1)初算:

① 根据生产任务计算换热器的热负荷 $Q_{任}$;

② 计算温差校正系数及传热推动力 Δt_m;

③ 选定换热器形式并确定冷、热流体的流动途径;

④ 根据经验估计总传热系数 $K_{估}$,并由传热速率方程计算传热面积 $S_{估}$;

(2)参照系列标准选定换热器。

(3)核算:

① 根据选定换热器的实际面积 $S_{实际}$,由传热速率方程计算 $K_{需}$;

② 计算管程和壳程压降,若不符合工艺要求,须另行选型或调整流速、管程等参数;

③ 计算管内、管外传热系数及总传热系数 $K_{计}$;

④ 校核传热面积,根据计算的 $K_{计}$、Δt_m 以及 $Q_{任}$ 计算 $S_{需要}$,然后与 $S_{实际}$ 进行比较,要求有15%~25%的裕度,即 $\frac{S_{实际}}{S_{需要}}=\frac{K_{计}}{K_{需}}=1.15\sim1.25$。

习　题

一、填空题

1. 金属的导热系数大都随其纯度的增加而________，随其温度的升高而________。

2. 图 3.32 表示换热器的两块管板。由图可知，此换热器为________管程，管程流体走向为________或________。

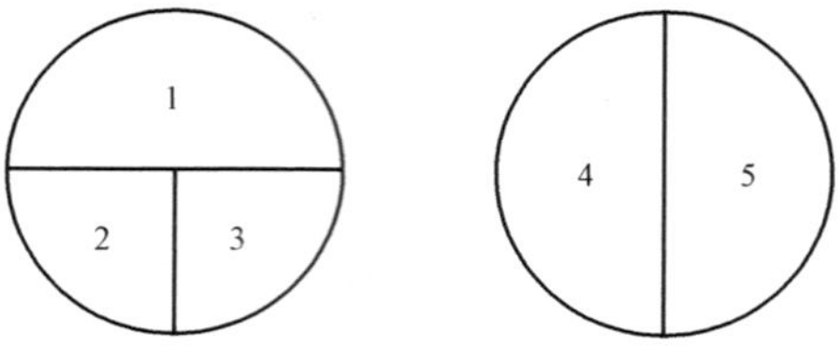

图 3.32　填空题 2 附图

3. 对流传热的热阻主要集中在________，因此，________是强化传热的重要途径。

4. 下面说法是否妥当？如不妥当，予以更正或补充。

（1）灰体的吸收率和黑度在数值上相等________。

（2）导热系数和对流传热系数都是物质的一种物理性质________。

5. 在传热实验中用饱和水蒸气加热空气，总传热系数 K 接近于________侧的对流传热系数，而壁温接近于________侧流体的温度值。

6. 影响两固体表面间辐射传热量大小的因素主要有________，________，________，________。

7. 冷凝现象有________冷凝和________冷凝，工业冷凝器的设计都按________冷凝设计。

8. 消除列管式换热器温差应力常用的方法有三种，即在壳体上加________、采用________结构或________结构。

二、选择题

1. 钢的导热系数为________，不锈钢的导热系数为________，20℃水的导热系数为________，20℃空气的导热系数为________。

（A）45W/（m·℃）　　（B）0.6W/（m·℃）

（C）0.026W/（m·℃）　　（D）15W/（m·℃）

2. 无相变强制对流传热系数关联式来自________。

（A）理论方法　　（B）因次分析法

（C）数学模型法　　（D）因次分析和实验相结合的方法

3. 在蒸气—空气间壁换热过程中，为强化传热，下列方案中的________在工程上可行。

（A）提高蒸气流速　　（B）提高空气流速

（C）提高蒸气温度　　（D）在蒸气一侧管壁加装翅片，增加冷凝面积

4. 对于下述几组换热介质，通常列管换热器的 K 值从大到小正确的排列顺序应是________。

	①	②	③	④
冷流体	水	水沸腾	水	水
热流体	气体	水蒸气冷凝	水	轻油

(A)②>④>③>①　　(B)③>④>②>①

(C)③>②>①>④　　(D)②>③>④>①

5. 判断下面的说法中哪一种是错误的________。

(A)在一定的温度下，辐射能力越大的物体，其黑度越大

(B)在同一温度下，物体的吸收率 A 与黑度 ε 在数值上相等，因此 A 和 ε 物理意义相同

(C)黑度越大的物体吸收热辐射的能力越强

(D)黑度反映了实际物体接近黑体的程度

6. 实际生产中沸腾传热过程应维持在________区操作。

(A)自然对流　　(B)强制对流　　(C)膜状沸腾　　(D)泡核沸腾

7. 在两灰体间进行辐射传热，两灰体的温度差为50℃，现因某种原因，两者的温度各升高100℃，则此时的辐射传热量与原来的辐射传热量相比，应该________。

(A)减小　　(B)增大　　(C)不变

8. 已知在温度 T 时耐火砖的发射能力（辐射能力）大于铜的发射能力，则铜的黑度为________，耐火砖的黑度为________。

(A)0.6　　(B)0.9　　(C)1　　(D)1.2

三、计算题

1. 某平壁工业炉的耐火砖厚度为0.213m，导热系数为1.038W/(m·℃)。其外用导热系数为0.151W/(m·℃)的绝热砖保温。炉内壁温度为980℃，绝热层外壁温度为38℃，如热损失量为950W/m^2。试求：(1)绝热层的厚度；(2)耐火砖与绝热砖分界处的温度。

答：(1)0.12m；(2)785℃。

2. 有一蒸气管道外径为25cm，外面包两层保温材料，每层10cm，两种材料的导热系数 $\lambda_2/\lambda_1=3$。若将二者互换位置，假设其他条件不变，热损失有何变化？试说明哪一种材料包扎在内层更有效？

答：λ_1 在内时热损失小。

3. 某金属管尺寸为 ϕ75mm×10mm，用来输送热流体，已知管内壁温度为120℃，外表面温度为115℃，每米管长的散热速率为4545W/m，求该管材的导热系数。

答：44.90W/(m·K)。

4. 外径为50mm的不锈钢管，外包两层保温材料。第一层为6mm厚的玻璃纤维，其导热系数为0.07W/(m·℃)；第二层为20mm厚的石棉，其导热系数为0.3W/(m·℃)。已测得管外壁温度为300℃，保温层最外侧壁温为35℃。试求：(1)每米管长热损失；(2)玻璃纤维层和石棉层之间的界面温度。

答：(1)351.65W/m；(2)128℃。

5. 某厂精馏塔顶，采用列管式冷凝器，蒸气走壳程。共有 ϕ25mm×2.5mm的管子60根，管长为2m。冷却水走管程，进、出口温度分别为20℃和60℃，水的流速为1m/s。试求：(1)管内水的对流传热系数；(2)如使总管数减为50根，水量和水的物性视为不变，此时管内水的对流传热系数又为多大？

答：(1)5023.67W/(m^2·K)；(2)5812.54W/(m^2·K)。

6. 在常压和20℃时，将65m^3/h的空气在套管换热器的内管中加热到80℃，内管尺寸为ϕ57mm×3.5mm，长3m，求空气的对流传热系数。

答：36.17W/(m^2·K)。

7. 在列管换热器中用水冷却某种油品，水在ϕ19mm×2mm的管束中流过，其对流传热系数为3300W/(m^2·℃)，壳程油品对流传热系数为330W/(m^2·℃)。换热器使用一段时间后产生污垢热阻，其中油侧污垢热阻值为0.176×$10^{-3}$$m^2$·℃/W，水侧污垢热阻值为0.26×$10^{-3}$$m^2$·℃/W。若忽略管壁热阻，试求热阻增加的百分数及此时的总传热系数。

答：14.79%；255.17W/(m^2·K)。

8. 车间内有一高和宽各为1m的炉门，其黑度为0.78，炉门的辐射散热量为20kW。若车间内温度为25℃，则炉门温度为多少？

答：550.6℃。

9. 用热电偶测量管道中的气体温度，已知热电偶接点表面黑度为0.3，气体对热电偶的传热系数为60W/(m^2·℃)。试求以下情况热电偶的测量误差：(1)管壁温度为30℃，热电偶读数为60℃；(2)管壁温度为500℃，热电偶读数为700℃。

答：(1)1.83%；(2)17.93%。

10. 有一段尺寸为ϕ108mm×4mm的蒸气管道，裸露于20℃的空气中，管内通以100℃的饱和水蒸气。因热损失有部分蒸气冷凝为饱和液排出，已测得每米管长的冷凝水量为0.70kg/h，钢的导热系数为45W/(m·℃)，蒸气冷凝潜热为2258kJ/kg，取蒸气冷凝传热系数为10^4W/(m^2·℃)。试计算：(1)管外壁温度t_w；(2)辐射散热量占总散热量的百分率，已知管外壁面的黑度为0.8。

答：(1)99.7℃；(2)41.7%。

11. 在一内管为ϕ180mm×10mm的套管换热器内，将质量流量为3500kg/h的某液态烃从100℃冷却到60℃，其平均比定压热容为$c_{p烃}$=2.38kJ/(kg·℃)。冷却水在套管环隙流过，进、出口温度分别为40℃和50℃，平均比定压热容$c_{p水}$=4.17kJ/(kg·℃)，基于外表面积的总传热系数为2000W/(m^2·℃)，并设其恒定。试求：(1)冷却水消耗量；(2)两流体作逆流流动时的平均传热温差及所需传热管长度；(3)两流体作并流流动时的平均传热温差及所需传热管长度。

答：(1)7990.41kg/h；(2)2.50m；(3)2.93m。

12. 在下列各种换热器中，冷流体由20℃加热到60℃，热流体由100℃冷却到60℃。试求下面各种情况下换热器的传热推动力：(1)套管换热器，两流体逆流流动；(2)壳程与管程分别为单程和四程的列管换热器；(3)壳程与管程分别为二程和四程的列管换热器。

答：(1)40℃；(2)32.8℃；(3)38.4℃。

13. 一单壳程单管程列管换热器，管束由多根ϕ25mm×2.5mm的钢管组成。管程走某有机溶液，温度由20℃加热至50℃，其流速为0.5m/s，流量为15000kg/h，比定压热容为1.76kJ/(kg·℃)，密度为858kg/m^3。壳程为130℃的饱和水蒸气冷凝。已知管程、壳程的对流传热系数分别为700W/(m^2·℃)和10000W/(m^2·℃)，钢的导热系数为45W/(m·℃)，污垢热阻忽略不计。求：(1)总传热系数；(2)管子根数及管长。

答：(1)513.49W/(m^2·K)；(2)31根，1.85m，取2m。

14. 一套管换热器由ϕ57mm×3.5mm与ϕ89mm×4.5mm的钢管组成。5000kg/h的甲醇

在内管中流动，其温度由60℃冷却到30℃，甲醇对内管的对流传热系数为

$\alpha_1=1500\text{W}/(\text{m}^2\cdot℃)$。冷却水在环隙流动，其进、出口温度分别为20℃和35℃。甲醇和冷却水逆流操作，忽略热损失及污垢热阻。试求：(1)冷却水用量(kg/h)；(2)所需套管的全部长度。

已知：甲醇的物性数据为：$c_{p1}=2.6\text{kJ}/(\text{kg}\cdot℃)$；钢的导热系数为：$\lambda=45\text{W}/(\text{m}\cdot℃)$；冷却水的物性数据为：$c_{p2}=4.18\text{kJ}/(\text{kg}\cdot℃)$，$\rho_2=996.3\text{kg/m}^3$，$\lambda_2=0.603\text{W}/(\text{m}\cdot℃)$，$\mu_2=0.845\times10^{-3}\text{Pa}\cdot\text{s}$。

答：(1)6220.8kg/h；(2)42.51m。

15. 在一台管长为1.5m的套管换热器中，冷却水与某油品并流换热。水的进、出口温度为15℃和40℃；油的进、出口温度为120℃和90℃。如油和水的流量及进口温度不变，需要将油的出口温度降至70℃，则套管换热器的管长应增长到多长才可满足要求？不计热损失及温度变化对物性的影响。

答：4.17m。

16. 有一台10m长的套管换热器，管间用饱和蒸气作加热介质，将内管处于湍流状态的空气加热到指定温度。现将空气流量增加一倍，问套管换热器须加长多少，气体出口温度可达到原指定值？

答：1.49m。

17. 拟设计由136根$\phi25\text{mm}\times2\text{mm}$的不锈钢管组成的列管换热器。流量为15000kg/h的水在管程作湍流，由15℃加热到100℃。温度为110℃的饱和水蒸气在壳程冷凝(排出饱和液体)。已知单管程时水对管壁的对流传热系数$\alpha_i=520\text{W}/(\text{m}^2\cdot℃)$，蒸气冷凝时的对流传热系数$\alpha_o=1.16\times10^4\text{W}/(\text{m}^2\cdot℃)$，不锈钢管的导热系数$\lambda=17\text{W}/(\text{m}\cdot℃)$，水的平均比定压热容为4187J/(kg·℃)，忽略污垢热阻和热损失。试求：(1)管程为单程时的列管长度(有效长度，下同)；(2)管程为四程时的列管长度(总管数不变，仍为136根)。

答：(1)9.21m；(2)3.57m。

18. 用一列管换热器来冷却空气。−15℃的液氨在壳程蒸发吸收相变热，其传热系数为$1880\text{W}/(\text{m}^2\cdot℃)$。空气在管束内作湍流流动，由40℃冷却到−5℃，其传热系数为$46.5\text{W}/(\text{m}^2\cdot℃)$。忽略管壁热阻和污垢热阻，试求：(1)平均温度差；(2)总传热系数；(3)若空气流量增加20%，其他条件不变，总传热系数将变为多少？(4)为保证空气增加20%后，其冷却程度不受影响，该换热器传热面积至少要有多大的裕量？

答：(1)26.4℃；(2)$45.38\text{W}/(\text{m}^2\cdot\text{K})$；(3)$52.31\text{W}/(\text{m}^2\cdot\text{K})$；(4)4.1%。

19. 某厂有一台单管程列管式换热器，壳程加热介质采用120℃饱和水蒸气(排出饱和液体)，其传热系数$\alpha_0=10000\text{W}/(\text{m}^2\cdot℃)$。管程通入流量为$17.2\text{m}^3/\text{h}$的水溶液，从20℃被加热到75℃，其传热系数$\alpha_i=2500\text{W}/(\text{m}^2\cdot℃)$。管束钢管尺寸为$\phi25\text{mm}\times2.5\text{mm}$，长3m。已知溶液在管内呈湍流，水溶液密度$\rho=1050\text{kg/m}^3$，比定压热容为4.17kJ/(kg·℃)。热损失及管壁热阻、污垢热阻均可忽略。试求：(1)换热器的管数为多少？(2)某天检修时发现该换热器有三根管子已坏，拟将坏管堵塞后再继续使用，试问此方案是否可行？通过计算或推导说明。

答：(1)43根；(2)不能完成任务。

20. 某厂用流量为400kg/h，起始温度为175℃的热油将300kg/h的水由25℃加热到90℃。已知操作条件下油和水的平均比定压热容可分别取2.1kJ/(kg·℃)和4.2kJ/(kg·℃)，

现有以下两个传热面积均为 0.72m² 的换热器可供选用：换热器 1 为单壳程、四管程，K_1 = 625W/(m² · ℃)；换热器 2 为单壳程、双管程，K_2 = 500W/(m² · ℃)。二者温差校正系数 $\varepsilon_{\Delta t}$ 均为 0.8，为保证满足要求应选用哪一个换热器？

答：换热器 1 能满足要求，换热器 2 不合要求。

符号说明

符号	意义	单位
a	温度系数	1/℃
a	常数	
A	辐射吸收率	
b	厚度	m
C	辐射系数	W/(m² · K⁴)
C_0	黑体辐射系数	W/(m² · K⁴)
c_p	比定压热容	kJ/(kg · ℃)
d	管径	m
D	透过率	
D	壳体的内径	m
E	辐射能力	W/m²
f	校正系数	
g	重力加速度	m/s²
h	相邻挡板间的距离	m
K	总传热系数	W/(m² · ℃)
L	长度	m
L	特征尺寸	m
n	指数	
n	管子根数	
q	热通量	W/m²
Q	传热速率	W
r	半径	m
r	潜热	kJ/kg
R	反射率	
R	热阻	m² · ℃/W
R	半径	m
S	传热面积	m²
S_{max}	最大截面积	m²
t	冷流体温度	℃
t	管心距	m
T	热流体温度	℃

续表

	符号	意义	单位
	T	绝对温度	K
	W	质量流量	kg/s
	x,y,z	空间坐标	
	α	对流传热系数	W/(m^2·℃)
	β	体积膨胀系数	
	ε	黑度	
	$\varepsilon_{\Delta t}$	温差校正系数	
	λ	导热系数	W/(m·℃)
	σ_0	黑体的辐射常数	W/(m^2·K^4)
	φ	角系数	
下标	b	黑体	
	c	冷流体	
	h	热流体	
	i	管内	
	m	平均	
	o	管外	
	s	污垢	
	s	饱和	
	v	蒸气	
	w	壁面	
	Δt	温度差	
	min	最小	
	max	最大	

第4章　蒸　　馏

4.1　概述

4.1.1　蒸馏的原理和分类

在化工生产过程中，经常需要将均相混合物分离成较纯净的产品或原料，以达到提纯或回收有用组分的目的。蒸馏作为分离液体均相混合物的典型单元操作，在工业生产中应用十分广泛，如从原油中分离出汽油、煤油、柴油等燃料油。

蒸馏是通过加热液体混合物，使之部分汽化，利用混合物中各组分挥发性的差异实现分离的单元操作。液体混合物中沸点较低的组分称为**易挥发组分**或**轻组分**，而沸点较高的组分称为**难挥发组分**或**重组分**。简便起见，下文中轻、重组分分别以下标 A、B 表示。

蒸馏按操作方式不同可分为简单蒸馏、平衡蒸馏（闪蒸）、精馏及特殊精馏等几种方式，其中以精馏的应用最为广泛；若按操作压力不同可分为常压蒸馏、加压蒸馏及减压（真空）蒸馏，在一般情况下多采用常压蒸馏；若按分离物系中组分的数目不同可分为二元（两组分）蒸馏和多元蒸馏；若按操作流程是否连续可分为间歇蒸馏和连续蒸馏。

本章着重讨论常压下两组分连续精馏的原理和计算方法。

4.1.2　混合物中组分浓度的表示方法

采用蒸馏分离的混合物至少由两种以上的组分构成，讨论中常涉及各组分的浓度，而混合物中各组分的浓度可以用多种方法表示。

4.1.2.1　质量分数

混合物中某组分的质量与混合物总质量的比值，称为该组分的质量分数，以 w 表示。则各组分的质量分数分别为

$$w_A = \frac{m_A}{m}, \quad w_B = \frac{m_B}{m} \tag{4.1}$$

式中　m——混合物的总质量，kg；

m_A, m_B——轻组分 A 和重组分 B 的质量，kg。

显然
$$w_A + w_B = 1$$

或
$$\sum w_i = \sum \frac{m_i}{m} = 1 \tag{4.2}$$

4.1.2.2　摩尔分数

混合物中某组分的物质的量与混合物总物质的量的比值，称为该组分的摩尔分数，以 x 表示。则各组分的摩尔分数分别为

$$x_A = \frac{n_A}{n}, \quad x_B = \frac{n_B}{n} \tag{4.3}$$

式中　n——混合物的总物质的量；

n_A, n_B——轻组分 A 和重组分 B 的物质的量。

显然
$$x_A + x_B = 1$$

或
$$\sum x_i = \sum \frac{n_i}{n} = 1 \tag{4.4}$$

4.1.2.3　**质量分数与摩尔分数的互换**

若已知 A、B 两组分的摩尔质量为 M_A 和 M_B。设混合物总质量为 m(kg)，则式(4.3)经变形可得

$$x_A = \frac{n_A}{n} = \frac{\frac{m_A}{M_A}}{\frac{m_A}{M_A} + \frac{m_B}{M_B}} = \frac{\frac{m_A}{mM_A}}{\frac{m_A}{mM_A} + \frac{m_B}{mM_B}} = \frac{\frac{w_A}{M_A}}{\frac{w_A}{M_A} + \frac{w_B}{M_B}}$$

设混合物的总物质的量为 n(mol)，则式(4.1)经变形可得

$$w_A = \frac{m_A}{m_A + m_B} = \frac{M_A n_A}{M_A n_A + M_B n_B} = \frac{(M_A n_A)/n}{(M_A n_A + M_B n_B)/n} = \frac{M_A x_A}{M_A x_A + M_B x_B}$$

综上可得

$$x_i = \frac{\frac{w_i}{M_i}}{\sum \frac{w_i}{M_i}} \tag{4.5}$$

和
$$w_i = \frac{M_i x_i}{\sum M_i x_i} \tag{4.6}$$

【例 4.1】　在甲醇和水的混合液中，甲醇的质量为 20kg，水的质量为 25kg。试分别求甲醇和水在混合液中的质量分数、摩尔分数和该混合液的平均摩尔质量。

解：由于甲醇挥发性强于水，分别以下标 A、B 表示甲醇和水。

(1)质量分数：

$$w_A = \frac{m_A}{m} = \frac{20}{20 + 25} = 0.444 = 44.4\%$$

$$w_B = 1 - w_A = 1 - 0.444 = 0.556 = 55.6\%$$

(2)摩尔分数：

$$M_A = 32\text{kg/kmol}, \quad M_B = 18\text{kg/kmol}$$

$$x_A = \frac{n_A}{n} = \frac{n_A}{n_A + n_B} = \frac{\frac{20}{32}}{\frac{20}{32} + \frac{25}{18}} = \frac{0.625}{0.625 + 1.39} = 0.31 = 31\%$$

或

$$x_A = \frac{\frac{w_A}{M_A}}{\frac{w_A}{M_A} + \frac{w_B}{M_B}} = \frac{\frac{44.4}{32}}{\frac{44.4}{32} + \frac{55.6}{18}} = 0.31 = 31\%$$

$$x_B = 1 - x_A = 1 - 0.31 = 0.69 = 69\%$$

(3)混合液的平均摩尔质量

$$M_m = M_A x_A + M_B x_B = 32 \times 0.31 + 18 \times 0.69 = 22.34(\text{kg/kmol})$$

4.1.2.4 气体混合物浓度的表示

混合物中各组分的组成,除可用质量分数和摩尔分数表示外,气体混合物还常用压力分数和体积分数来表示。

由理想气体状态方程可知,理想气体混合物中某一组分的摩尔分数等于该组分的分压与混合气体总压之比,即**压力分数**,同时亦等于该组分的分体积与混合物气体总体积之比,即**体积分数**,有

$$y_A = \frac{p_A}{P} = \frac{v_A}{V}, \quad y_B = \frac{p_B}{P} = \frac{v_B}{V} \tag{4.7}$$

式中 y_A, y_B——混合气体中A、B组分的摩尔分数;

P——混合气体的总压,Pa;

p_A, p_B——混合气体中A、B组分的分压,Pa;

V——混合气体的总体积,m^3;

v_A, v_B——混合气体中A、B组分的分体积,m^3。

虽然以上表示法是按理想气体推导出的,但亦可用于低压下的各种气体。

4.2 双组分溶液的气液相平衡

对传质过程,常用组分在气液两相中的组成(浓度)偏离相平衡的程度衡量传质推动力的大小。故气液相平衡是分析蒸馏原理和进行蒸馏计算的理论基础。

4.2.1 理想物系的气液相平衡

理想物系通常是指物系中的液相为理想溶液,气相为理想气体。

理想溶液是指混合液内,异分子间的作用力等于同分子间的作用力,混合时无显著热效应,对原组分的蒸气压只有稀释作用而无其他影响,在全部浓度范围内均服从拉乌尔定律。理想溶液实际并不存在,但由性质相近、分子结构相似的组分组成的溶液,如苯—甲苯,甲醇—乙醇混合液可视为理想溶液。

理想气体是指服从理想气体状态方程的气体。总压不太高的气相可视为理想气体。

4.2.1.1 理想物系气液平衡关系

根据**拉乌尔定律**，理想溶液液相上方组分的平衡蒸气分压为

$$p_A = p_A^\circ x_A, \quad p_B = p_B^\circ x_B \tag{4.8}$$

式中 p_A, p_B——液相上方 A、B 组分的平衡分压，Pa；

p_A°, p_B°——相同温度下组分 A、B 的饱和蒸气压，Pa；

x_A, x_B——平衡液相中 A、B 组分的摩尔分数。

混合液的沸腾条件是各组分的平衡分压之和等于系统总压力 P，即

$$P = p_A + p_B \tag{4.9}$$

或

$$P = p_A^\circ x_A + p_B^\circ x_B \tag{4.10}$$

对于双组分溶液，式(4.10)可改写为

$$P = p_A^\circ x_A + p_B^\circ (1 - x_A)$$

解得

$$x_A = \frac{P - p_B^\circ}{p_A^\circ - p_B^\circ} \tag{4.11}$$

式(4.11)描述了平衡物系中温度与液相组成的关系，称**泡点方程**。

根据道尔顿分压定律和拉乌尔定律可得

$$y_A = \frac{p_A^\circ x_A}{P} = \frac{p_A^\circ}{P} \cdot \frac{P - p_B^\circ}{p_A^\circ - p_B^\circ} \tag{4.12}$$

式(4.12)描述了平衡物系中温度与气相组成的关系，称**露点方程**。

当总压 P 一定时，若组分 A、B 的饱和蒸气压 p_A° 和 p_B° 与溶液温度 t 的函数关系已知，则可由式(4.11)和式(4.12)求得任意给定温度下的平衡物系中的液相组成 x_A 和气相组成 y_A。同理，若给定 x_A(或 y_A)，亦可利用上述关系式求得与之相平衡的 y_A(或 x_A)和平衡温度 t，由于组分的饱和蒸气压和温度之间的关系通常为非线性函数，一般需用试差法。

纯组分的饱和蒸气压 p° 与温度 t 的关系可用安托因方程(Antoine)表达为

$$\lg p^\circ = A - \frac{B}{t + C} \tag{4.13}$$

式中 t——物系温度，℃；

p°——饱和蒸气压，mmHg 或 kPa；

A, B, C——安托因常数。

常见物质的安托因常数可由有关手册查得，其值与 p°、t 的单位有关。

【例 4.2】 在操作压力为 109.86kPa 的蒸馏釜内蒸馏苯和甲苯混合液，其釜液中含苯 33.6%，甲苯 66.4%（均为摩尔分数），试求与该液相平衡的气相组成和温度。

苯(A)和甲苯(B)溶液可视为理想溶液，各纯组分的饱和蒸气压可按以下安托因方程计算(式中 p 的单位为 mmHg，t 的单位为℃)

$$\lg p_A^\circ = 6.906 - \frac{1211}{t + 220.8}$$

$$\lg p_B^\circ = 6.955 - \frac{1345}{t + 219.5}$$

解：已知 $x_A = 0.336$，$P = 109.86\text{kPa}$，设平衡温度 $t = 100$℃，则

$$\lg p_A^\circ = 6.906 - \frac{1211}{100 + 220.8} = 3.131$$

$$p_A^\circ = 1352.26(\text{mmHg}) = 180.30(\text{kPa})$$

$$\lg p_B^\circ = 6.955 - \frac{1345}{100 + 219.5} = 2.745$$

$$p_B^\circ = 555.90(\text{mmHg}) = 74.12(\text{kPa})$$

验算

$$x_A = \frac{P - p_B^\circ}{p_A^\circ - p_B^\circ} = \frac{109.86 - 74.12}{180.30 - 74.12} = 0.3365$$

其值接近题中所给值，故假设正确，即平衡温度为100℃。

平衡气相组成

$$y_A = \frac{p_A^\circ x_A}{P} = \frac{180.3 \times 0.3365}{109.86} = 0.552$$

4.2.1.2 理想物系的气液平衡相图

气液平衡关系亦可用相图表示。

(1)温度组成($t - x - y$)图。

在总压 P 恒定的条件下，以温度 t 为纵坐标，以不同温度下的液相组成 x_A 和气相组成 y_A 为横坐标，可用图线来表示三者之间的关系。为简便起见，分别用 x、y 表示 x_A、y_A。如图4.1为苯—甲苯在常压下温度与组成间的关系，此图称温度组成图，又称 $t - x - y$ 图。

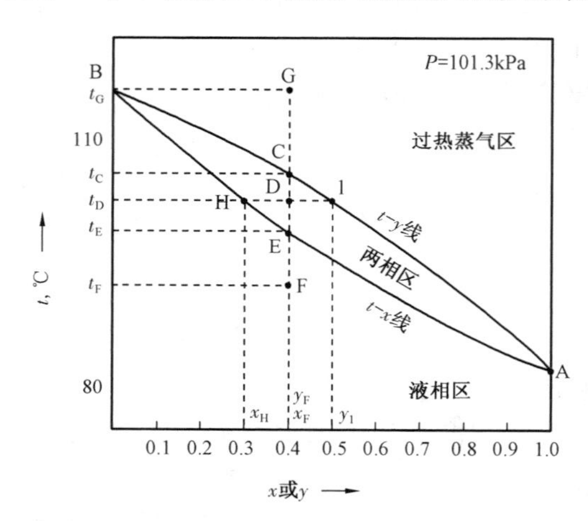

图4.1　苯—甲苯的温度—组成图

图4.1中有两条曲线，下面的曲线为液相组成 x 与平衡温度 t 的关系，称为**饱和液体线**，亦称**液相线**。上面的曲线为气相组成 y 与平衡温度 t 的关系，称为**饱和蒸气线**，亦称**气相线**。两曲线的端点A和B分别表示纯组分A和B的沸点。两条曲线将该图分成三个区域，$t - x$ 线以下区域代表尚未沸腾的液体，称为**冷液区**或**液相区**；$t - y$ 线以上区域代表过热蒸气，称为**过热蒸气区**或**气相区**；两曲线包围的区域表示气液同时存在，称为**气液共存区**或**两相区**。

若将温度为 t_F、组成为 x_F（F点）的溶液加热，当温度达到 t_E（E点）时，溶液开始沸腾产生第一个气泡，相应的温度 t_E 称为**泡点温度**。而液相线即由一系列与不同液相组成对应的泡点连接而成，故又称为**泡点线**。同样，若将温度为 t_G、组成为 y_F（G点）的过热蒸气冷却，当温度冷却至 t_C（C点）时，过热蒸气开始冷凝产生第一

个液滴，相应的温度 t_C 称为**露点温度**。气相线即由一系列与不同气相组成对应的露点连接而成，故又称为**露点线**。

由温度组成图可见，当物系状态位于气液共存区时，如 D 点，物系在同一温度 t_D 下分成互为平衡的气液两相。液相组成对应于点 $H(x_H, t_D)$，气相组成对应于点 $I(y_I, t_D)$，此时 $y_I > x_H$，物系可得到一定程度的分离。因而，蒸馏过程只能发生在两相区，其温度变化范围介于两纯组分的沸点之间。

由图 4.1 还可知，双组分溶液的泡点和露点，均随易挥发组分组成的增加逐渐降低。在同一组成下，气相的露点温度总是大于液相的泡点温度。

(2)气液平衡组成($x-y$)图。

图 4.2 为苯—甲苯在常压下的气液平衡组成图，横坐标为液相组成 x，纵坐标为气相组成 y。图中对角线 $y=x$ 为参照线。曲线表示平衡时的气液相组成关系，称为**相平衡线**。曲线上 D 点表示组成为 x_H 的液相与组成为 y_I 的气相互成平衡。对于理想体系，达到平衡时，气相中易挥发组分 y 的浓度总是大于液相的浓度 x，故平衡线位于对角线上方。平衡线偏离对角线越远，表示平衡时气液两相组成差异越大，即该溶液越易用蒸馏方法分离。

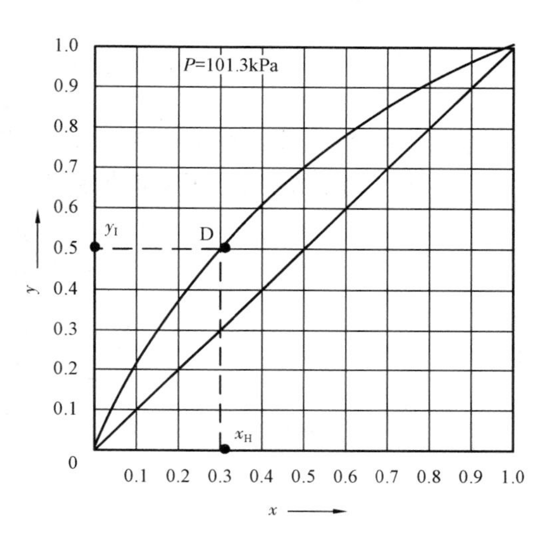

图 4.2　苯—甲苯混合液的气液平衡组成图

$x-y$ 图可以通过 $t-x-y$ 图作出，图 4.2 上的 D 点就是依据图 4.1 上对应的 x_H 和 y_I 的数据标绘而成的。常见的两组分溶液在常压下的 $x-y$ 平衡数据，可从有关化工手册中查得。

应注意，$x-y$ 平衡关系虽然是在恒压下测定的，但实验表明，总压变化范围为 20% ~30% 时，$x-y$ 平衡线的变动不超过 2%。因此当总压在上述范围内变化时，可以忽略外压对 $x-y$ 图的影响。

4.2.1.3　相对挥发度和气液相平衡方程

某种液体挥发性的大小可用挥发度表示。纯组分的挥发度可用其操作温度下的饱和蒸气压来表示。而溶液中各组分的蒸气压会受到组分间稀释作用的影响，为消除这一影响，溶液中各组分**挥发度**用蒸气中的分压和与之平衡的液相摩尔分数之比表示，即

$$v_A = \frac{p_A}{x_A}, \quad v_B = \frac{p_B}{x_B} \tag{4.14}$$

式中　v_A, v_B——组分 A、B 的挥发度，Pa；

x_A, x_B——组分 A、B 在平衡液相中的摩尔分数；

p_A, p_B——组分 A、B 在平衡气相中的分压，Pa。

组分挥发度的数值，需通过实验测定。若溶液符合拉乌尔定律，则有

$$v_A = \frac{p_A}{x_A} = \frac{p_A^\circ \cdot x_A}{x_A} = p_A^\circ \tag{4.15}$$

$$v_B = \frac{p_B}{x_B} = \frac{p_B^\circ \cdot x_B}{x_B} = p_B^\circ \tag{4.16}$$

式(4.15)和式(4.16)说明对于理想溶液,可以用纯组分的饱和蒸气压来表示它在溶液中的挥发度。由于挥发度是温度的函数,使用时有所不便,故提出相对挥发度的概念。

相对挥发度 α 为轻、重两组分挥发度之比,其值可反映两组分挥发度的差异

$$\alpha = \frac{v_A}{v_B} = \frac{p_A/x_A}{p_B/x_B} \tag{4.17}$$

相对挥发度的数值通常由实验测得。但对理想溶液,则有

$$\alpha = \frac{p_A/x_A}{p_B/x_B} = \frac{p_A^\circ x_A/x_A}{p_B^\circ x_B/x_B} = \frac{p_A^\circ}{p_B^\circ} \tag{4.18}$$

可见,理想溶液中组分的相对挥发度,等于同温度下两组分的饱和蒸气压之比。

当操作压力不高,气相服从道尔顿分压定律时,则式(4.17)可改写为

$$\alpha = \frac{Py_A/x_A}{Py_B/x_B} = \frac{y_A/x_A}{y_B/x_B} \tag{4.19a}$$

即

$$\frac{y_A}{1-y_A} = \alpha \frac{x_A}{x_B} = \alpha \frac{x_A}{1-x_A} \tag{4.19b}$$

解出 y_A,并略去下标可得

$$y = \frac{\alpha x}{1+(\alpha-1)x} \tag{4.20}$$

式(4.20)称为**气液相平衡方程**,是 $x-y$ 图中相平衡曲线的数学表达式。

虽然 α 值通常也随温度的改变而有所不同。但由于 p_A° 和 p_B° 随温度变化方向相同,故理想溶液的 α 值随温度的变化较小。因此在蒸馏计算中,常常取它在操作温度范围内的平均值作为定值。

从式(4.20)可以看出:若 $\alpha>1$,则 $y>x$。故 α 值越大,则平衡时的 y 比 x 大得越多,越有利于蒸馏分离。若 $\alpha=1$,则 $y=x$,此时平衡的气液相组成相同,表明该混合液不能用普通蒸馏方法分开。可见根据 α 值的大小,可以判断混合液能否采用普通蒸馏方法分离及分离的难易程度。

【例 4.3】 利用如下给出的苯和甲苯饱和蒸气压数据,在总压为 1 个大气压时,计算温度为 90℃时的相对挥发度、数据范围内物系的平均相对挥发度及气液平衡组成。

温度,℃	80.1	85	90	95	100	105	110.6
p_A°,kPa	101.33	116.9	135.5	155.7	179.2	204.2	234.6
p_B°,kPa	38.8	46.0	54.0	63.3	74.3	86.0	101.33

解:因为苯—甲苯混合液可视为理想溶液,故相对挥发度可用式(4.18)计算,即

90℃ 时

$$\alpha = \frac{p_A^\circ}{p_B^\circ} = \frac{135.5}{54.0} = 2.51$$

同样方法计算其他温度下的 α 值并列于本例最后结果中,故平均相对挥发度为

$$\alpha_m = \frac{\alpha_1 + \alpha_2 + \cdots + \alpha_5}{5} = \frac{2.54 + \cdots + 2.37}{5} = 2.46$$

气液平衡组成可用两种方法求解:

方法 1:直接利用泡点方程式(4.11)和露点方程式(4.12)求平衡组成。

已知 $P = 1\text{atm} = 101.33\text{kPa}$,则 90℃时有

$$x = \frac{P - p_B^\circ}{p_A^\circ - p_B^\circ} = \frac{101.33 - 54.0}{135.5 - 54.0} = 0.581$$

$$y = \frac{p_A^\circ}{P}x = \frac{135.5}{101.33} \times 0.581 = 0.777$$

方法 2:亦可根据平均相对挥发度 α_m 和已求出的 x 利用气液相平衡方程式(4.20)计算相应的 y 值。

取 $\alpha = \alpha_m = 2.46$,则

$$y = \frac{\alpha x}{1 + (\alpha - 1)x} = \frac{2.46 \times 0.581}{1 + 1.46 \times 0.581} = 0.773$$

用同样方法计算其他温度时的 y 值如下:

t,℃	80.1	85	90	95	100	105	110.6
α		2.54	2.51	2.46	2.41	2.37	
x	1.000	0.780	0.581	0.412	0.258	0.130	0
y(方法 1)	1.000	0.900	0.777	0.633	0.456	0.262	0
y(方法 2)	1.000	0.897	0.773	0.633	0.461	0.269	0

结果表明,用平均相对挥发度求得的平衡数据 y 与用露点方程求得的结果基本一致。

4.2.2 非理想物系的气液相平衡

工业生产中所遇到的大多数物系为非理想物系。非理想物系有三种情况:(1)液相属非理想溶液;(2)气相属非理想气体;(3)液相属非理想溶液同时气相属非理想气体。

溶液中同分子之间作用力和异分子之间作用力相差较大时,溶液上方各组分的平衡蒸气压与拉乌尔定律有较大偏差,此溶液称为**非理想溶液**。若溶液中异分子之间的作用力小于同分子之间的作用力,则异分子之间的排斥倾向使溶液易于汽化,各组分平衡蒸气压较理想溶液高,沸点则比理想溶液低,这种溶液对拉乌尔定律具有正偏差,称为**正偏差溶液**,如乙醇—水溶液、甲醇—水溶液。若溶液中异分子之间的作用力大于同分子之间的作用力,由于异分子之间吸引倾向较强,使溶液不易汽化,各组分平衡蒸气压较理想溶液低,沸点则比理想溶液高,这种溶液对拉乌尔定律具有负偏差,称为**负偏差溶液**,如硝酸—水溶液、氯仿—丙酮溶液。

图 4.3(a)为乙醇—水混合液的的温度组成($t - x - y$)图。图中 M 点为恒沸点,表明此点气液相组成相同,因其温度低于其他任何组成下的溶液沸点,称此溶液为具有最低恒沸点的溶

液。图4.3(b)为乙醇—水混合液的气液平衡组成($x-y$)图,图中的M点与图4.3(a)中M点相对应,位于平衡线与对角线的交点,表明该点溶液的α为1。

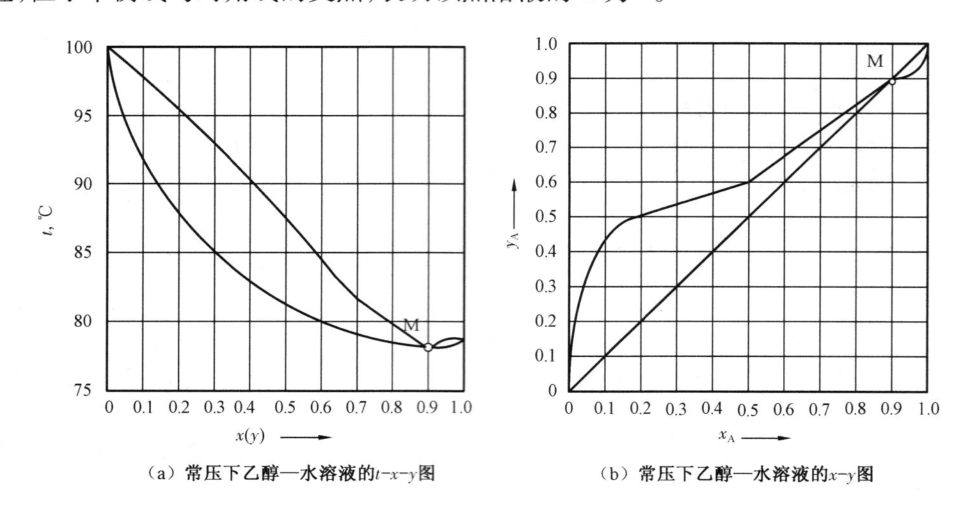

图4.3 具有正偏差的非理想物系的平衡相图

M—恒沸点

图4.4为具有最高恒沸点的硝酸—水溶液的$t-x-y$图和$x-y$图,两图中的M点相互对应,该点的α同样为1。

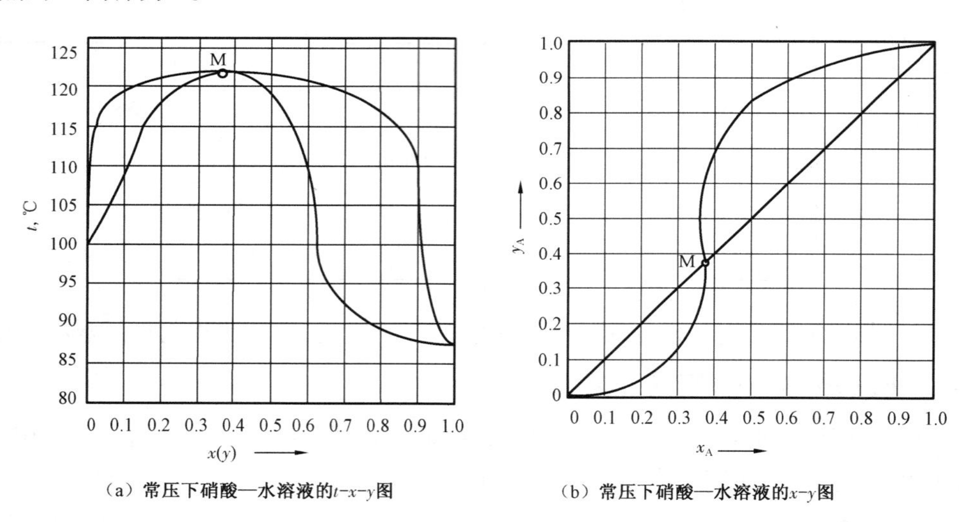

图4.4 具有负偏差的非理想物系的平衡相图

M—恒沸点

由图4.3和图4.4可见,非理想溶液的$x-y$图和理想溶液的相差很大,即非理想溶液的α随组成变化很大,无法按常数处理,故平衡关系不能用相平衡方程式(4.20)描述。

应注意,并不是非理想溶液都具有恒沸点,只有对拉乌尔定律偏差大到一定程度才有恒沸点。对有恒沸点的非理想溶液,无法用一般的蒸馏方法使之得到完全分离。

4.3 蒸馏与精馏原理

4.3.1 简单蒸馏

图4.5是简单蒸馏装置图。将原料液加入蒸馏釜,在恒压下加热至沸腾,溶液不断汽化,产生的蒸气经冷凝器冷凝为液体,称为**馏出液**,将其按组成不同分罐收集。在蒸馏过程中,由于釜内溶液的易挥发组分浓度不断下降,相应馏出液中易挥发组分浓度也随之降低。因此,简单蒸馏过程又称**微分蒸馏**,为不稳定过程。当釜中的液相浓度低于分离规定要求时停止操作,将残液从釜中排出后再加入新料液进行蒸馏。

简单蒸馏属单级蒸馏,分离程度不高。操作以间歇方式进行。

简单蒸馏只适用于相对挥发度较大、分离要求不高的情况,或作为初步加工将原料仅做粗略分离的情况。

4.3.2 平衡蒸馏(闪蒸)

图4.6为平衡蒸馏装置图。原料液经加热器预热至过热状态,然后由减压阀喷入分离器,使部分液体迅速汽化,此过程即为**闪蒸**。处于平衡状态的气液两相在分离器中分离后,含轻组分较多的气相从顶部排出,经冷凝器冷凝成为顶部产品。轻组分含量较少的液相向下流到底部排出,成为底部产品。

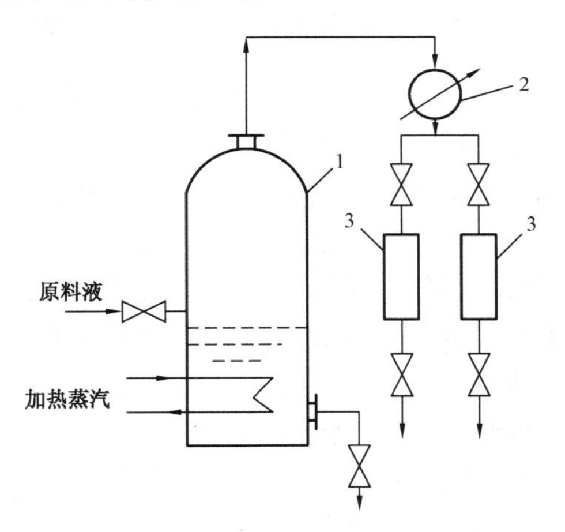

图4.5 简单蒸馏装置

1—蒸馏釜;2—冷凝器;3—接收器

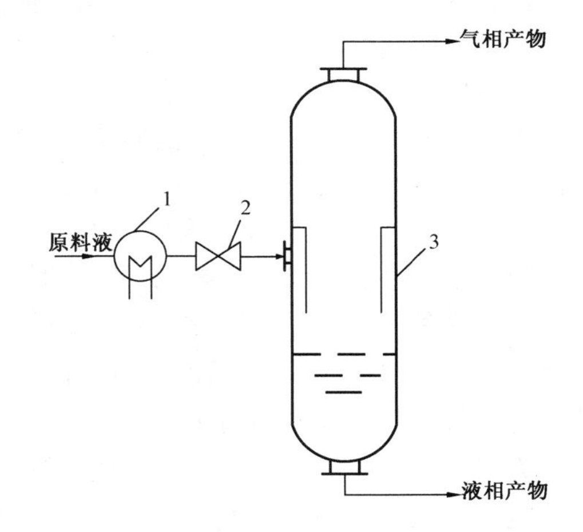

图4.6 平衡蒸馏装置

1—加热器;2—减压阀;3—分离器;

平衡蒸馏也属单级蒸馏,其分离能力有限。

平衡蒸馏为稳定连续过程,适于大量原料液的初步分离,如原油的粗分离。

4.3.3 精馏

简单蒸馏和平衡蒸馏都是对原料仅进行了一次部分汽化的过程,故称**单级蒸馏**。生产中需要高纯度产品时,多采用精馏。**精馏**是将混合液经多次部分汽化和多次部分冷凝后完成的,故精馏属**多级蒸馏**过程。

精馏装置主要由精馏塔、冷凝器与蒸馏釜(再沸器)组成。连续精馏装置如图4.7所示。

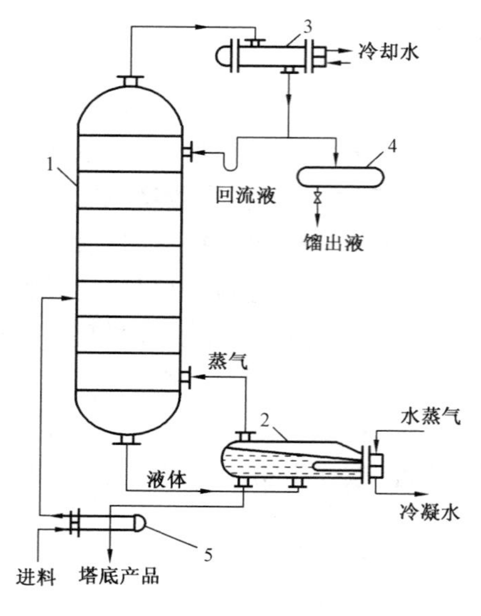

图 4.7 连续精馏装置

1—精馏塔;2—再沸器;3—冷凝器;
4—储槽;5—原料预热器

常见的精馏塔有板式塔与填料塔两种类型,本章以板式塔为例介绍精馏过程及设备。

精馏塔通常包括精馏段和提馏段。全塔内气液两相逆向流动,经过每层塔板时,两相中的轻、重组分相互转移,从而将一个双组分混合液分离为含轻组分纯度较高的塔顶产品和含重组分纯度较高的塔底产品。

如图 4.7 所示,原料从位于塔中部的进料板连续进入塔内,塔顶设有冷凝器将塔顶蒸气冷凝为液体。冷凝液的一部分重新送回塔顶,称为**回流液**,沿塔向下流动。其余冷凝液作为塔顶产品排出塔外,称为**馏出液**。在塔底,液体在再沸器内被加热后一部分汽化并送回塔内,这部分蒸气沿塔上升,与下降的液体逆流接触并进行传质,而未汽化的液体排出塔外作为塔底产品,又称**釜残液**或**釜液**。

在加料板以上(不包括加料板)的塔段,上升蒸气和回流液之间进行着逆流接触和物质传递。上升蒸气中所含的重组分向液相转移,而回流液中的轻组分向气相转移。如此交换的结果,使上升蒸气中轻组分的浓度逐板升高,最后到达塔顶的蒸气将含高纯度的轻组分。可见塔的上半部完成了上升蒸气的精制,因而称为**精馏段**。

在加料板以下(包括加料板)的塔段,下降液体中的轻组分向气相转移,上升蒸气中所含的重组分向液相转移。如此交换的结果,使下降液体中重组分的浓度逐板升高,最后到达塔底的液体将含高纯度的重组分。可见塔的下半部完成了下降液体中重组分的提浓,因而称为**提馏段**。

与简单蒸馏和平衡蒸馏相比,精馏的最大区别就在于有“回流”。“回流”包括塔顶的液相回流与塔底釜液部分汽化后形成的气相回流。回流是构成气液两相接触传质的必要条件,没有接触也就无从进行传质。而组分间挥发度的差异造成了有利传质的相平衡条件($y>x$),促使上升蒸气在与下降液体的接触过程中,完成了轻、重组分的相互转移。

为提高两相间的传质速率,需设法增加相际接触面积,并增强气液两相的湍动程度,减小传质阻力。在精馏塔内设置塔板,或充以填料均是为实现这一目的。

最简单的塔板结构见图 4.8。在每层塔板上开有许多小孔作为气体通道,称为气孔。液体由上层塔板沿降液管流下,横向流过塔板,再由降液管流至下层塔板。蒸气在压差的作用下由气孔穿过板上液层,两相在塔板上呈泡沫状接触。现以第 n 层塔板为例分析。如图 4.9 所示,由第 $n-1$ 层塔板下降组成为 x_{n-1}(L 点)的液体与来自第 $n+1$ 层塔板组成为 y_{n+1}(G 点)的蒸气在第 n 层板相互接触,由于 x_{n-1} 和 y_{n+1} 不平衡,而且蒸气温度 t_{n+1} 比液体温度 t_{n-1} 高,因而 y_{n+1} 的蒸气在第 n 层塔板上部分冷凝,使 x_{n-1} 的液体部分汽化,故在第 n 层塔板上发生热量传递。冷凝时,气相中的重组分冷凝后进入液相,同时,液相中的轻组分汽化后进入气相。若假定两股流体在第 n 层塔板上充分接触,离开该塔板的气液两相达到相平衡,其平衡组成分别为 y_n 和 x_n,则气相组成 $y_n>y_{n+1}$,液相组成 $x_n<x_{n-1}$。即每层塔板上平衡后的气相中轻组分组成较下一层塔板增加,温度随之降低;平衡后的液相中轻组分的组成较上一层塔板减小,温度

随之升高。可见塔板上发生热量传递的同时也在发生质量传递过程。传质推动力的大小由偏离相平衡的程度所决定，可用气相组成 $y_n - y_{n+1}$，或液相组成 $x_{n-1} - x_n$ 表示。

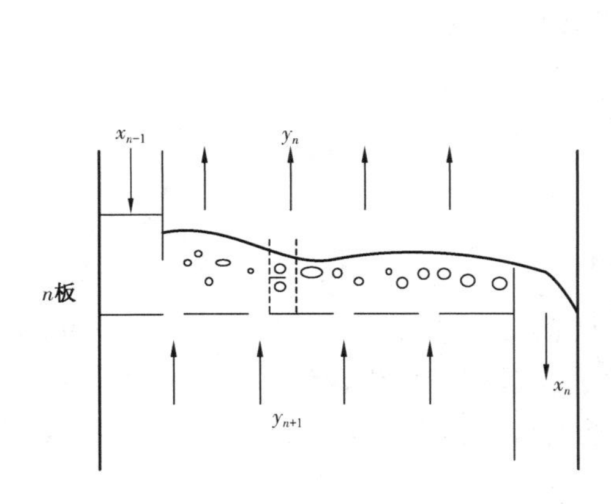

图 4.8　板式塔塔板结构

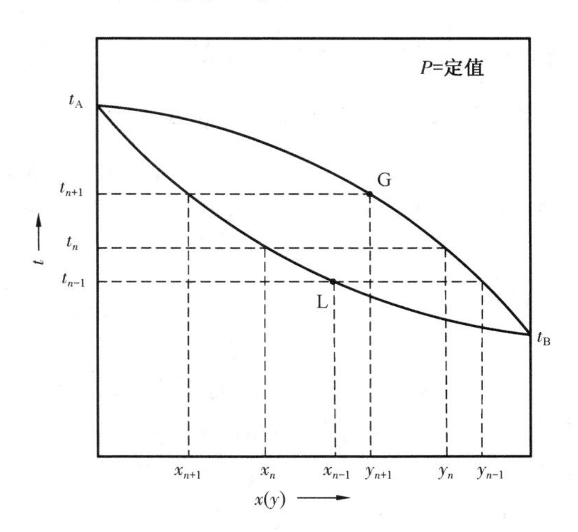

图 4.9　第 n 层塔板组成在 $t-x-y$ 图上的表示

以此类推，每层塔板均有由不平衡到平衡的传质和传热过程同时发生，从而使两相组成逐板改变。

综上所述，精馏是将挥发度不同的物质组成的混合液，在精馏塔中经多次部分汽化和部分冷凝，分离成几乎纯组分的过程。

4.4　两组分连续精馏的计算

4.4.1　精馏塔的全塔物料衡算

通过全塔物料衡算，可以导出蒸馏产品的流量、组成和进料量之间的关系。

现对图 4.10 所示的连续精馏塔作全塔物料衡算，并以单位时间为基准，即

总物料衡算

$$F = D + W \tag{4.21}$$

易挥发组分物料衡算

$$Fx_F = Dx_D + Wx_W \tag{4.22}$$

式中　F——原料流量，kmol/h；

D——塔顶产品（馏出液）流量，kmol/h；

W——塔底产品（釜残液）流量，kmol/h；

x_F, x_D, x_W——原料、馏出液、釜残液中易挥发组分的摩尔分数。

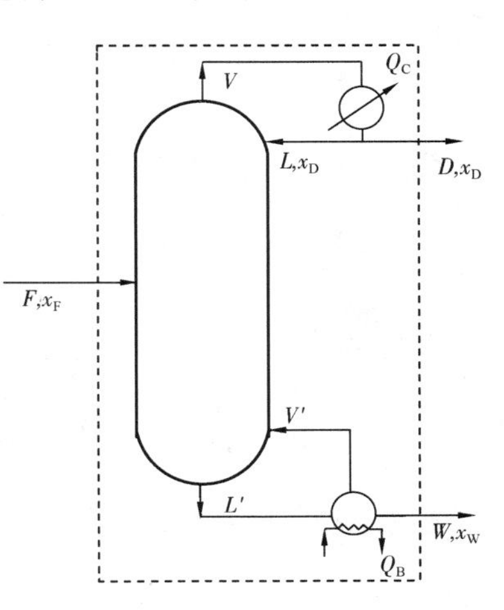

图 4.10　精馏塔的物料衡算

两式联立，得

$$\frac{D}{F} = \frac{x_F - x_W}{x_D - x_W} \tag{4.23}$$

和
$$\frac{W}{F}=\frac{x_D - x_F}{x_D - x_W} \tag{4.24}$$

其中，$\frac{D}{F}$和$\frac{W}{F}$分别称为塔顶产品和塔底产品的**采出率**（亦称**产率**）。

精馏计算中，有时还用**回收率**表示分离程度或分离要求，即

塔顶轻组分回收率
$$\eta_D=\frac{Dx_D}{Fx_F}$$

塔底重组分回收率
$$\eta_W=\frac{W(1-x_W)}{F(1-x_F)}$$

【例4.4】 在操作压力为101.3kPa时，含苯40%的苯—甲苯混合溶液，在连续精馏塔中进行分离，其流量为16000kg/h。要求将混合液分离为含苯97%的馏出液和含苯不高于2%的釜残液（以上均为质量分数）。试求：(1)馏出液和釜残液的摩尔流量及组成（以摩尔分数表示）；(2)塔顶轻组分回收率。

解：(1)苯的相对分子质量为78，甲苯的相对的分子质量为92，于是有

进料组成
$$x_F=\left(\frac{n_A}{n_A+n_B}\right)_F=\frac{\frac{40}{78}}{\frac{40}{78}+\frac{60}{92}}=0.44$$

馏出液组成
$$x_D=\left(\frac{n_A}{n_A+n_B}\right)_D=\frac{\frac{97}{78}}{\frac{97}{78}+\frac{3}{92}}=0.974$$

釜残液组成
$$x_W=\left(\frac{n_A}{n_A+n_B}\right)_W=\frac{\frac{2}{78}}{\frac{2}{78}+\frac{98}{92}}=0.0235$$

原料液的平均摩尔质量为

$$M_F=x_{FA}\cdot M_A+x_{FB}\cdot M_B=0.44\times 78+0.56\times 92=85.8(\text{kg/kmol})$$

进料摩尔流量

$$F=\frac{m_F}{M_F}=\frac{16000}{85.8}=186.5(\text{kmol/h})$$

全塔总物料衡算

$$D+W=F=186.5$$

全塔苯的物料衡算

$$Dx_D+Wx_W=Fx_F$$

$$186.5\times 0.44=D\times 0.974+W\times 0.0235$$

联立两式得

$$D = 81.7(\text{kmol/h})$$

$$W = 104.8(\text{kmol/h})$$

（2）

$$\eta_D = \frac{Dx_D}{Fx_F} = \frac{81.7 \times 0.974}{186.5 \times 0.44} = 0.970$$

4.4.2 精馏塔的操作线方程

4.4.2.1 理论板(平衡级)

所谓**理论板**是指无论气液两相组成如何,进入该塔板后两相能充分混合,离开该板时气液两相达到平衡状态。因而理论板又称为**平衡级**。理论板实际上是不存在的,因为塔板上气液两相接触面积和接触时间是有限的,难以达到平衡。故理论板仅是作为衡量实际塔板分离效率的依据和标准。通常设计时是先求得理论板层数,经校正后,再确定实际板层数。

4.4.2.2 恒摩尔流假定

为简化精馏计算,还提出了恒摩尔流假定,它包括恒摩尔气流与恒摩尔液流。

恒摩尔气流:精馏操作时,在塔的精馏段,每层塔板的上升蒸气摩尔流量都是相等的,提馏段同样如此。但两段的上升蒸气摩尔流量不一定相等,即

$$V_1 = V_2 = \cdots = V_n = V$$

$$V'_1 = V'_2 = \cdots = V'_n = V'$$

式中 V——精馏段中上升蒸气的摩尔流量,kmol/h;

V'——提馏段中上升蒸气的摩尔流量,kmol/h。

下标表示塔板的序号。

恒摩尔液流:精馏操作时,在塔的精馏段,每层塔板下降的液体摩尔流量都是相等的,提馏段也如此。但两段的液体摩尔流量不一定相等,即

$$L_1 = L_2 = \cdots = L_n = L$$

$$L'_1 = L'_2 = \cdots = L'_n = L'$$

式中 L——精馏段中下降液体的摩尔流量,kmol/h;

L'——提馏段中下降液体的摩尔流量,kmol/h。

上述假定要求气液两相在任一塔板接触时,每 n(kmol)蒸气冷凝的同时就相应有n(kmol)的液体汽化才能成立。为此,必须满足以下条件:(1)各组分的摩尔汽化潜热相等;(2)气液两相接触时,因温度不同而交换的显热可以抵消或忽略;(3)精馏塔保温良好,热损失可以忽略不计。

有些物系如苯—甲苯、乙烯—乙烷等,能基本符合上述条件,因此可将这些物系在塔内的气液两相视为恒摩尔流动,从而简化精馏的计算。

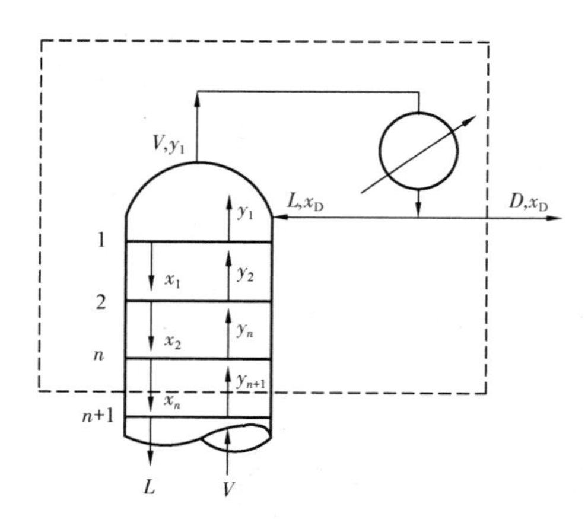

图 4.11　精馏段操作线方程的推导

4.4.2.3　精馏段操作线方程

在连续精馏塔中，由于原料液不断从加料板进入塔内，故精馏段和提馏段的操作关系是不相同的，应分别讨论。

由塔顶第一块板上升的蒸气组成为 y_1，流量为 V，进入冷凝器（全凝器）后冷凝为液体，其凝液组成 x_D 和 y_1 相同。其中部分流量为 D 的凝液作为馏出液，其余的作为回流液重新进入塔内，流量为 L。这里假设回流液为饱和液，称为**泡点回流**。此时回流液 L 与精馏段液相流量 L 相同。

按图 4.11 虚线范围作物料衡算，以单位时间为基准，即

总物料衡算
$$V = L + D \tag{4.25a}$$

易挥发组分衡算
$$Vy_{n+1} = Lx_n + Dx_D \tag{4.25b}$$

式中　x_n——精馏段中第 n 层板下降液体中易挥发组分的摩尔分数；

y_{n+1}——精馏段中第 $n+1$ 层板上升蒸气中易挥发组分的摩尔分数。

将式（4.25a）带入式（4.25b），并整理得

$$y_{n+1} = \frac{L}{V}x_n + \frac{D}{V}x_D = \frac{L}{L+D}x_n + \frac{D}{L+D}x_D \tag{4.26}$$

式（4.26）等号右边两项的分子及分母同时除以 D，则有

$$y_{n+1} = \frac{\frac{L}{D}}{\frac{L}{D}+1}x_n + \frac{1}{\frac{L}{D}+1}x_D$$

令 $R = \frac{L}{D}$，代入得

$$y_{n+1} = \frac{R}{R+1}x_n + \frac{1}{R+1}x_D \tag{4.27}$$

式中 R 称为**回流比**。根据恒摩尔流假定，L 为定值，且在稳定操作时 D 及 x_D 也为定值，故精馏操作中 R 是常量，其值通常由设计者选定。

式（4.26）与式（4.27）均称为**精馏段操作线方程**。该方程表示在一定操作条件下，精馏段内任意相邻两层板间下降的液相组成 x_n 与上升的气相组成 y_{n+1} 之间的关系。该式为直线方程，其斜率为 $R/(R+1)$，截距为 $x_D/(R+1)$。

4.4.2.4　提馏段操作线方程

按图 4.12 虚线范围作物料衡算，以单位时间为基准，即

总物料衡算
$$L' = V' + W \tag{4.28a}$$

易挥发组分衡算

$$L'x'_m = V'y'_{m+1} + Wx_W \qquad (4.28b)$$

式中 x'_m——提馏段中第 m 层板下降液体中易挥发组分的摩尔分数；

y'_{m+1}——提馏段中第 $m+1$ 层板上升蒸气中易挥发组分的摩尔分数。

将式(4.28a)带入式(4.28b)并整理，得

$$y'_{m+1} = \frac{L'}{V'}x'_m - \frac{W}{V'}x_W = \frac{L'}{L'-W}x'_m - \frac{W}{L'-W}x_W \qquad (4.29)$$

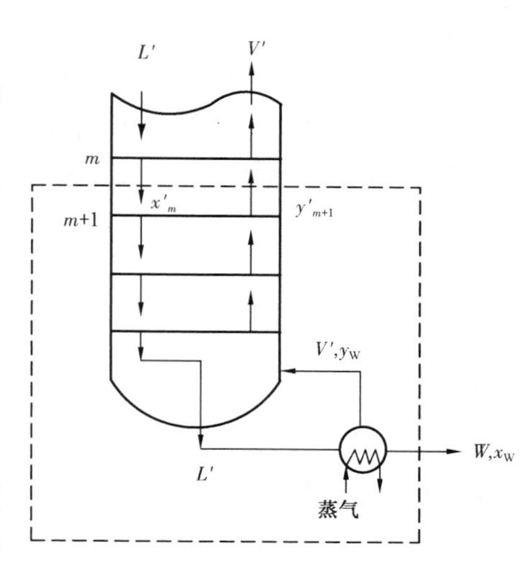

图 4.12　提馏段操作线方程的推导

式(4.29)称为**提馏段操作线方程**。此式表示在一定操作条件下，提馏段内任意相邻两层板间下降的液相组成 x'_m 与上升蒸气组成 y'_{m+1} 之间的关系。根据恒摩尔流的假定，L'为定值，且在稳态操作时 W 和 x_W 也为定值，故式(4.29)也是直线方程，其斜率为$\frac{L'}{V'}$，截距为 $-\frac{Wx_W}{V'}$。

应注意，提馏段的液体流量 L'的确定，除与精馏段的回流液量 L 有关外，还受进料量 F 及进料热状况的影响。

4.4.3　进料热状况的影响及 q 线方程

4.4.3.1　不同的进料热状况

精馏时，可在不同的相态和温度下进料，其焓值差别很大，进而影响到加料板上、下两段的气液相流量间的关系。进料热状态共有五种，分别为：

(1)**冷液进料**：温度低于泡点的液体；

(2)**泡点进料**：温度为泡点的饱和液体；

(3)**气液混合进料**：温度介于泡点和露点之间的气液混合物；

(4)**露点进料**：温度为露点的饱和蒸气；

(5)**过热蒸气进料**：温度高于露点的过热蒸气。

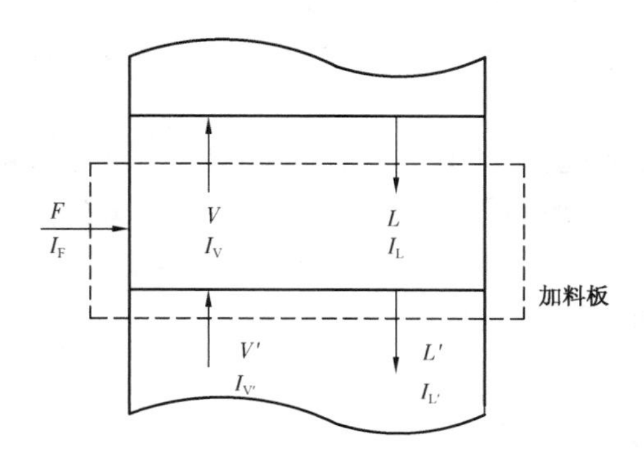

图 4.13　进料板上的物料衡算与热量衡算

4.4.3.2　进料板的物料衡算、热量衡算及 q 值

精馏段与提馏段的气、液摩尔流量之间的关系与进料的热状况有关，其相互间的定量关系可通过进料板的物料衡算与热量衡算求得。对图 4.13 所示的进料板分别作两种衡算，即

物料衡算

$$F + V' + L = V + L' \qquad (4.30)$$

热量衡算

$$FI_F + V'I_{V'} + LI_L = VI_V + L'I_{L'} \qquad (4.31)$$

式中　I_F——原料的焓，kJ/kmol；

I_V，$I_{V'}$——进料板上、下处饱和蒸气的焓，kJ/kmol；

I_L，$I_{L'}$——进料板上、下处饱和液体的焓，kJ/kmol。

由于塔中液体和蒸气都呈饱和状态，且进料板上、下处的温度及气、液相组成比较接近，故有

$$I_V \approx I_{V'},I_L \approx I_{L'}$$

于是，式(4.31)可改写为

$$FI_F + V'I_V + LI_L = VI_V + L'I_L$$

整理得

$$(V - V')I_V = FI_F - (L' - L)I_L$$

将式(4.30)变换为 $F-(L'-L)=V-V'$，代入得

$$[F - (L' - L)]I_V = FI_F - (L' - L)I_L$$

整理得

$$FI_V - FI_F = (L' - L)I_V - (L' - L)I_L = (I_V - I_L)(L' - L)$$

或

$$\frac{I_V - I_F}{I_V - I_L} = \frac{L' - L}{F} \tag{4.32}$$

令

$$q = \frac{I_V - I_F}{I_V - I_L} \approx \frac{\text{将 1kmol 进料变为饱和蒸气所需的热量}}{\text{原料液的千摩尔汽化热}} \tag{4.33}$$

q 值称为**进料热状况参数**。前述五种进料热状况，均可用式(4.33)计算 q 值。

不难看出，对于饱和液体、气液混合物及饱和蒸气三种进料而言，q 值即为进料中的**液相摩尔分数**。

4.4.3.3　不同进料状况对两段气液相流量的影响

图4.14定性表示出在不同的进料热状况下，进料量与精馏段和提馏段气、液流量间的关系。

饱和液体或饱和蒸气进料　饱和液体进料如图4.14(b)所示。由于原料液与进料板上的液体温度很接近，因此两股液体全部流入提馏段，而两段上升蒸气量则相等；若进料为露点的饱和蒸气，情况与之相反，见图4.14(d)。

气液混合进料　如图4.14(c)所示。由于进料温度与进料板的气液平衡温度相近，进料中的气相与提馏段上升蒸气汇合进入精馏段，而进料中的液相与精馏段下降的回流液汇合进入提馏段。

冷液或过热蒸气进料　这两种情况较复杂。冷液进料，见图4.14(a)，提馏段的液体流量除精馏段回流液和原料液两部分外，还有一部分是为将原料液加热到该板温度而由提馏段上升蒸气部分冷凝形成的。此时提馏段的气、液相流量均大于精馏段的。若过热蒸气进料，情况正好相反，见图4.14(e)，此时提馏段的气、液相流量均小于精馏段的。

由式(4.32)和式(4.33)可得两段液相流量关系为

$$L' = L + qF \tag{4.34}$$

将式(4.30)代入式(4.34)，并整理得两段气相流量关系为

$$V' = V + (q - 1)F \tag{4.35}$$

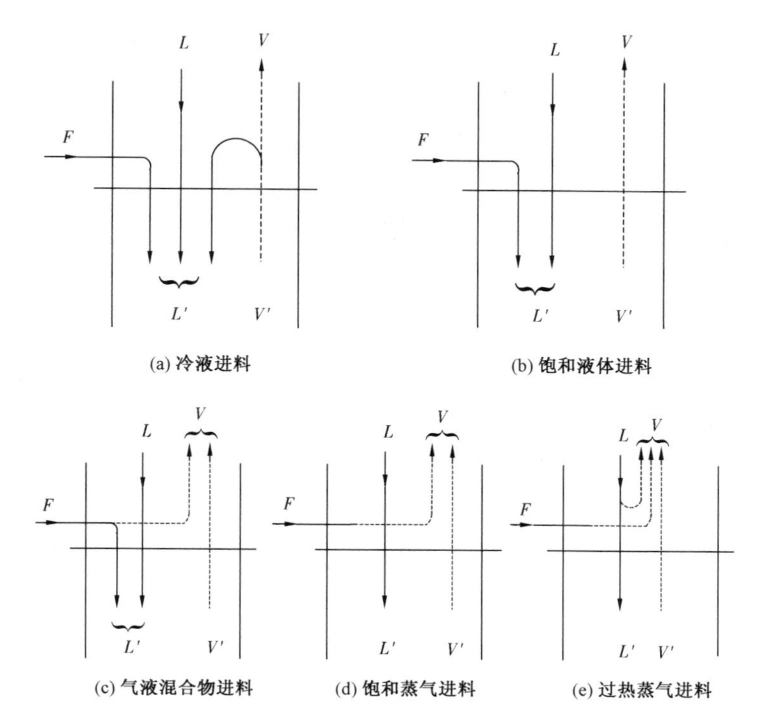

图 4.14　五种进料热状况对进料板上、下各流量的影响

不同进料热状态的 q 值及物流之间的关系见表 4.1。

表 4.1　不同进料热状态的 q 值及物流之间的关系

进料热状态	I_F 值范围	q 值范围	两段气液流量关系
过冷液体	$I_F < I_L$	$q > 1$	$L' > L + F, V' > V$
饱和液体	$I_F = I_L$	$q = 1$	$L' = L + F, V' = V$
气液混合物	$I_V > I_F > I_L$	$0 < q < 1$	$L' > L, V' < V$
饱和蒸气	$I_F = I_V$	$q = 0$	$L' = L, V' = V - F$
过热蒸气	$I_F > I_V$	$q < 0$	$L' < L, V' < V - F$

将式(4.34)代入式(4.29)得提馏段操作线方程的另一种形式

$$y'_{m+1} = \frac{L + qF}{L + qF - W}x'_m - \frac{W}{L + qF - W}x_W \tag{4.36}$$

【例 4.5】 在分离例 4.4 中的溶液时，若进料中气液两相的摩尔比为 1∶1，选用的回流比为 2.2，试求精馏段和提馏段操作线方程式，并计算斜率和截距。

解：由例 4.4 知，$F = 186.5\text{kmol/h}$，$W = 104.8\text{kmol/h}$，$D = 81.7\text{kmol/h}$，$x_D = 0.974$，$x_W = 0.0235$，另由题意知 $q = \frac{1}{1+1} = 0.5$。

精馏段操作线为

$$y = \frac{R}{R+1}x + \frac{x_D}{R+1} = \frac{2.2}{3.2}x + \frac{0.974}{3.2}$$
$$= 0.688x + 0.304$$

其斜率为 0.688，其截距为 0.304。

$$L = RD = 2.2 \times 81.7 = 179.7(\text{kmol/h})$$

$$L' = L + qF = 179.7 + 0.5 \times 186.5 = 272.9(\text{kmol/h})$$

$$V = (R+1)D = 3.2 \times 81.7 = 261.4(\text{kmol/h})$$

$$V' = V + (q-1)F = 261.4 + (0.5-1) \times 186.5 = 168.2(\text{kmol/h})$$

提馏段操作线为

$$y' = \frac{L'}{V'}x' - \frac{W}{V'}x_W = \frac{272.9}{168.2}x' - \frac{104.8}{168.2} \times 0.0235$$

$$= 1.62x' - 0.0146$$

其斜率为1.62,其截距为−0.0146。

4.4.3.4 q 线方程

q 线方程也称进料方程,是精馏段操作线和提馏段操作线的交点轨迹。

精馏段操作线和提馏段操作线可分别用式(4.25b)和式(4.28b)表示,因在交点处两式中的变量相同,故可略去式中的组成下标,即

$$Vy = Lx + Dx_D$$

$$V'y = L'x - Wx_W$$

两式相减,可得

$$(V' - V)y = (L' - L)x - (Dx_D + Wx_W) = (L' - L)x - Fx_F \tag{4.37}$$

由式(4.34)、式(4.35)知

$$L' - L = qF, \quad V' - V = (q-1)F$$

代入式(4.37),并整理可得

$$y = \frac{q}{q-1}x - \frac{x_F}{q-1} \tag{4.38}$$

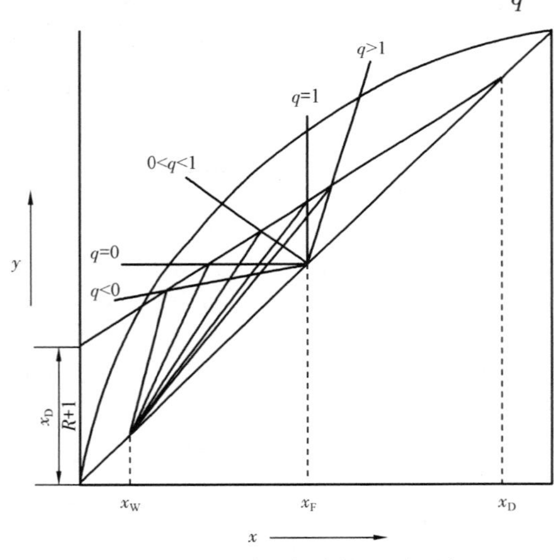

图4.15 不同进料热状况对 q 线及提馏段操作线的影响

式(4.38)称为 q **线方程**或**进料方程**。该式也是直线方程,其斜率为 $q/(q-1)$,截距为 $-x_F/(q-1)$。

精馏时,若其他条件不变,仅改变进料的热状况将使 q 值和 q 线方程的斜率发生改变。从而使两段操作线的交点随之发生改变,最终导致提馏段操作线斜率的改变。图4.15为不同进料热状况对 q 线及提馏段操作线的影响。

【例4.6】 常压下,在一连续操作的精馏塔中分离苯—甲苯混合液。进料量为100kmol/h,进料组成为0.412(摩尔分数),料液温度为20℃。馏出液流量为40kmol/h,泡点回流,回流比为1.6。试求进料热状况参数 q 值及该塔各段下降液体量与上升蒸气量。

解:(1)由例4.3可知,当进料 $x_F = 0.412$ 时,其泡点温度 $t_b = 95$℃,则定性温度 $t_m = \frac{95+20}{2} = 57.5$(℃)。查此温度下,苯和甲苯的比定压热容均为1.88kJ/(kg·℃)。故原料液

的平均比定压热容为

$$c_{pm} = c_{pA} \cdot M_A \cdot x_A + c_{pB} \cdot M_B \cdot x_B$$
$$= 1.88 \times 78 \times 0.412 + 1.88 \times 92 \times 0.588 = 162[\mathrm{kJ/(kmol \cdot ℃)}]$$

又由本书附录16查得常压下苯、甲苯的汽化焓分别为394kJ/kg和363kJ/kg。故原料液的平均汽化焓为

$$r_m = r_A \cdot M_A \cdot x_A + r_B \cdot M_B \cdot x_B$$
$$= 394 \times 78 \times 0.412 + 363 \times 92 \times 0.588 = 32298(\mathrm{kJ/kmol})$$

$$q = \frac{I_V - I_F}{I_V - I_L} = \frac{c_{pm}(t_b - t) + r_m}{r_m} = \frac{162 \times (95 - 20) + 32298}{32298} = 1.38$$

(2)泡点回流时,精馏段下降的液体流量 L 等于回流液量

$$L = RD = 1.6 \times 40 = 64(\mathrm{kmol/h})$$

精馏段上升的蒸气流量

$$V = L + D = (R + 1)D = (1.6 + 1) \times 40 = 104(\mathrm{kmol/h})$$

提馏段下降的液体流量

$$L' = L + qF = 64 + 1.38 \times 100 = 202(\mathrm{kmol/h})$$

提馏段上升的蒸气流量

$$V' = V + (q - 1)F = 104 + (1.38 - 1) \times 100 = 142(\mathrm{kmol/h})$$

4.4.4 理论板数的计算

在精馏设计计算中,已知条件通常为进料量 F、进料组成 x_F、馏出液组成 x_D、釜残液组成 x_W、进料的热状况参数 q 及选定的回流比 R 等。依上述数据,可以根据操作线方程与物系的气液相平衡关系确定理论板的层数。

精馏塔理论板层数的求算方法有逐板计算法和图解法两种。

4.4.4.1 逐板计算法

参照图4.16,若塔顶采用全凝器,则所得馏出液组成及回流液组成与第一层塔板上升蒸气组成相同,即

$$y_1 = x_D$$

由于离开每层理论板的气液两相是互成平衡的,故可用气液相平衡方程式(4.20),由 y_1(或 x_D)求得 x_1。又因为 y_2 与 x_1 满足精馏段操作关系,故可用精馏段操作线方程式(4.27)由 x_1 求得 y_2,即

$$y_2 = \frac{R}{R+1}x_1 + \frac{x_D}{R+1}$$

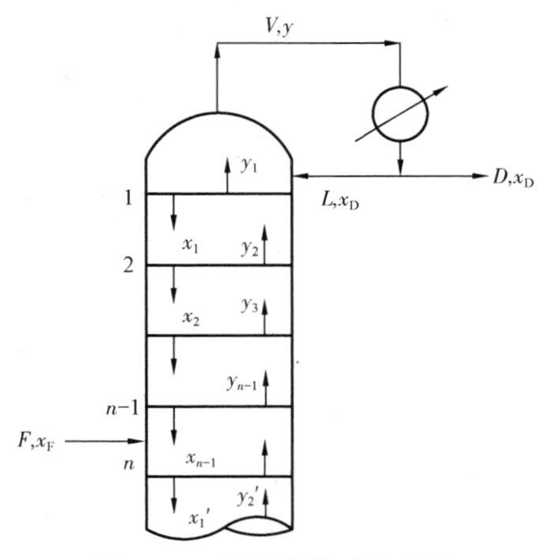

图4.16 逐板计算法示意图

同理,利用相平衡关系由 y_2 求 x_2,再利用操作关系由 x_2 求 y_3。如此重复,直至计算到 $x_n \leq x_q$ 时(x_q 为两操作线交点的横坐标),则第 n 层板是进料板,该板属于提馏段,因此精馏段所

需理论板层数为 $n-1$ 层。

采用类似的方法求提馏段的理论塔板数，从进料板往下，交替利用相平衡方程和提馏段操作线方程继续计算。用式(4.36)由 x_n 求得 y_{n+1}，再利用气液平衡方程由 y_{n+1} 求 x_{n+1}。如此重复计算到 $x_m \leqslant x_W$ 为止。由于一般再沸器内气液两相为平衡关系，所以再沸器相当于一层理论板，故提馏段所需理论板层数为 $m-n$ 层。

应予注意，在计算过程中，每使用一次气液相平衡方程，即表示需要一层理论板。

上述计算过程可通过计算机快速、准确完成。

【例 4.7】 在常压下将含苯 45% 的苯—甲苯混合液连续精馏。要求馏出液中含苯 96%，釜残液中含苯不超过 6.0%（以上组成皆为摩尔分数）。选用进料热状况参数为 1.1 的冷液进料，塔顶为全凝器，泡点回流，回流比为 4.8。试用逐板法计算所需理论板层数。已知常压下苯—甲苯混合液的平均相对挥发度为 2.46。

解：(1) 苯—甲苯气液相平衡方程为

$$y = \frac{2.46x}{1+(2.46-1)x} \tag{a}$$

(2) 建立两段操作线方程并确定交点坐标。以进料 $F=100$(kmol/h) 为基准，得

$$F = D + W = 100 \tag{b}$$

$$Fx_F = Dx_D + Wx_W$$

$$100 \times 0.45 = 0.96D + 0.06W \tag{c}$$

联立式(b)和式(c)，得

$$D = 43.33\text{(kmol/h)}$$

$$W = 56.67\text{(kmol/h)}$$

精馏段操作线方程

$$y_{n+1} = \frac{R}{R+1}x_n + \frac{x_D}{R+1} = \frac{4.8}{4.8+1}x_n + \frac{0.96}{4.8+1}$$

$$= 0.8276x_n + 0.1655 \tag{d}$$

已知 $q=1.1$，则

$$L' = L + qF = RD + qF = 4.8 \times 43.33 + 1.1 \times 100 = 317.98\text{(kmol/h)}$$

$$V' = V + (q-1)F = (R+1)D + (q-1)F = 5.8 \times 43.33 + 0.1 \times 100 = 261.31\text{(kmol/h)}$$

提馏段操作线方程

$$y'_{m+1} = \frac{L'}{V'}x'_m - \frac{Wx_W}{V'}$$

$$= \frac{317.98}{261.31}x'_m - \frac{56.67 \times 0.06}{261.31} = 1.2169x'_m - 0.0130 \tag{e}$$

联立两段操作线方程式(d)和式(e),得两操作线交点坐标

$$x_q = 0.4585, \quad y_q = 0.5449$$

(3)逐板计算气液相组成。由于采用全凝器,泡点回流,故

$$y_1 = x_D = 0.96$$

由气液平衡方程式(a)计算从第1层板下降的液体组成

$$y_1 = \frac{2.46x_1}{1 + (2.46 - 1)x_1} = 0.96$$

解得

$$x_1 = 0.907$$

由精馏段操作线方程式(d)得第2层板上升蒸气组成

$$y_2 = 0.8276x_1 + 0.1655 = 0.8276 \times 0.907 + 0.1655 = 0.9161$$

再由气液相平衡方程式(a)计算第2层板下降的液体组成

$$y_2 = \frac{2.46x_2}{1 + (2.46 - 1)x_2} = 0.916$$

解得

$$x_2 = 0.816$$

按以上步骤反复交替使用相平衡方程式(a)和精馏段操作线方程式(d)计算可得

$$y_3 = 0.841, \quad x_3 = 0.683$$

$$y_4 = 0.731, \quad x_4 = 0.525$$

$$y_5 = 0.600, \quad x_5 = 0.379 < x_q$$

所以,第5层板为加料板,故自第6层板开始起改用提馏段操作线方程式(e)和相平衡方程式(a)计算,得第6层板上升的气相组成

$$y_6 = 1.2169x_5 - 0.013 = 0.448$$

由

$$y_6 = \frac{2.46x_6}{1 + (2.46 - 1)x_6} = 0.448$$

解得

$$x_6 = 0.248$$

按以上步骤反复交替使用相平衡方程式(a)和提馏段操作线方程式(e)计算可得

$$y_7 = 0.289, \quad x_7 = 0.142$$

$$y_8 = 0.160, \quad x_8 = 0.072$$

$$y_9 = 0.075, \quad x_9 = 0.032 < x_W$$

所以,共需9个平衡级。扣除塔底再沸器后,塔内理论板数为9 - 1 = 8,其中精馏段4层,提馏段4层。

4.4.4.2 图解法(M－T 法)

图解法求理论板数的依据与逐板法计算完全相同,仍然是交替使用相平衡关系和操作关系,只不过是用相平衡曲线和操作线分别代替相平衡方程和操作线方程,使数字运算简化为直观形象的图解过程。

参照图 4.17 将图解法求理论板层数的步骤说明如下:

(1)依两相平衡数据在直角坐标图上绘出相平衡曲线及对角线 $y=x$。

(2)在 x 轴上作垂线 $x=x_D$ 与对角线相交于 a 点,按截距$\frac{x_D}{R+1}$在 y 轴上定出 b 点。连接 ab 两点,得精馏段操作线。

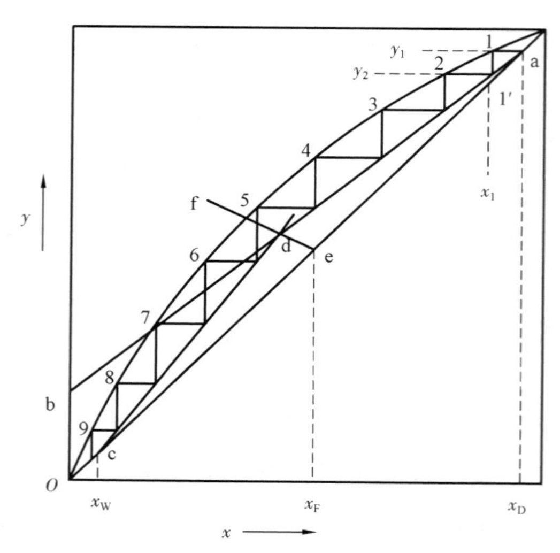

图 4.17 求理论板层数的图解法

(3)在 x 轴上作垂线 $x=x_F$ 与对角线相交于 e 点,从 e 点出发按斜率$\frac{q}{q-1}$绘出 q 线,与精馏段操作线 ab 交于 d 点。d 点的坐标为(x_q,y_q)。

(4)在 x 轴上作垂线 $x=x_W$ 与对角线相交于 c 点,连接 cd 两点得提馏段操作线。

(5)从 a 点开始,在精馏段操作线与平衡线之间绘梯级。当梯级跨过 d 点时,则改在提馏段操作线与平衡线之间绘梯级,直到某个梯级跨过点 c 为止。图中每一个梯级代表 1 层理论板,梯级总数即为理论板总层数。

以图 4.17 中梯级 a—1—1′为例说明,水平线 1—a 表示经过第 1 层塔板后液相组成自 x_D 减小到 x_1,垂直线 1—1′表示经第 1 层塔板后气相组成自 y_2 增加到 y_1。x_1 及 y_1 为离开第 1 层理论板的液、气相组成,对应相平衡线上的点 1。所以梯级 a—1—1′代表 1 层理论板。依次类推,梯级总数为 9,表示共需 9 层理论板。第 5 层跨过点 d,为加料板,故精馏段有 4 层理论板。由于再沸器内气液两相可视为平衡,相当于最下一层理论板,因此提馏段的理论板为 4 层(不包括再沸器)。

4.4.4.3 适宜的进料位置

当分离要求一定时,用逐板计算法求理论板层数,计算到 $x \leqslant x_q$ 时即为适宜的加料位置。而在图解法中,跨过两操作线交点的梯级即代表适宜的加料板,按上述方法选择进料板位置,可以使所需的总理论板层数为最少。

现以图解法为例说明。若梯级已跨过两操作线交点 d,不更换操作线,而仍在精馏段操作线和平衡线之间绘梯级,则所得总理论板数较正确的画法为多,如图 4.18(a)所示。反之,如梯级还没有跨过交点 d,而过早地更换操作线,也同样会使总理论板数增多,如图 4.18(b)所示。由此可见,只有当梯级跨过两段操作线交点 d 以后,立即更换操作线作图,所确定的加料位置才为适宜的进料位置,如图 4.18(c)所示选在第 5 层。

应予指出,上述两种理论板层数的确定方法,都是基于恒摩尔流的假设。这个假设能成立的主要条件是混合液中各组分的摩尔汽化潜热相等或接近。

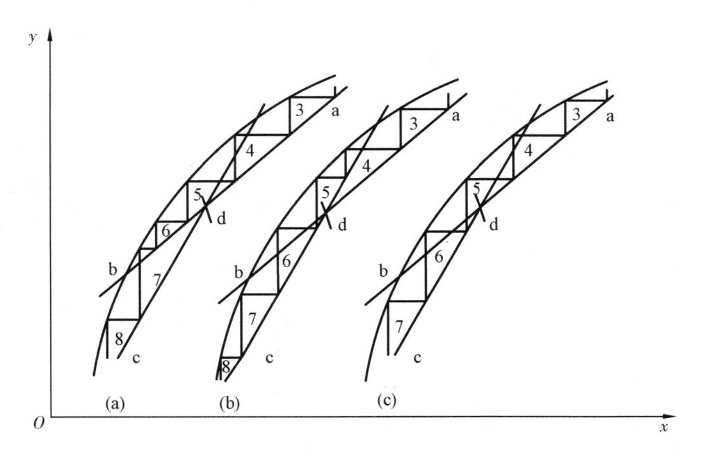

图 4.18　适宜进料的位置

【例 4.8】　在一常压操作的连续精馏塔中，分离含苯为 0.412（摩尔分数，下同）的苯—甲苯混合液，要求塔顶产品中含苯不低于 0.98，塔底产品中含苯不高于 0.021。操作回流比为 2.8。已知操作条件下苯的汽化热为 394kJ/kg，甲苯的汽化热为 362kJ/kg。试用图解法求以下两种进料情况时的理论板层数及加料板位置：（1）原料液为 20℃ 的冷液体；（2）原料为饱和蒸气。

苯—甲苯混合液的气液平衡数据及 $t-x-y$ 图见例 4.3 和图 4.1。

解：（1）温度为 20℃ 的冷液进料。

① 利用平衡数据，在直角坐标图上绘平衡曲线及对角线，如图 4.19 所示。在图的对角线上定出点 a（x_D，x_D）、点 e（x_F，x_F）和点 c（x_W，x_W）。

② 由精馏段操作线截距 $=\dfrac{x_D}{R+1}=\dfrac{0.98}{2.8+1}=0.258$，在 y 轴上定出点 b。连接 ab，即得到精馏段操作线。

③ 由例 4.6 知，20℃ 时，组成为 0.412 的冷液进料的 q 值为 1.38。

$$\frac{q}{q-1}=\frac{1.38}{1.38-1}=3.63$$

从 e 点作斜率为 3.63 的直线，即得 q 线。q 线与精馏段操作线交于点 d。

④ 连接 cd，即为提馏段操作线。

⑤ 自点 a 开始在操作线和平衡线之间绘梯级，图解得理论板层数为 12（包括再沸器），自塔顶往下数第六层为加料板，如图 4.19 所示。

（2）饱和蒸气进料时，$q=0$。

① 与上述（1）相同。

② 与上述（2）项相同。结果如图 4.20 所示。

③ 过点 e 作斜率为 0 的直线，即得 q 线。q 线与精馏段操作线交于点 d。

④ 连接 cd，即为提馏段操作线。

⑤ 按上述方法图解得理论板层数为 13（包括再沸器），自塔顶往下的第 7 层为加料板，如图 4.20 所示。

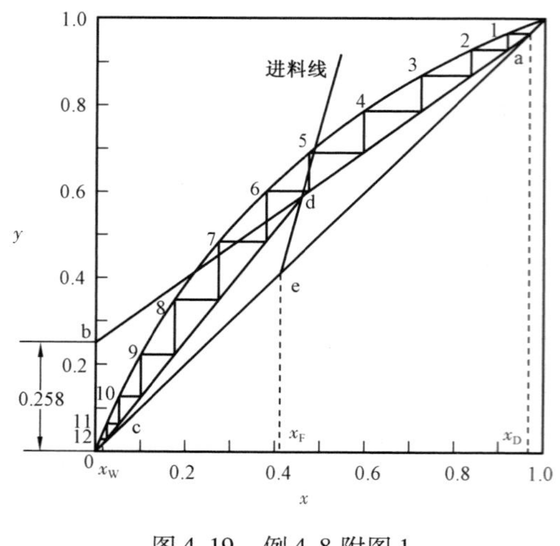

图 4.19　例 4.8 附图 1

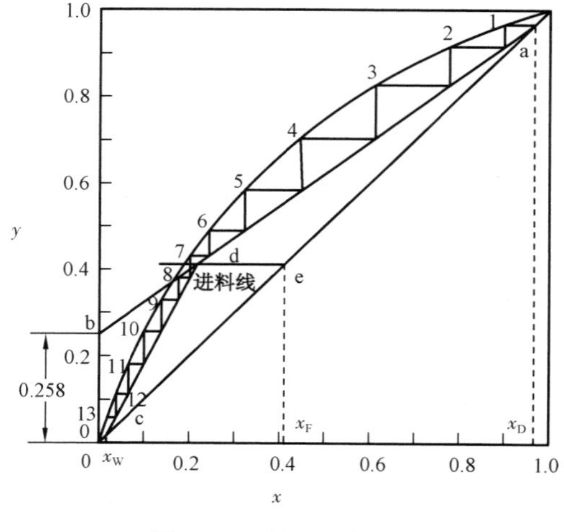

图 4.20　例 4.8 附图 2

由计算结果可知，对一定的分离任务和要求，若进料热状况不同，所需的理论板层数和加料板的位置均不相同。冷液进料较饱和蒸气进料所需的理论板层数少，是因为精馏塔内循环量增大、从而使传质推动力增大的缘故。

4.4.5　实际塔板数和板效率

精馏时，塔板上的传质过程十分复杂，由于两相接触的时间和面积有限，气液两相不可能达到相平衡。所以在相同分离要求下，精馏塔实际所需塔板数必然比理论塔板数多。若已知**全塔效率** E_T 和理论塔板数 N_T（不包括再沸器），则可由下式计算所需的实际塔板数 N_P，即

$$N_P = \frac{N_T}{E_T} \tag{4.39}$$

全塔效率又称**总板效率**。由于影响总板效率的因素很多，很复杂，到目前为止，主要根据经验公式或实测数据来估算总板效率 E_T。双组分混合物总板效率大约在 0.5 ~ 0.7 之间。奥康内尔收集了几十个工业精馏塔的总板效率数据，并以相对挥发度和进料组成下液体黏度的乘积 $\alpha\mu_L$ 为变量进行关联，得到如下关联式

$$E_T = 0.49(\alpha\mu_L)^{-0.245} \tag{4.40}$$

$$\mu_L = \sum \mu_{Li} x_i$$

式中　μ_{Li}——组分 i 的液相黏度，mPa · s；

x_i——进料中组分 i 的摩尔分数；

α 和 μ_{Li} 均以塔顶、塔底的平均温度计。

此法适用于 $\alpha\mu_L = 0.1 \sim 7.5$、且塔板上液流长度≤1.0m 的一般工业塔。

总板效率虽然反映了全塔平均分离性能，使设计变得方便，但它不能反映塔内某一实际塔板的分离效率。每一层塔板的效率常用**单板效率**又称**默弗里效率**，用 E_M 来表示。它是指气相或液相组成经过某层塔板前后的实际组成变化量与理论组成变化量的比值。

气相默弗里效率

$$E_{MV(n)} = \frac{y_n - y_{n+1}}{y_n^* - y_{n+1}} \tag{4.41}$$

式中　$E_{MV(n)}$——第 n 层塔板的气相默弗里效率；

y_{n+1}——进入第 n 层塔板的气相摩尔分数；

y_n——离开第 n 层塔板的气相摩尔分数；

y_n^*——与离开第 n 层塔板液相组成 x_n 相平衡的气相摩尔分数。

液相默弗里效率

$$E_{ML(n)} = \frac{x_{n-1} - x_n}{x_{n-1} - x_n^*} \tag{4.42}$$

式中　$E_{ML(n)}$——第 n 层塔板的液相默弗里效率；

x_{n-1}——进入第 n 层塔板的液相摩尔分数；

x_n——离开第 n 层塔板的液相摩尔分数；

x_n^*——与离开第 n 层塔板气相组成 y_n 相平衡的液相摩尔分数。

单板效率主要用于研究工作，其值可通过实验测定。

【例 4.9】　精馏分离二元理想混合液，已知回流比 R 为 3，相对挥发度 α 为 2.5，塔顶馏出液组成为 0.96（摩尔分数，下同），测得精馏段的第 3、4 层板的液相组成分别为 0.45 和 0.4，求第 4 层板的气相默弗里效率和液相默弗里效率。

解：由精馏段操作线方程得

$$y_4 = \frac{R}{R+1}x_3 + \frac{x_D}{R+1} = \frac{3}{4} \times 0.45 + \frac{0.96}{4} = 0.578$$

$$y_5 = \frac{3}{4} \times 0.4 + \frac{0.96}{4} = 0.54$$

$$y_4^* = \frac{\alpha x_4}{1 + (\alpha - 1)x_4} = \frac{2.5 \times 0.4}{1 + 15 \times 0.4} = 0.625$$

所以

$$E_{MV4} = \frac{y_4 - y_5}{y_4^* - y_5} = \frac{0.578 - 0.54}{0.625 - 0.54} = 44.71\%$$

再由相平衡方程

$$y_4 = \frac{\alpha x_4^*}{1 + (\alpha - 1)x_1^*} = \frac{2.5x_4^*}{1 + 1.5x_4}$$

求得

$$x_4^* = 0.354$$

$$E_{ML4} = \frac{x_3 - x_4}{x_3 - x_4^*} = \frac{0.45 - 0.4}{0.45 - 0.354} = 52.08\%$$

可见，同一层板的气、液相板效率是不同的。

4.4.6　回流比的选择

如前所述，回流是保证精馏塔连续稳定操作的必要条件之一。当回流比 R 增加时，两段操作线的交点沿 q 线移向对角线，因而所需的理论板数减少，使得设备费用下降。当产品流率不变时，R 的提高意味着两段气相流率 V 和 V' 同时增大，从而加大了塔顶冷凝器和塔底再沸器的热负荷，增加了能耗，使得操作费用提高。所以对设计型计算而言，回流比的选择需兼顾操作费和设备费两方面，使总费用最小化。

为方便分析，先讨论回流比的极限情况。从回流比定义 $R=L/D$ 可知，R 的变化范围可从0到无限大，前者对应无回流，后者对应全回流，这是回流的两种极限状态。

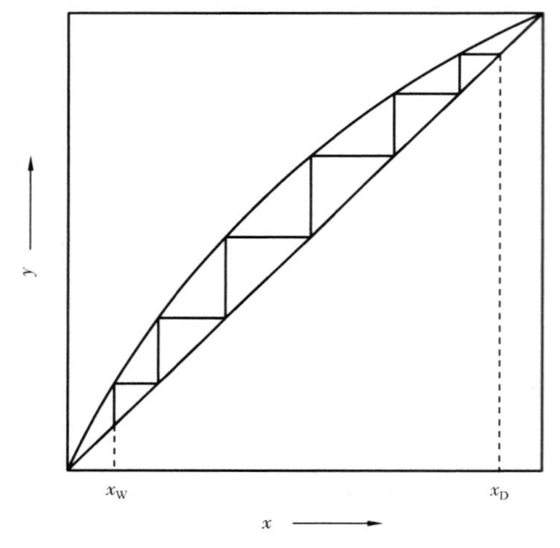

图4.21　全回流时的理论板数

4.4.6.1　全回流与最少理论塔板数

若塔顶上升的蒸气经冷凝后全部回流至塔内，称为**全回流**。全回流时精馏塔不加料也不出料，无精馏段和提馏段之分，在 $x-y$ 坐标上，精馏段和提馏段操作线均与对角线重合，即任意两板之间上升蒸气的组成与下降液体的组成相同。此时达到指定分离程度所需的理论板数最少，如图4.21所示。全回流时的回流比为

$$R=\frac{L}{D}=\frac{L}{0}=\infty$$

全回流时的理论塔板数可按逐板计算法或图解法求出。若为理想溶液时，还可用下述解析法计算。

设塔顶为全凝器，塔板序号由塔顶往下排列，塔釜为第 N 层板。当全回流时，如前所述，两段操作线方程均可简化为同一方程

$$y_{n+1}=x_n \tag{4.43}$$

对双组分精馏，则式(4.43)可写为

$$(y_A)_{n+1}=(x_A)_n, \quad (y_B)_{n+1}=(x_B)_n$$

两式相比得

$$\left(\frac{y_A}{y_B}\right)_{n+1}=\left(\frac{x_A}{x_B}\right)_n \tag{4.44}$$

根据相对挥发度定义式(4.19a)可得

$$\left(\frac{x_A}{x_B}\right)_n=\frac{1}{\alpha_n}\left(\frac{y_A}{y_B}\right)_n$$

其中，α_n 为第 n 层板的相对挥发度。

因塔顶采用全凝器，则 $y_1=x_D$ 或 $\left(\frac{y_A}{y_B}\right)_1=\left(\frac{x_A}{x_B}\right)_D$，则

第1层板
$$\left(\frac{x_A}{x_B}\right)_1=\frac{1}{\alpha_1}\left(\frac{y_A}{y_B}\right)_1=\frac{1}{\alpha_1}\left(\frac{x_A}{x_B}\right)_D$$

第2层板
$$\left(\frac{y_A}{y_B}\right)_2=\left(\frac{x_A}{x_B}\right)_1=\frac{1}{\alpha_1}\left(\frac{x_A}{x_B}\right)_D$$

$$\left(\frac{x_A}{x_B}\right)_2=\frac{1}{\alpha_2}\left(\frac{y_A}{y_B}\right)_2=\frac{1}{\alpha_1\alpha_2}\left(\frac{x_A}{x_B}\right)_D$$

$$\vdots \qquad \vdots \qquad \vdots$$

第 N 层板(再沸器)
$$\left(\frac{x_A}{x_B}\right)_N = \frac{1}{\alpha_1\alpha_2\cdots\alpha_N}\left(\frac{x_A}{x_B}\right)_D$$

当 $\left(\frac{x_A}{x_B}\right)_N \leqslant \left(\frac{x_A}{x_B}\right)_W$ 时,$N-1$ 即为全回流时塔内所需的最少理论塔板数,记为 N_{min}。

若取全塔平均相对挥发度

$$\alpha_m = \sqrt[N]{\alpha_1\alpha_2\cdots\alpha_N}$$

代替各板上的相对挥发度,则变为

$$\left(\frac{x_A}{x_B}\right)_D = \alpha_m^N\left(\frac{x_A}{x_B}\right)_W$$

解出
$$N_{min} + 1 = \frac{\lg\left[\left(\frac{x_A}{x_B}\right)_D\left(\frac{x_B}{x_A}\right)_W\right]}{\lg\alpha_m} \tag{4.45}$$

当塔顶、塔底相对挥发度相差不太大时,式中 α_m 可近似取塔顶和塔底相对挥发度的几何平均值,即

$$\alpha_m = \sqrt{\alpha_D\alpha_W}$$

对于双组分物系,式(4.45)可略去下标写为

$$N_{min} + 1 = \frac{\lg\left[\left(\frac{x_D}{1-x_D}\right)\left(\frac{1-x_W}{x_W}\right)\right]}{\lg\alpha_m} \tag{4.46}$$

式(4.45)和式(4.46)均称为**芬斯克方程**。

全回流是回流比 R 的上限,由于操作时无产品,正常生产时不会采用,只在开工阶段及实验研究时采用,以便于过程的稳定和控制。

4.4.6.2 最小回流比 R_{min}

设计计算时,当分离要求一定,若选用较小回流比,两操作线的交点将沿 q 线向平衡曲线方向移动,所需理论板数随之增多。当回流比减至某一数值时,两操作线的交点 d 落在平衡曲线上,如图 4.22 所示,此时即使理论板数为无穷多,d 点前后各板之间的两相组成也基本不改变,即不起分离作用。故该区称**恒浓区**(或称**夹紧区**),d 点称为**夹紧点**。用作图法绘理论板的梯级,将需无限多才能到达 d 点,此时的回流比即为最小回流比,以 R_{min} 表示。

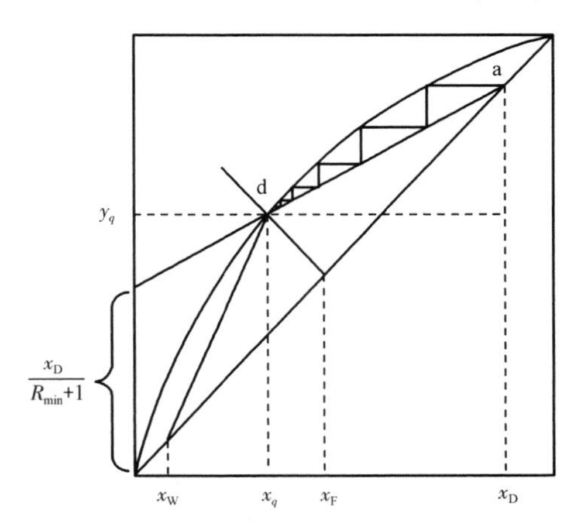

图 4.22 最小回流比

设交点 d 的坐标为(y_q,x_q),则最小回流比的数值可由 ad 线的斜率

$$\frac{R_{min}}{R_{min}+1} = \frac{x_D - y_q}{x_D - x_q}$$

解出
$$R_{min} = \frac{x_D - y_q}{y_q - x_q} \tag{4.47}$$

其中,y_q、x_q 的值可由 $x-y$ 图中读出,亦可用相平衡方程和 q 线方程联立解得。

上述求 $R_{\min}$ 的方法仅适用于如图 4.22 所示形状的平衡曲线。

对于某些形状特殊的非理想体系的平衡曲线，如图 4.23 所示，当回流比 R 减少时，虽然两操作线的交点尚未和平衡曲线相交，但一条操作线已和平衡曲线相切于 e 点。此时 e 点则成为夹紧点，可先求解出此时两操作线的交点坐标 d(y_q, x_q)，再用式(4.47)求出 $R_{\min}$ 值。

应注意，$R_{\min}$ 既与物系的相平衡有关，也与规定的分离要求 x_D、x_W 有关。对于指定的物系，$R_{\min}$ 只取决于混合物的分离要求（x_D、x_W），故 $R_{\min}$ 是设计型计算中特有的问题。离开指定分离要求，也就不存在最小回流比的问题。

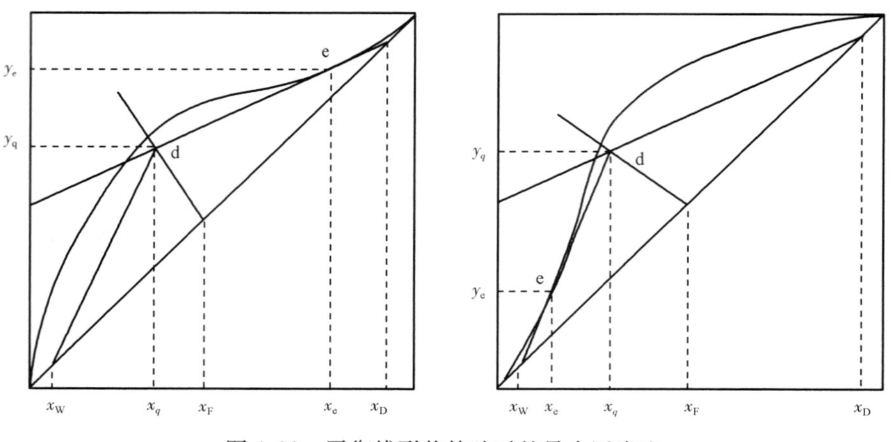

图 4.23　平衡线形状特殊时的最小回流比

4.4.6.3　适宜回流比的选择

显然，实际回流比只能介于全回流和最小回流比之间，适宜的回流比应通过经济衡算决定。

用最小回流比操作需无穷多块塔板，实际生产显然不可能采用。增大回流比可减少所需理论塔板数，使设备费用明显下降，如图 4.24 所示。但随回流比的增大，理论板数减少趋缓，而塔径以及塔顶冷凝器、塔底再沸器的传热面积随 R 的增大开始起主导作用，从而使设备费用在达到最小值后开始上升。操作费用主要取决于再沸器加热介质的消耗量及塔顶冷凝器中冷却介质的消耗量，而这两者都随回流比的增大而增大。由图 4.25 可见，总费用是由设备费用和操作费用两种影响因素共同决定的，总费用曲线最低点所对应的回流比即为最适宜的回流比，因其准确值较难确定，初步设计时可参考经验数据，一般取

$$R = (1.1 \sim 2.0)R_{\min} \tag{4.48}$$

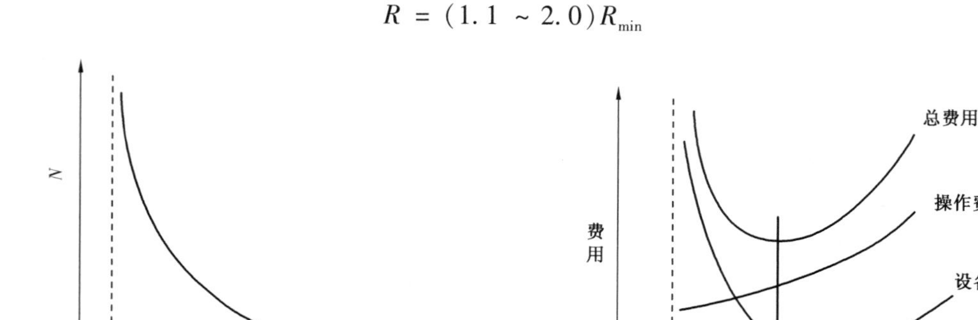

图 4.24　回流比与理论塔板数的关系

图 4.25　回流比对精馏费用的影响

【例 4.10】 根据例 4.7 的数据，若实际回流比为最小回流比的 1.5 倍，分别求饱和液体进料和气液等摩尔混合进料两种情况时的实际回流比。

解：由例 4.7 知

$$x_D = 0.96,\quad x_F = 0.45,\quad \alpha = 2.46$$

(1)饱和液体进料时

$$x_q = x_F = 0.45$$

而
$$y_q = \frac{\alpha x_q}{1+(\alpha-1)x_q} = \frac{2.46\times 0.45}{1+(2.46-1)\times 0.45} = 0.67$$

则
$$R_{min} = \frac{x_D - y_q}{y_q - x_q} = \frac{0.96-0.67}{0.67-0.45} = 1.32$$

$$R = 1.5R_{min} = 1.5\times 1.32 = 1.98$$

(2)气液混合进料时

$$q = 0.5$$

由
$$y = \frac{\alpha x}{1+(\alpha-1)x} = \frac{2.46x}{1+1.46x}$$

$$y = \frac{q}{q-1}x - \frac{x_F}{q-1} = -x+0.9 \tag{a}$$

联立(a)、(b) 两式得
$$1.46x^2 + 2.146x - 0.9 = 0 \tag{b}$$

$$x = \frac{-2.146 \pm \sqrt{2.146^2 + 4\times 1.46\times 0.9}}{2\times 1.46} = 0.34(\text{取正值})$$

$$y = 0.56$$

即交点坐标
$$x_q = 0.34,\quad y_q = 0.56$$

所以
$$R_{min} = \frac{0.96-0.56}{0.56-0.34} = 1.82$$

$$R = 1.5R_{min} = 1.5\times 1.82 = 2.73$$

结果表明，当分离的物系和分离要求相同时，最小回流比将随进料热状况的不同而改变。

4.4.7 捷算法求理论板数

除逐板计算法和图解法外，还可采用捷算法求得理论板数。此法是借助经验关联图，对指定分离任务所需要的理论板数作出快速估算。捷算法虽准确性稍差，但因快捷简便，目前仍广泛应用于初步设计中。

常用的吉利兰关联，是对八种物系在不同的精馏条件下取得的数据进行整理后得到的。如图 4.26 所示，吉利兰图描述了最小回流比 R_{min}、操作回流比 R、最少理论板数 N_{min}(不包括再

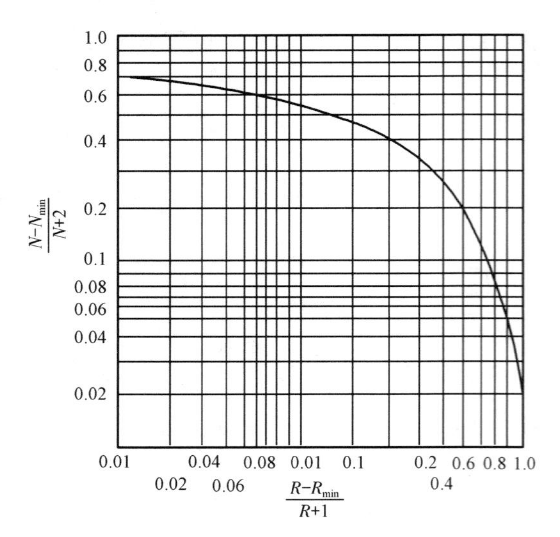

图 4.26　吉利兰关联图

沸器）和所需理论板数 N（不包括再沸器）四者之间的近似定量关系。$N_{\min}$ 可由芬斯克方程式式（4.45）求出。图 4.26 中曲线可近似表示为

$$Y = 0.545\ 827 - 0.591\ 422X + 0.002\ 743/X \tag{4.49}$$

其中　$X = \dfrac{R - R_{\min}}{R + 1}$，　$Y = \dfrac{N - N_{\min}}{N + 2}$

式（4.49）的适用条件为 $0.01 < X < 0.9$。

【例 4.11】　用吉利兰关联图重算例 4.7 中冷液进料时所需的理论板数。

解：由例 4.7 中已知 $x_F = 0.45, x_D = 0.96, x_W = 0.06, R = 4.8, \alpha_m = 2.46$。

（1）最少理论板数 $N_{\min}$ 依式（4.45）得

$$N_{\min} = \frac{\lg\left[\left(\frac{0.96}{0.04}\right)\left(\frac{0.94}{0.06}\right)\right]}{\lg 2.46} - 1 = \frac{2.575}{0.391} - 1 = 5.586$$

（2）最小回流比 $R_{\min}$。当 $q = 1.1$ 时

$$y_q = \frac{q}{q-1}x_q - \frac{x_F}{q-1} = \frac{1.1}{0.1}x_q - \frac{0.45}{0.1} = 11x_q - 4.5 \tag{a}$$

$$y_q = \frac{\alpha x_q}{1 + (\alpha - 1)x_q} = \frac{2.46x_q}{1 + 1.46x_q} \tag{b}$$

联立（a）、（b）两式解得　　$x_q = 0.472$，　$y_q = 0.687$

得　　$$R_{\min} = \frac{x_D - y_q}{y_q - x_q} = \frac{0.96 - 0.687}{0.687 - 0.472} = 1.270$$

（3）应用吉利兰图求所需理论板数 N

$$X = \frac{R - R_{\min}}{R + 1} = \frac{4.8 - 1.270}{5.8} = 0.609$$

依横坐标数值 0.609 查图 4.26 得纵坐标数值为 0.19，即

$$Y = \frac{N - N_{\min}}{N + 2} = 0.198$$

故　　$$N = 7.46$$

以上所得结果与例 4.7 中逐板计算所得的理论板数接近。

4.4.8　精馏塔的热量衡算

通过对精馏塔作全塔的热量衡算，可以确定塔顶冷凝器所需冷却介质用量及塔底再沸器所需加热蒸气消耗量。

4.4.8.1　塔顶冷凝器的热负荷

对图 4.27(a)所示的全凝器作热量衡算,以单位时间为基准,并忽略热损失,则

$$Q_c = V(I_{VD} - I_{LD}) \tag{4.50}$$

式中　Q_c——全凝器的热负荷,kJ/h;

I_{VD}——塔顶蒸气的焓,kJ/kmol;

I_{LD}——塔顶馏出液的焓,kJ/kmol。

由热平衡方程

$$Q_c = W_c c_{pc}(t_2 - t_1)$$

可得冷却介质消耗量为

$$W_c = \frac{Q_c}{c_{pc}(t_2 - t_1)} \tag{4.51}$$

式中　W_c——冷却介质消耗量,kg/h;

c_{pc}——冷却介质的比定压热容,kJ/(kg·℃);

t_1, t_2——冷却介质的进、出口温度,℃。

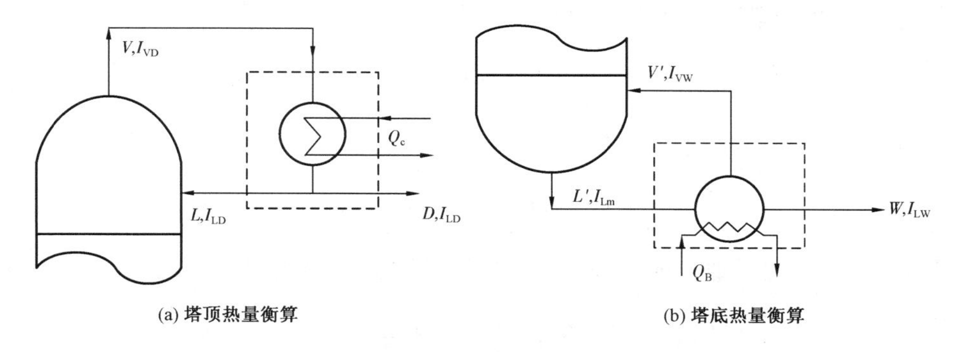

图 4.27　精馏塔热量衡算

4.4.8.2　塔底再沸器的热负荷

对图 4.27(b)所示的再沸器作热量衡算,以单位时间为基准,则

$$Q_B = V'I_{VW} + WI_{LW} - L'I_{Lm} + Q_L \tag{4.52}$$

式中　Q_B——再沸器的热负荷,kJ/h;

Q_L——再沸器的热损失,kJ/h;

I_{VW}——再沸器中上升蒸气的焓,kJ/kmol;

I_{LW}——釜残液的焓,kJ/kmol;

I_{Lm}——提馏段底层塔板下降液体的焓,kJ/kmol。

若近似取 $I_{LW} = I_{Lm}$,且因 $V' = L' - W$,则

$$Q_B = V'(I_{VW} - I_{LW}) + Q_L$$

再由热平衡方程　　$Q_B = W_h(I_{B1} - I_{B2})$

可得加热介质消耗量为

$$W_h = \frac{Q_B}{I_{B1} - I_{B2}} \tag{4.53}$$

式中　W_h——加热介质消耗量，kg/h；

I_{B1}，I_{B2}——加热介质进、出再沸器的焓，kJ/kg。

若再沸器用饱和蒸气加热，且冷凝液在饱和温度下排出，则加热蒸气消耗量可按下式计算

$$W_h = \frac{Q_B}{r} \tag{4.54}$$

式中　r——加热蒸气的冷凝热，kJ/kg。

应予指出，再沸器的热负荷也可通过全塔的热量衡算求得。

【例4.12】　按例4.4中的原料状况和分离要求进行精馏。进料为泡点进料，回流比为2.2，用于再沸器的加热蒸气绝压为200kPa，冷凝液在饱和温度下排出，冷却水进、出塔顶全凝器的温度为25℃和35℃。求：(1)塔顶全凝器热负荷和冷却水用量；(2)塔底再沸器热负荷和加热蒸气用量。再沸器和冷凝器的热损失均可忽略。

解：由例4.4知 $D = 81.7$kmol/h，$W = 104.8$kmol/h。

泡点进料时，精馏段和提馏段上升蒸气量相同

$$V' = V = (R+1)D = (2.2+1) \times 81.7 = 261.44(\text{kmol/h})$$

(1)塔顶全凝器热负荷和冷却水用量

$$Q_c = V(I_{VD} - I_{LD}) = Vr$$

塔顶馏出液的焓可近似按纯苯计算，查常压下苯的汽化焓为394kJ/kg，则

$$Q_c = VM_A r_A = 261.44 \times 78 \times 394 = 8.035 \times 10^6(\text{kJ/h})$$

查得 $t_m = \frac{25+35}{2} = 30$(℃)时水的 $c_p = 4.17$kJ/(kg·℃)，冷却水用量为

$$W_c = \frac{Q_c}{c_{pc}(t_2 - t_1)} = \frac{8.035 \times 10^6}{4.174 \times (35 - 25)} = 1.925 \times 10^5(\text{kg/h})$$

(2)塔底再沸器热负荷和加热蒸气用量

$$Q_B = V'(I_{VW} - I_{LW}) + Q_L$$

塔底釜残液的焓可近似按纯甲苯计算，查常压下甲苯的汽化焓为362kJ/kg，则

$$Q_B = V'M_B r_B = 261.44 \times 92 \times 362 = 8.707 \times 10^6(\text{kJ/h})$$

查得 $P = 200$kPa时，水的汽化焓 $r = 2205$kJ/kg，加热蒸气用量为

$$W_h = \frac{Q_B}{r} = \frac{8.707 \times 10^6}{2205} = 3948(\text{kg/h})$$

4.4.9 精馏过程的其他方式

4.4.9.1 直接蒸气加热

当物系为易挥发组分与水的混合液时,常将水蒸气直接通入塔底而省去再沸器。

如图 4.28 所示,直接蒸气加热与间接蒸气加热的主要区别是提馏段多一股流量为 V_0 的水蒸气,故此时提馏段物料衡算变为

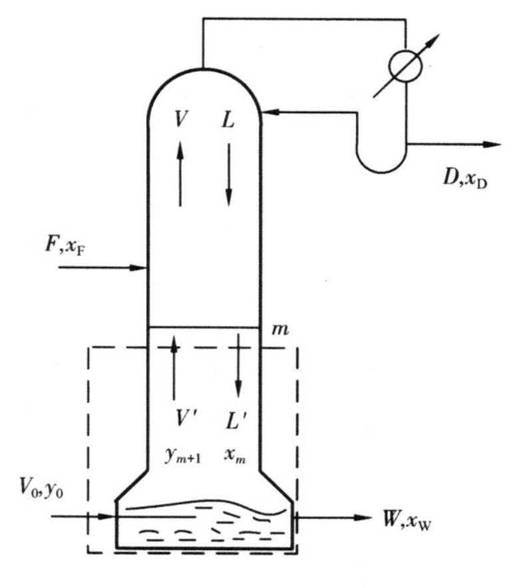

图 4.28 直接蒸气加热时提馏段的物料平衡

总物料 $L' + V_0 = V' + W$

易挥发组分 $V'y_{m+1} + Wx_W = L'x_m + V_0y_0$

式中 V_0——水蒸气流量,kmol/h;

y_0——水蒸气中的轻组分组成,通常 $y_0 = 0$。

由此可得与间接蒸气加热相似的提馏段操作线方程为

$$y_{m+1} = \frac{L'}{V'}x_m - \frac{Wx_W}{V'}$$

基于恒摩尔流的假定,直接蒸气加热时 $V' = V_0$,$L' = W$,操作线方程可改写为

$$y_{m+1} = \frac{L'}{V'}x_m - \frac{L'x_W}{V'} = \frac{L'}{V'}(x_m - x_W) \quad (4.55)$$

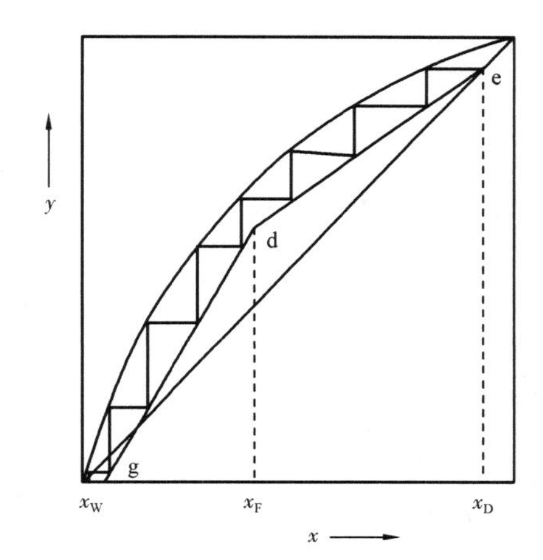

图 4.29 直接蒸气加热时理论板层数的图解法

与间接蒸气加热时的提馏段操作线方程 $y_{m+1} = \frac{L'}{V'}x_m - \frac{Wx_W}{V'}$对比,在 x_F、x_D、R、q 和回收率相同的条件下,可知两种方法的操作线和 q 线完全相同。在 $x-y$ 图中,直接蒸气加热的提馏段操作线另一端点在 g(x_W、0)处,而不是在点(x_W、x_W)处,如图 4.29 所示。此时与间接蒸气加热相比,直接蒸气加热釜液组成 x_W 将降低,其值可根据相应的物料衡算求得,这意味对提馏段提出了更高的分离要求,因而所需理论板数比间接蒸气加热时略有增多。

乙醇—水溶液的精馏塔常采用直接蒸气加热。

4.4.9.2 冷液回流

当入塔回流液温度低于泡点,称为冷液回流或冷回流,其计算方法与冷液进料相仿。当分离要求一定时,冷回流时为将回流液加热至泡点,要求塔下部多上升一部分蒸气至第一块板,从而使第二块板上升蒸气流量 V 和第一块板下降液体流量 L 均较泡点回流时增大,基于恒摩尔流的假定,后继各板的气、液相流量均应相同。其结

果是使塔内实际的回流比增加，所需的理论板数可较泡点回流略少，但由于实际回流量的增加，使塔釜提供的热量也要相应增大。

如图 4.30 和图 4.31 所示，类似于对进料板的处理方法，对第 1 板作物料衡算和热量衡算并定义回流液的热状况参数

$$q' = \frac{I^\circ - i^\circ}{r^\circ} \tag{4.56}$$

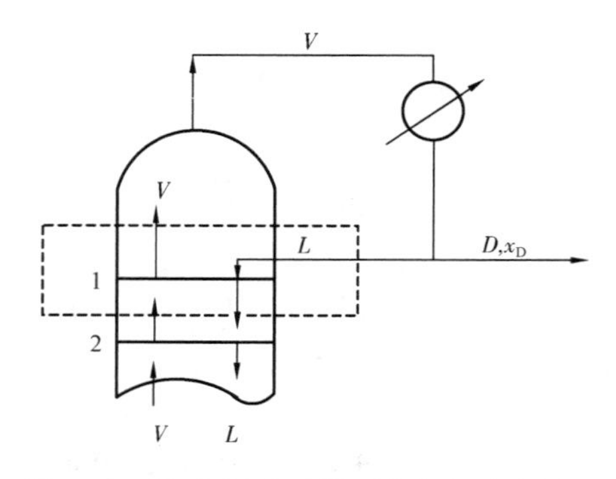

图 4.30　泡点回流时塔顶各板间流率关系

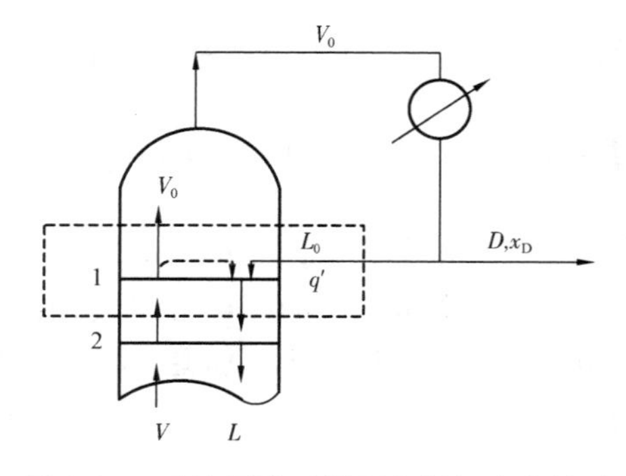

图 4.31　冷液回流时塔顶各板间流率关系

式中　q'——回流液的热状况参数；

I°——回流液组成下饱和蒸气的摩尔焓，kJ/kmol；

i°——回流液的摩尔焓，kJ/kmol；

r°——回流液的摩尔汽化焓，kJ/kmol。

则有

$$L = q'L_0 \tag{4.57}$$

$$V = V_0 + (q' - 1)L_0 \tag{4.58}$$

$$V_0 = L_0 + D$$

式中　V, L——塔内精馏段实际气、液相流量，kmol/h；

L_0——回流液量，kmol/h；

V_0——出塔蒸气流量，kmol/h；

令 $R' = \dfrac{L}{D}$ 为塔内的实际回流比，而原先规定的塔顶回流比 $R = \dfrac{L_0}{D}$，由式(4.57)可得 $R' = q'R$。

由物料衡算可知，若以 R' 代替 R，则冷回流时的操作线与泡点回流形式完全相同，故理论板的计算方法亦与泡点回流时相同。

【例 4.13】　用常压连续精馏塔分离苯—甲苯混合液。饱和液体进料，进料为 100kmol/h，其组成为 0.45(摩尔分数，下同)。馏出液组成为 0.9，釜残液组成为 0.1，回流比为 2。分别求以下两种情况时离开第一层板的液相流量和进入第一层板的气相流量：(1)温度为 83℃ 的泡点回流；(2)温度为 20℃ 的冷回流。已知该混合液平均比定压热容为 140kJ/(kmol·℃)，平均汽化焓为 3.2×10^4 kJ/kmol。

解：(1)泡点回流时，由全塔物料平衡得

$$F = D + W$$

$$Fx_F = Dx_D + Wx_W$$

$$D = \frac{F(x_F - x_W)}{x_D - x_W} = \frac{100(0.45 - 0.1)}{0.9 - 0.1} = 43.75(\text{kmol/h})$$

$$W = F - D = 100 - 43.75 = 56.25(\text{kmol/h})$$

离开第一层板 $L_1 = L = RD = 2 \times 43.75 = 87.5(\text{kmol/h})$

进入第一层板 $V_2 = V_1 = V = (R+1)D = 3 \times 43.75 = 131.25(\text{kmol/h})$

或 $V = L + D = 87.5 + 43.75 = 131.25(\text{kmol/h})$

(2)20℃冷回流时

$$q' = \frac{I^\circ - i^\circ}{r^\circ} = \frac{r^\circ + c_p(t_s - t)}{r^\circ} = \frac{3.2 \times 10^4 + 140 \times (83 - 20)}{3.2 \times 10^4} = 1.28$$

入塔回流液量 $L_0 = RD = 2 \times 43.75 = 87.5(\text{kmol/h})$

出塔蒸气量 $V_0 = L_0 + D = 87.5 + 43.75 = 131.25(\text{kmol/h})$

离开第一层板 $L_1 = L = q'L_0 = 1.28 \times 87.5 = 112(\text{kmol/h})$

进入第一层板 $V_2 = V = V_0 + (q' - 1)L_0$

$$= 131.25 + (1.28 - 1)87.5 = 155.75(\text{kmol/h})$$

或由物料衡算 $V_2 = V = V_0 + L - L_0 = L + (V_0 - L_0)$

$$= L + D = 155.75(\text{kmol/h})$$

结果说明,塔外回流比相同时,冷回流的塔内实际物料循环量大于泡点回流的情况,因而增大了传质推动力。

4.4.9.3 塔顶设分凝器

有时塔顶的冷凝系统,除全凝器外还增设分凝器,其流程如图4.32所示。塔顶上升蒸气先进入分凝器,其冷凝液作为回流,而未被冷凝的蒸气再进入全凝器冷凝后作为塔顶产品。由于分凝器中只进行部分冷凝的过程,气液两相呈平衡状态,因而分凝器相当于一层理论板,也起分离作用。该方法的特点是便于控制冷凝温度,但流程较复杂。

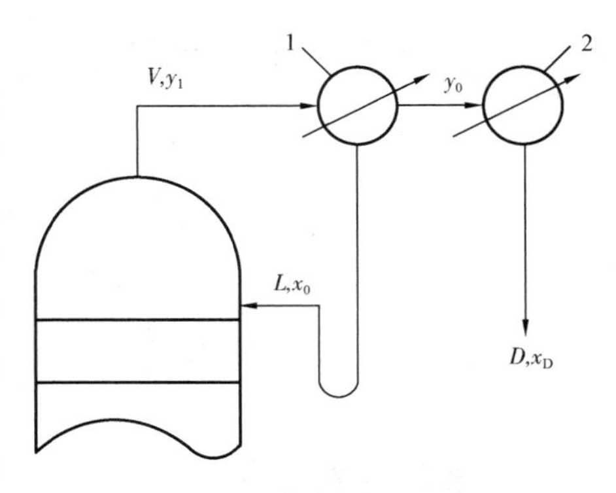

图4.32 带分凝器的流程

1—分凝器;2—全凝器

【例4.14】 在常压精馏塔分离双组分理想溶液。组成为0.5(摩尔分数,下同)的料液在泡点温度下加入塔内,料液的流量为100kmol/h。塔顶蒸气先在分凝器中部分冷凝至泡点回流,其组成为0.88,余下未冷凝部分经全凝器冷凝后作为产品,其组成为0.95。已测得离开塔顶第1层理论板的液相组成为0.796,塔顶轻组分回收率为96%,塔釜为间接蒸气加热。试求回流比和釜液组成。

解：已知 $x_F=0.5$，$x_D=0.95$，$x_0=0.88$，$x_1=0.796$。

因分凝器中未凝气组成

$$y_0 = x_D = 0.95$$

回流液组成 $$x_0 = 0.88$$

分凝器中气液呈平衡，由相平衡方程

$$y_0 = \frac{\alpha x_0}{1+(\alpha-1)x_0}$$

即 $$0.95 = \frac{\alpha \times 0.88}{1+(\alpha-1)\times 0.88}$$

解得 $$\alpha = 2.591$$

再由相平衡方程得

$$y_1 = \frac{\alpha x_1}{1+(\alpha-1)x_1} = \frac{2.591\times 0.796}{1+1.591\times 0.796} = 0.91$$

第1层板上升的气相与回流液为精馏段操作线关系，即

$$y_1 = \frac{R}{R+1}x_0 + \frac{x_D}{R+1}$$

$$0.91 = \frac{R}{R+1}0.88 + \frac{0.95}{R+1}$$

所以回流比 $$R = 1.11$$

由回收率得 $$D = \frac{\eta F x_F}{x_D} = \frac{0.96\times 100\times 0.5}{0.95} = 50.5(\mathrm{kmol/h})$$

$$W = F - D = 100 - 50.5 = 49.5(\mathrm{kmol/h})$$

由 $$Fx_F = Dx_D + Wx_W$$

得釜液组成 $$x_W = \frac{Fx_F - Dx_D}{W} = \frac{100\times 0.5 - 50.5\times 0.95}{49.5} = 0.041$$

4.4.9.4 多侧线精馏

(1)多股进料。

当两股组分相同而组成不同的物料需在同一精馏塔内分离时，若预先混合后进料既不利于分离，又使能耗增加。可采用在不同的适宜位置分别加入的方法，如图4.33(a)所示。

此时的精馏塔可分成三段，每段可根据物料衡算导出相应的操作线方程，并在 $x-y$ 图上作出相对应的操作线。同时各股进料亦有相应的 q 线方程，图4.33(b)表示各操作线及 q 线

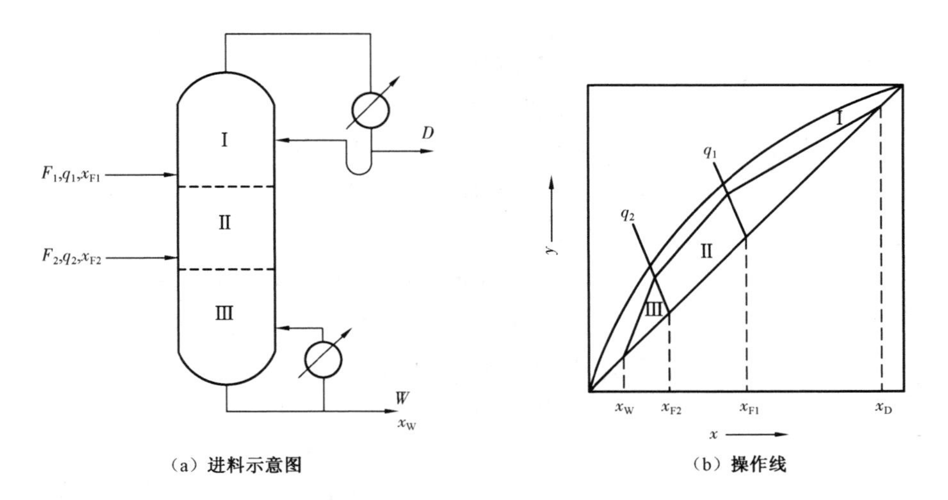

图 4. 33　两股加料时的情况

的相对位置。由于进料，使下一段的液气比加大，所以下一段操作线的斜率一般比上一段的大。当减小回流比时，三段操作线均向平衡曲线靠近，所需理论板数将增加。

(2)侧线出料。

若需用一个精馏塔同时获得两种以上组成的产品时，可在相应组成的塔板上开侧线引出产品。如图 4. 34(a)所示，该塔有一组成为 x'_D 的饱和液体作为侧线产品，从而使该塔分为三段，每段都可根据物料衡算导出其操作线方程，并在 $x-y$ 图上作出其操作线，其相对位置如图 4. 34(b)所示。在平衡曲线与三段操作线之间画直角阶梯，即可求出所需理论塔板数。

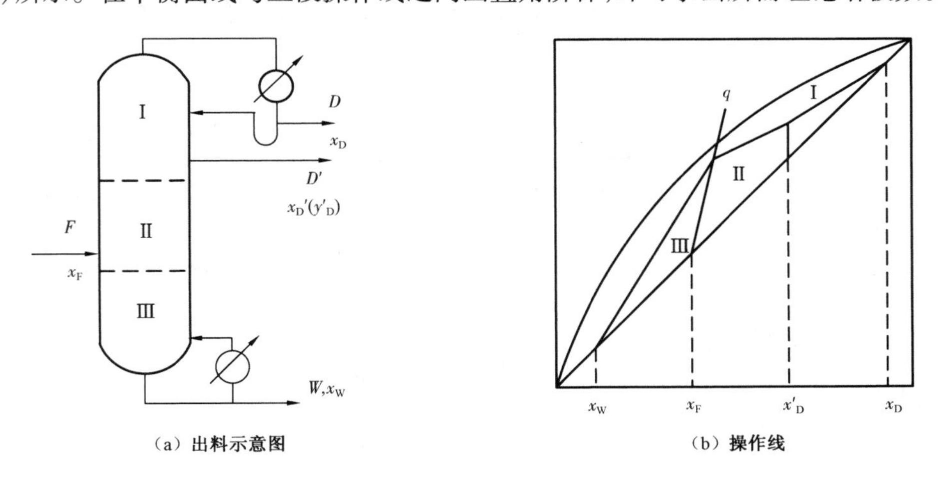

图 4. 34　侧线出料时的情况

4. 5　其他蒸馏方式

4. 5. 1　间歇精馏

间歇精馏是将物料一次加入蒸馏釜中进行的精馏操作。塔顶排出的蒸气冷凝后，一部分作为塔顶产品，另一部分作为回流送回塔内。操作终了时，残液一次性从釜内排出，然后再进行下一批的精馏操作，故间歇精馏又称**分批精馏**，其流程如图 4. 35 所示。

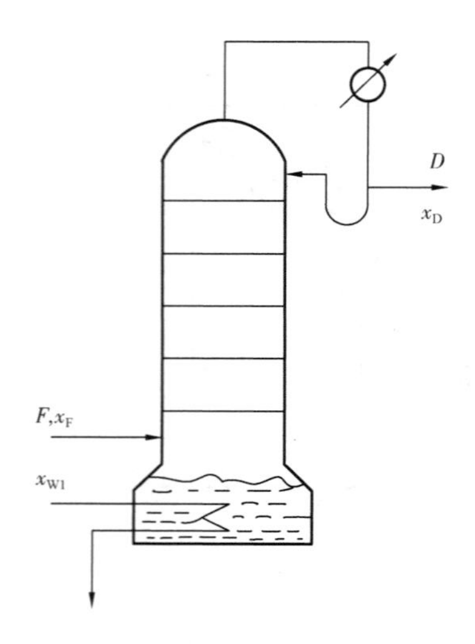

图 4.35　间歇精馏流程示意图

由于在塔釜加料，故间歇精馏塔只有精馏段，没有提馏段。蒸馏过程中釜液浓度不断降低，各层塔板上气、液相组成亦相应随时间变化，所以间歇精馏属于不稳定操作。

间歇精馏常以两种方式进行：(1)保持馏出液浓度恒定，但相应地不断改变回流比；(2)保持回流比恒定，而馏出液浓度逐渐降低。

4.5.1.1　馏出液浓度 x_D 恒定的间歇精馏

此种情况操作时，釜液浓度 x_W 逐渐降低，由于塔板数是恒定的，欲维持馏出液浓度 x_D 不变，则分离难度越来越大。只有不断加大回流比，才能保证馏出液组成不变。

参照图 4.36，假设某塔有 4 层理论塔板，馏出液浓度规定为 x_D 时，在回流比 R_1 下进行操作，釜液浓度可降到 x_{W1}。随着操作时间加长，釜液浓度不断下降，如果降到 x_{W2}，在仍为 4 层理论板的条件下，要维持馏出液浓度 x_D 不变，只有将回流比加大到 R_2，使操作线由 ab_1 移到 ab_2。这样不断加大回流比直到釜液浓度达到规定浓度 x_{We}，即停止操作。

4.5.1.2　回流比 R 恒定的间歇精馏

塔板数一定，恒回流比间歇精馏时，由于釜液浓度逐渐降低，因此馏出液组成也必随之逐渐降低。操作中馏出液与釜液浓度的变化关系如图 4.37 所示。该图为 3 层理论板时的情况，当馏出液浓度为 x_{D1} 时，相应的釜液浓度为 x_{W1}；馏出液为 x_{D2} 时，相应的釜液浓度为 x_{W2}；…；依次变化，直到 x_W 达到规定时，操作即可停止。

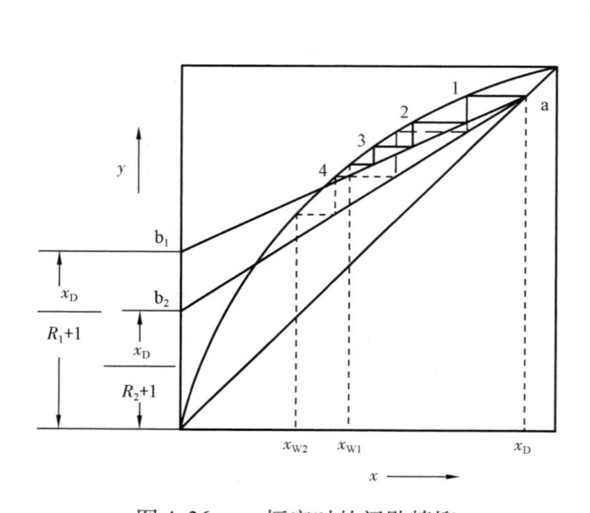

图 4.36　x_D 恒定时的间歇精馏

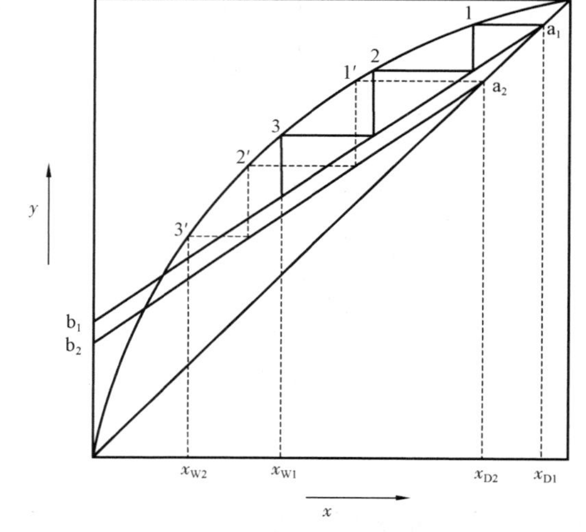

图 4.37　回流比恒定时的间歇精馏

实际生产时，常将间歇精馏的两种操作方式交替使用，即采用分段保持恒定馏出液组成，而使回流比逐级跃升。

化工生产中虽然以连续精馏为主，但某些场合，却适宜采用间歇精馏操作。例如，遇到生产量不大，或是料液品种或组成需经常改变，或是原料液需分批得到等情况。

由于间歇精馏操作灵活、适应性广、设备简单,在小批量生产的化工和生物化工中应用较多。

4.5.2 特殊精馏

当分离相对挥发度接近于1的混合物系时,若采用普通精馏方法,所需理论板数过多,同时回流比也很大,经济上不合算。而对于具有恒沸点的非理想溶液,由于恒沸点处相对挥发度等于1,用普通精馏方法则不能分离。

上述两种情况均需要用非常规的特殊精馏来处理,常见的有恒沸精馏和萃取精馏两种方法。这两种方法的基本原理都是在混合液中加入第三组分,以提高各组分间相对挥发度。

4.5.2.1 恒沸精馏

在双组分溶液中加入称为**夹带剂**的第三组分,它能与原溶液中一个或两个组分形成具有最低恒沸点的双组分或三组分恒沸物,所生成的恒沸物与塔底产品之间的沸点相差较大。因此,恒沸物从塔顶蒸出后,塔底引出沸点较高的产品。这种精馏操作称为恒沸精馏。

乙醇—水恒沸物的恒沸精馏流程如图4.38所示。在恒沸精馏塔的中部加入乙醇水恒沸溶液,塔顶加入夹带剂苯。形成的乙醇—苯—水三组分恒沸物的恒沸点为64.85℃,低于乙醇的沸点,故由塔顶蒸出。经冷凝冷却后,进分层器中分层。由于水几乎全部进入了三组分恒沸物,塔底排出的釜液为高纯度乙醇即无水酒精。分层器上层的苯相返回恒沸精馏塔,作为夹带剂循环使用。下层的水相进入苯回收塔,回收其中的少量苯。回收塔塔底的稀乙醇水溶液进入乙醇回收塔,回收其中的乙醇。

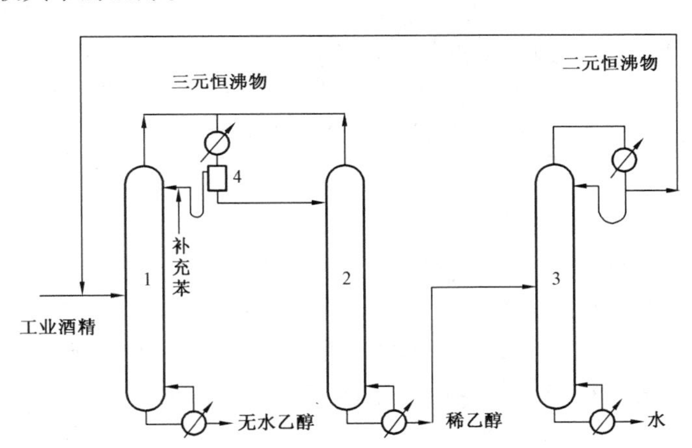

图4.38 乙醇—水恒沸精馏流程图

1—恒沸精馏塔;2—苯回收塔;3—乙醇回收塔;4—分层器

选择适宜的夹带剂应考虑:(1)夹带剂应能与原料液中被分离的组分形成具有最低恒沸点的恒沸物;(2)形成的恒沸物中夹带剂组成要小,即用量要少,从而随恒沸物经塔顶蒸出时,可减小热能消耗;(3)新生成的最低恒沸点的恒沸物,其挥发度应较大,以使精馏分离更容易进行;(4)新生成的恒沸物最好是非均相的,便于用分层法使夹带剂分离出来;(5)要求夹带剂与原料不起化学反应,无腐蚀性,热稳定性好,价廉易得。

4.5.2.2 萃取精馏

向溶液中加入的第三组分不与被分离的组分形成恒沸物,但能显著地改变原组分间的相对挥发度,使精馏分离容易进行,这种精馏操作称为**萃取精馏**。加入的第三组分称为**萃取剂**。

萃取剂与原溶液中一个组分从塔底采出。

异辛烷—甲苯溶液的萃取精馏流程如图4.39所示。原料在萃取精馏塔的中部加入,苯酚作为萃取剂在塔顶部加入。由于苯酚的加入,大大提高了原组分间的相对挥发度,从塔顶蒸出的异辛烷近乎纯态,塔底排出的甲苯与苯酚混合液则送到萃取剂回收塔,以普通精馏方法分离,回收塔塔顶馏出液为甲苯,塔釜的苯酚重新返回萃取精馏塔,循环使用。

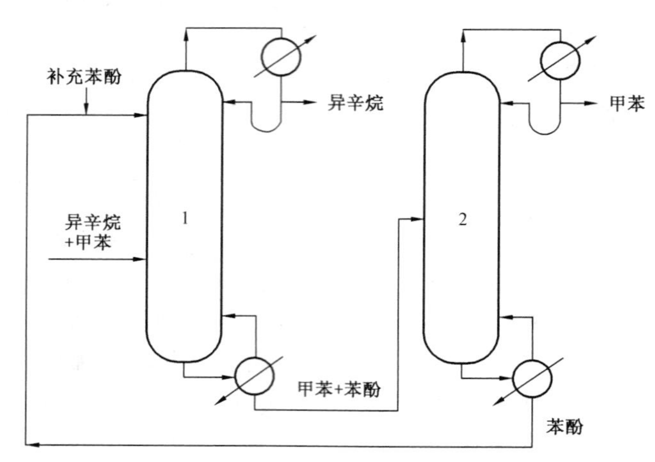

图4.39 异辛烷—甲苯萃取精馏流程图

1—萃取精馏塔;2—苯酚回收塔

选择适宜的萃取剂应考虑:(1)选择性强,加入少量萃取剂后,就能显著提高原溶液的相对挥发度;(2)挥发性小,萃取剂的沸点应比原溶液任一组分的沸点高,且不与原组分形成恒沸液,以便于萃取剂的回收;(3)溶解度大,萃取剂应与原溶液中各组分完全互溶,以充分发挥萃取剂的分离作用;(4)萃取剂应不与原溶液中任一组分起化学反应,无毒性,无腐蚀性,黏度小,价格低廉,来源容易。

4.5.2.3 两种特殊精馏方法的比较

萃取精馏与恒沸精馏的特点比较如下:(1)萃取剂在精馏过程中基本上不汽化,故萃取精馏较恒沸精馏的能耗少;(2)萃取剂加入量比恒沸夹带剂加入量变动范围宽,故萃取精馏的操作较灵活;(3)萃取剂比夹带剂易于选择;(4)萃取精馏不宜采用间歇操作,而恒沸精馏操作则不受此限制;(5)由于恒沸精馏操作温度较萃取精馏要低,故分离热敏性溶液时多采用恒沸精馏。

习　题

一、填空题

1. 精馏分离液态均相混合物的原理是________,要使混合物中的组分得到较完全的分离,必须进行多次________。

2. 总压为101.3kPa,温度为95℃时,苯与甲苯的饱和蒸气压分别为155.7kPa与63.3kPa,则平衡时气相中苯的组成y为________,液相中苯的组成x为________,苯与甲苯的相对挥发度为________。

3. 若精馏塔顶部某理论板上气相露点温度为t_1,液相泡点温度为t_2;而该塔底部某理论板上气相露点温度为t_3,液相泡点温度为t_4。请将这四个温度间关系用>、=、<符号排序如

下________。

4. 对二组分溶液精馏时，若相对挥发度为 1 时，其平衡关系为________。

5. 简单蒸馏的主要特点是________。

6. 某连续精馏塔中，若精馏段操作线方程的截距等于零，则精馏段操作斜率等于________，提馏段操作斜率等于________，回流比等于________，馏出液量等于________，回流液量等于________。

7. 精馏塔的塔顶温度总低于塔底温度，其原因是________和________。

8. 已知物系的相对挥发度为 2.5，全回流精馏操作时，塔内某层理论板的气相组成为 0.625，则下层塔板的气相组成为________。

9. 设计精馏塔时，若进料量及组成、塔顶与塔底产品组成、回流比均不变，仅提高进料温度，则理论板数将________，冷凝器负荷将________，再沸器热负荷将________。

10. 直接水蒸气加热的精馏塔适用于________的情况。

二、选择题

1. 精馏塔中，下降的液相与上升的气相间发生传质，使上升的气相中易挥发组分浓度提高，最恰当的说法应是________。

(A)液相中易挥发组分进入了气相

(B)气相中难挥发组分进入了液相

(C)液相中易发组分和难挥发组分同时进入气相，但其中易挥发组分较多

(D)液相中易挥发组分进入气相和气相中难挥发组分进入液相的现象同时发生

2. 精馏过程的操作线是直线，主要基于________。

(A)理论板假定　　(B)分离要求不变

(C)塔顶泡点回流　　(D)恒摩尔流假定

3. 二元溶液连续精馏计算中，进料热状况的变化将引起________的变化。

(A)提馏段操作线与 q 线；　　(B)平衡线

(C)平衡线与精馏段操作线　　(D)平衡线与 q 线

4. 某二元混合物，其中 A 为易挥发组分，液相组成 $x=0.6$，相应泡点为 t_1；与之相平衡的气相组成 $y=0.7$，相应的露点为 t_2，则________。

(A) $t_1=t_2$　　(B) $t_1<t_2$　　(C) $t_1>t_2$　　(D)不能判定

5. 某精馏塔操作时，加料热状态由原来的饱和液体改为冷液体，且保持进料流量及组成、回流比和提馏段上升蒸气量不变，此时塔顶流量 D ________，塔顶组成 x_D ________，塔底流率 W ________，塔底组成 x_W ________。

(A)增大　　(B)减小　　(C)不变　　(D)无法判断

6. 精馏塔设计时，若 F、x_F、x_D、x_W、V 均为定值，仅将进料热状态从饱和液体变为过冷液体，设计所需理论板数将________。

(A)增多　　(B)减少　　(C)不变　　(D)判断依据不足

7. 精馏塔设计时，当回流比加大时，所需的理论板数将________，同时蒸馏釜中所需要的加热蒸气消耗量将________，塔顶冷凝器中冷却剂消耗量将________，所需塔径将________。

(A)增大　　(B)减小　　(C)不变　　(D)无法判断

三、计算题

1. 若将质量为 47kg 的乙醇和质量为 3kg 的水混合成工业酒精。试分别求乙醇与水的质

量分数和摩尔分数及混合液的平均摩尔质量。

答：$w_A = 0.94$，$w_B = 0.06$，$x_A = 0.86$，$x_B = 0.14$，$M_m = 42.08\text{kg/kmol}$。

2. 在1标准大气压下乙苯与苯乙烯的平衡数据见表4.2。试求：(1)绘制1标准大气压下乙苯—苯乙烯混合溶液的 $t-x-y$ 图及 $x-y$ 图；(2)在1标准大气压下含乙苯为0.45(摩尔分数)的混合溶液的泡点及相应的平衡蒸气组成；(3)将上述混合溶液加热到78.0℃时的状态及该状态下的各相组成；(4)将上述溶液加热到全部汽化为饱和蒸气时的露点温度。

表4.2 计算题2附表

温度 t,℃	液相中乙苯的摩尔分数 x	气相中乙苯的摩尔分数 y	温度 t,℃	液相中乙苯的摩尔分数 x	气相中乙苯的摩尔分数 y
82.1	0.0	0.0	76.98	0.522	0.611
80.72	0.091	0.144	76.19	0.619	0.699
80.15	0.141	0.211	75.05	0.764	0.814
79.33	0.235	0.324	74.25	0.887	0.914
78.64	0.319	0.415	74.05	1.0	1.0
77.86	0.412	0.511			

答：(1)略；(2)$t = 77.58$℃，$y = 0.551$；(3)$x = 0.4$，$y = 0.492$；(4)$t = 78.32$℃。

3. 甲醇(A)—丙醇(B)物系的气液平衡服从拉乌尔定律。试求温度为82℃，液相组成为0.5(摩尔分数，下同)时的气相平衡组成与总压。

饱和蒸气压(kPa)可用Antoine方程计算

甲醇
$$\lg p_A^\circ = 7.19736 - \frac{1574.99}{t + 238.86}$$

丙醇
$$\lg p_B^\circ = 6.74414 - \frac{1375.14}{t + 193}$$

式中 t 为温度，℃。

答：$y = 0.778$，$P = 125\text{kPa}$。

4. 有甲醇(A)—乙醇(B)混合溶液(可视为理想溶液)在温度20℃时达到气液相平衡，液相中甲醇为100g，乙醇为60g，又知20℃时甲醇和乙醇的饱和蒸气压分别为11.83kPa与5.93kPa。试计算：(1)气相中甲醇与乙醇的分压以及总压；(2)气相组成。

答：(1)$P_A = 8.35\text{kPa}$，$P_B = 1.73\text{kPa}$，$P = 10.08\text{kPa}$；(2)$y_A = 0.828$。

5. 某连续操作的精馏塔，每小时蒸馏5000kg含乙醇15%(质量分数，下同)的水溶液，塔底残液内含乙醇1%。试求：(1)每小时可获得多少含乙醇95%的馏出液；(2)塔底残液量(kg/h)；(3)若操作回流比为3.5，回流液量(kg/h)。

答：(1)$D = 744.68\text{kg/h}$；(2)$W = 4225.32\text{kg/h}$；(3)$L = 2606.38\text{kg/h}$。

6. 将含24%(摩尔分数，下同)易挥发组分的某混合液送入连续操作的精馏塔。要求馏出液中含95%的易挥发组分，残液中含3%易挥发组分。塔顶每小时送入全凝器的蒸气为850kmol，而每小时从冷凝器流入精馏塔的回流量为670kmol。试求：(1)进料量(kmol/h)；(2)残液量(kmol/h)；(3)回流比。

答：(1)$F = 788.57\text{kmol/h}$；(2)$W = 608.57\text{kmol/h}$；(3)$R = 3.72$。

7. 在一连续操作的精馏塔中，分离苯—甲苯混合液，进料为饱和液体，原料液中苯的组成为0.35（摩尔分数，下同）。馏出液的组成为0.96，釜液组成为0.04。精馏段上升蒸气的流量为1200kmol/h，蒸气从塔顶进入全凝器冷凝为泡点液体后部分回流，回流比为1.4。试求：（1）馏出液流量与回流液量（kmol/h）；（2）进料量和釜液量（kmol/h）；（3）提馏段下降液体流量与上升蒸气流量（kmol/h）。

答：（1）$D = 500$kmol/h，$L = 700$kmol/h；（2）$F = 1483.87$kmol/h，$W = 983.87$kmol/h；（3）$L' = 2183.87$kmol/h，$V' = 1200$kmol/h。

8. 在标准大气压下连续操作的精馏塔中分离甲醇—水溶液。进料流量为110kmol/h，进料中甲醇的组成为0.4（摩尔分数），馏出液流量为50kmol/h，回流比为2。在标准大气压下甲醇—水的平衡数据见表4.3。试求：（1）进料液体为40℃时的进料热状况参数q值；（2）上述进料状况下精馏段及提馏段的液、气流量。

表4.3　计算题8附表

温度t ℃	液相中甲醇 的摩尔分数x	气相中甲醇 的摩尔分数y	温度t ℃	液相中甲醇 的摩尔分数x	气相中甲醇 的摩尔分数y
100.0	0.0	0.0	75.3	40.0	72.9
96.4	2.0	13.4	73.1	50.0	77.9
93.5	4.0	23.4	71.2	60.0	82.5
91.2	6.0	30.4	69.3	70.0	87.0
89.3	8.0	36.5	67.6	80.0	91.5
87.7	10.0	41.8	66.0	90.0	95.8
84.4	15.0	51.7	65.0	95.0	97.9
81.7	20.0	57.9	64.5	100.0	100.0
78.0	30.0	66.5			

答：（1）$q = 1.07$；

（2）$L = 100$kmol/h，$V = 150$kmol/h，$L' = 217.7$kmol/h，$V' = 157.7$kmol/h。

9. 在一连续操作的精馏塔中分离组成为0.4（摩尔分数，下同）的某双组分溶液。要求馏出液组成为0.96，釜液组成为0.03，进料热状况参数为1.2，塔顶液相回流比为3。试求精馏段及提馏段操作线方程。

答：精馏段操作线$y = 0.75x + 0.24$；提馏段操作线$y = 1.335x - 0.01$。

10. 某连续操作的精馏塔分离二元混合物，进料为气液混合状态，其气、液摩尔比为1:1。已知操作线方程如下：精馏段$y = 0.80x + 0.16$；提馏段$y = 1.40x - 0.02$。试求回流比、进料组成及塔顶产品回收率。

答：$R = 4$，$x_F = 0.35$，$\eta_D = 91.43\%$。

11. 用一连续操作的精馏塔分离含甲醇0.35（摩尔分数，下同）的水溶液。采用回流比为1.1，操作压力为101.33kPa。要求得到含甲醇0.96的馏出液及含甲醇0.03的釜液。用图解法分别求下述两种进料状况时的理论板数及加料板位置：（1）进料为饱和气体；（2）进料为$q = 1.07$的过冷液体。

注：101.325kPa下的甲醇—水溶液相平衡数据见附表4.3。

答：（1）理论板9层，加料板第7层；（2）理论板8层，加料板第6层。

12. 用一连续精馏塔分离由组分A、B所组成的理想混合液。原料液中含A0.44（摩尔分数，下同），馏出液中含A0.957。已知溶液的平均相对挥发度为2.5，最小回流比为1.63，试通过计算说明原料液的热状况。

答：$q=0.71$，为气液混合进料。

13. 用常压下操作的连续精馏塔分离苯—甲苯混合液。进料中含苯0.4（摩尔分数，下同），要求馏出液含苯0.97。苯—甲苯溶液的平均相对挥发度为2.46。试计算下列三种进料热状况下的最小回流比：（1）其进料热状况参数为1.4的冷液进料；（2）饱和液体进料；（3）进料为气、液比等于1∶2的气液混合物。

答：（1）$R_{min}=1.28$；（2）$R_{min}=1.59$；（3）$R_{min}=1.94$。

14. 常压下对苯—甲苯物系进行全回流精馏。操作稳定后，测得相邻三层塔板（自上而下）的液相组成分别为0.41（摩尔分数，下同）、0.28、0.18，设物系的平均相对挥发度为2.45。试求中间塔板的气相单板效率及下层塔板的液相单板效率。

答：$E_{MV}=0.625$，$E_{ML}=0.699$。

15. 在一连续精馏塔中分离二元理想混合液。原料液为饱和液体，其组成为0.5（摩尔分数，下同），要求塔顶馏出液组成不小于0.95，釜残液组成不大于0.05。塔顶蒸气先进入分凝器，所得冷凝液全部作为塔顶回流，而未凝的蒸气再进入全凝器，全部冷凝后作为塔顶产品。全塔平均相对挥发度为2.5，操作回流比$R=1.5R_{min}$。当馏出液流量为100kmol/h时，试求：（1）塔顶第1块理论板上升的蒸气组成；（2）馏出液采出率D/F；（3）提馏段下降的液体量及上升的气体量。

答：（1）$y_1=0.909$；（2）$D/F=0.5$；（3）$L'=365$kmol/h，$V'=265$kmol/h。

16. 在常压连续精馏塔中分离两组分理想溶液。该物系的平均相对挥发度为2.5。原料液组成为0.35（易挥发组分摩尔分数，下同），饱和蒸气加料。塔顶采出率D/F为40%，已知精馏段操作线方程为$y=0.75x+0.20$。试求：（1）提馏段操作线方程；（2）若塔顶第一层板下降的液相组成为0.7，该板的气相默弗里效率E_{MV1}。

答：（1）$y=2x-0.05$；（2）$E_{MV1}=0.581$。

17. 用板式精馏塔在常压下分离苯—甲苯溶液，塔顶采用全凝器，塔釜用间接蒸气加热，全塔平均相对挥发度为2.47。进料为150kmol/h的饱和蒸气，组成为0.4（摩尔分数）。已知塔顶馏出液的流量为62.7kmol/h，馏出液中苯的回收率为0.97，回流比为最小回流比的1.42倍。试求：（1）塔顶流出液及塔底釜液的组成；（2）塔底釜液中甲苯的回收率；（3）精馏段操作线方程；（4）提馏段操作线方程。

答：（1）$x_D=0.928$；$x_W=0.0206$；（2）$\eta=0.95$；（3）$y=0.8x+0.1856$；（4）$y=1.534x-0.011$。

符号说明

符号	意义	单位
D	塔顶产品（馏出液）流量	kmol/h
I	物质的焓	kJ/kg
L	塔内下降液体的流量	kmol/h
m	提馏段理论板序号	

续表

	符号	意义	单位
	M	摩尔质量	kg/kmol
	n	精馏段理论板序号	
	N	理论板层数	
	p	组分的分压	Pa
	P	系统总压或外压	Pa
	q	进料热状况参数	
	Q	传热速率或热负荷	kJ/h 或 kW
	r	加热蒸气冷凝热	kJ/kg
	R	回流比	
	t	温度	℃
	v	组分的分体积	m^3
	v	组分的挥发度	Pa
	V	塔内上升蒸气的流量	kmol/h
	W	塔底产品(釜残液)流量	kmol/h
	y	气相中易挥发组分的摩尔分数	
	x	液相中易挥发组分的摩尔分数	
	α	相对挥发度	
	ρ	密度	kg/m^3
下标	A	易挥发组分	
	B	难挥发组分	
	D	馏出液	
	F	原料液	
	L	液相	
	m	平均	
	min	最小或最少	
	P	实际的	
	q	q 线与平衡线或操作线的交点	
	T	理论的	
	V	气相	
	W	釜残液	
上标	°	纯态	
	*	平衡状态	
	′	提馏段	

第5章　吸　　收

5.1　概述

化工生产过程处理的几乎都是混合物，且大部分是均相物系。为将这些均相混合物分离为较纯净的物质，往往需要在原体系基础上构造一个两相混合物系，并利用各组分间的某种性质差异，使得其中一个（或几个）组分从某一相转移到另一相，达到分离的目的。

物质在相间的转移过程称为**传质过程**或**分离过程**。

当多组分混合气体与某种液体接触，气体中的一个或多个组分溶解在液体里，形成溶液，此时原气体中的不溶组分和溶解在液体中的组分得以分离。这种单元操作过程称为**吸收**，其原理是利用气体混合物中各组分在液体中的**溶解度**不同来进行分离。

吸收过程中，被溶解的气体组分称为**溶质**或**吸收质**（通常用A表示），不被溶解的组分称为**惰性组分**或**载体**（B），用来溶解气体组分的液体称为**吸收剂**或**溶剂**（S），所得到的溶液称为**吸收液**，排出的气体称为**吸收尾气**，其主要成分为惰性组分和未被溶解的溶质。

5.1.1　吸收过程的应用

吸收操作在化工过程中主要有如下应用：

（1）**制取液体产品**。例如，用水吸收甲醛制备福尔马林溶液，用水吸收氯化氢制取工业盐酸（流程见图5.1），用氨水吸收二氧化碳生产碳酸氢铵等。

（2）**回收混合气体中的有用物质**。例如，用硫酸从煤气中回收氨生产硫胺，用洗油从煤气中回收粗苯（流程见图5.2）等。

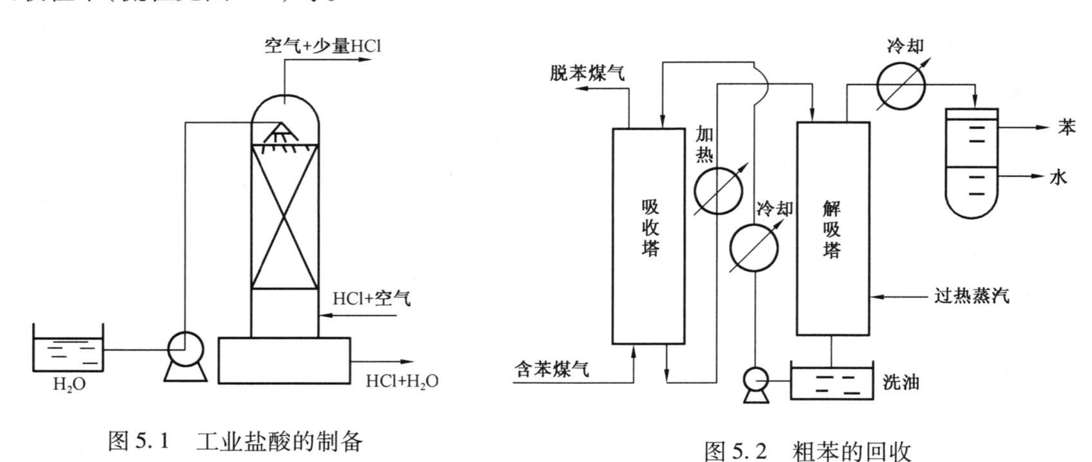

图5.1　工业盐酸的制备

图5.2　粗苯的回收

（3）**除去有害成分以净化气体**，主要包括原料气预处理和尾气、废气的净化。例如，用水或碱液脱除合成氨原料气中的二氧化碳、燃煤锅炉中的烟气以及冶炼废气中的二氧化硫等。

5.1.2　吸收设备

吸收单元操作常在塔式设备中进行，可分为板式塔与填料塔两大类，本章以逆流填料塔为例对吸收过程进行描述。

5.1.3　吸收操作的分类

若吸收过程中溶质与溶剂间没有发生化学反应，仅为气体溶解于液体的过程，称为**物理吸收**。若溶质与溶剂间发生化学反应，则称为**化学吸收**。用洗油从煤气中回收粗苯的过程属于物理吸收，碱液脱除原料气中的 CO_2 和氨水吸收 CO_2 的过程属于化学吸收。

若混合气体中只有一个组分进入液相被吸收，其余组分不溶解于吸收剂中，称为**单组分吸收**。若混合气体中有两个或更多组分进入吸收剂，则称为**多组分吸收**。

根据吸收过程中是否有显著的温度变化，可以分为**等温吸收**和**非等温吸收**。气体在液相中的溶解过程，通常伴有热效应（溶解热），有化学反应时还伴有反应热，因此吸收过程一般会发生温度变化。若吸收剂量较大或设备散热良好时，可按等温吸收处理。

当溶质在气液两相中的含量不高时（摩尔分数低于10%），通常称为**低浓度吸收**过程。

本章重点介绍**低浓度的单组分等温物理吸收**过程的基本原理、速率方程和吸收设备的计算。

5.1.4　吸收剂的选择

吸收操作经济效益的好坏主要决定于以下三点：(1)气液两相通过吸收设备的能耗；(2)吸收剂的损失（挥发和变质）；(3)吸收剂的再生，即解吸过程的操作费用。

可见，吸收剂的优劣是吸收操作经济性的关键。在选择吸收剂时要注意以下几个方面的问题：

(1)吸收剂对于溶质应具有较大的溶解度，这可提高吸收速率，减小吸收剂的用量，从而减小吸收设备的尺寸（降低设备费用），同时操作费用也会降低。化学吸收时，溶解度较物理吸收时大，若吸收剂循环使用，化学反应必须是可逆的。对于物理吸收，若溶液不是产品，应考虑溶剂再生的难易问题，以利于溶剂的循环使用。

(2)吸收剂还要具有良好的选择性，即对混合气体中的惰性组分溶解度要小，这样才能实现有效的分离。

(3)操作温度下吸收剂的挥发度要低，因为吸收剂的挥发度越高，其损失越大。

(4)操作温度下吸收剂的黏度要低，这可使气液两相的流动状况良好，提高吸收速率，同时流动阻力也较小。

(5)吸收剂还应尽可能无毒，化学性质稳定，无腐蚀性，不易燃，不发泡，价廉易得。

实际上，满足上述全部条件是非常困难的，一般选用原则是从技术、环保和经济几个方面综合评价后合理选用。

5.2　吸收过程的气液相平衡

5.2.1　气体在液体中的溶解度

在系统温度和总压一定的条件下，一定量的混合气体与吸收剂接触，溶质通过相界面不断溶解于吸收剂中，随着气相中溶质分压的不断减少，液相中溶质浓度将逐渐增加。当溶质在液相中达到饱和时，溶质浓度不再增加。此时，任一瞬间从气相进入液相的溶质分子和从液相进入气相的溶质分子数相同，气液两相达到动态平衡状态，简称**相平衡**。

相平衡状态下，气相中溶质的分压称为**平衡分压**或**饱和分压**，液相中溶质的浓度称为**平衡浓度**或**饱和浓度**，也可称为气体在液相中的**溶解度**，通常以单位质量（或体积）的液体中所含溶质的量来表示。

任何平衡状态都是有条件的，一般来说，与系统的温度、压力以及组成有关。对于单组分的物理吸收而言，在温度恒定、总压不是很高时，可以认为组分在液体中的溶解度只取决该组分的气体分压。

当气相中溶质的实际分压高于其平衡分压时，溶质由气相向液相转移，为吸收过程。反之，则溶质由液相向气相转移，此过程为**脱吸过程**，是吸收的逆过程。

由图 5.3 可见，在一定的温度下，若气相中溶质组成 y 不变，当总压 P 增加时，溶质的溶解度 x 随之增加，故加压有利于吸收。

由图 5.4 可知，当溶质分压一定时，吸收温度下降，溶解度将提高，所以吸收剂常常经冷却后进入吸收塔。

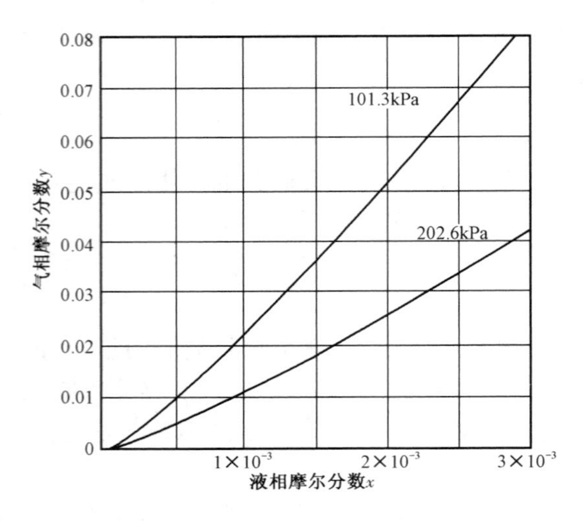

图 5.3　20℃下 SO_2 在水中的溶解度

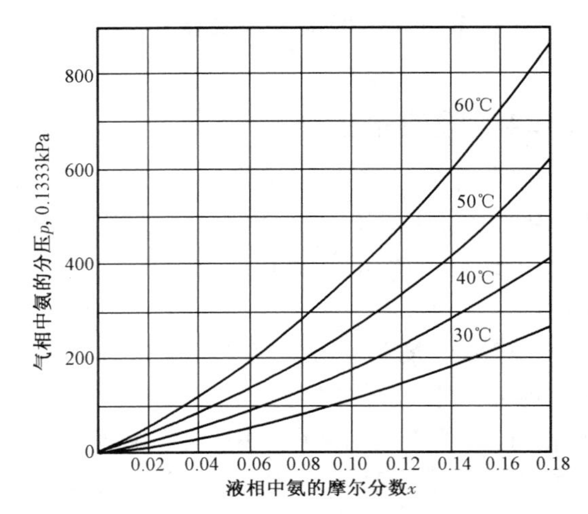

图 5.4　氨在水中的溶解度

因此，从气液平衡角度来看，对系统进行**加压**和**降温**操作有利于吸收过程；反之，减压和升温操作有利于解吸过程。

一般来说，把溶解度大的气体称为**易溶气体**，如水吸收 NH_3；把溶解度小的气体称为**难溶气体**，如水吸收 O_2。实验表明，对于同样组成的溶液，易溶气体溶液上方溶质的分压小，而难溶气体溶液上方溶质的分压大。

5.2.2　气液两相组成表示方法

5.2.2.1　质量比与摩尔比

对于双组分物系，质量比是指混合物中组分 A 的质量与另一组分 B 的质量之比，其定义式为

$$a_A = \frac{m_A}{m_B} \tag{5.1}$$

式中　a_A——组分 A 的质量比。

摩尔比是指混合物中组分 A 的摩尔数与另一组分 B 的摩尔数之比,其定义式为

对于气相混合物
$$Y_A = \frac{n_A}{n_B} \tag{5.2}$$

对于液相混合物
$$X_A = \frac{n_A}{n_B} \tag{5.3}$$

式中　Y_A, X_A——组分 A 在气相和液相中的摩尔比。

从定义式可知,质量分数 w_A 与质量比的关系为

$$a_A = \frac{w_A}{1 - w_A} \tag{5.4}$$

摩尔分数与摩尔比的关系为(习惯上缺省下标 A)

$$x = \frac{X}{1 + X} \tag{5.5}$$

$$y = \frac{Y}{1 + Y} \tag{5.6}$$

$$X = \frac{x}{1 - x} \tag{5.7}$$

$$Y = \frac{y}{1 - y} \tag{5.8}$$

5.2.2.2　质量浓度与摩尔浓度

质量浓度定义为单位体积混合物中某组分的质量

$$G_A = \frac{m_A}{V} \tag{5.9}$$

式中　G_A——组分 A 的质量浓度,kg/m^3;

V——混合物的体积,m^3。

摩尔浓度是指单位体积混合物中某组分的物质的量

$$c_A = \frac{n_A}{V} \tag{5.10}$$

式中　c_A——组分 A 的摩尔浓度,$kmol/m^3$。

质量浓度与质量分数的关系为

$$G_A = w_A\rho \tag{5.11}$$

式中　ρ——液相混合物的平均密度,kg/m^3。

摩尔浓度与摩尔分数的关系为

$$c_A = Cx_A \tag{5.12}$$

式中　C——混合物在液相中的总摩尔浓度，kmol/m³。

5.2.2.3　**理想气体混合物中气体的总压与某组分的分压**

总压 P 与某组分的分压 p_A 之间的关系为

$$p_A = Py_A \tag{5.13}$$

摩尔浓度与分压之间的关系为

$$c_A = \frac{n_A}{V} = \frac{p_A}{RT} \tag{5.14}$$

式中　T——热力学温度，K；

　　　R——气体常数，8.314kJ/(kmol·K)。

【例5.1】　在常压、25℃的吸收塔内，用水吸收混合气中的 SO_2。出塔气体中含 SO_2 体积分数为2%，其余可看作惰性组分。试分别用摩尔分数、摩尔比和摩尔浓度表示出塔气体中 SO_2 的组成。

解：混合气可视为理想气体，以下标2表示出塔气体的状态。

因为

$$y_2 = 0.02$$

所以

$$Y_2 = \frac{y_2}{1-y_2} = \frac{0.02}{1-0.02} \approx 0.02$$

$$p_2 = Py_2 = 101.3 \times 0.02 = 2.026(\text{kPa})$$

$$c_2 = \frac{n_2}{V} = \frac{p_2}{RT} = \frac{2.026}{8.314 \times 298} = 8.17 \times 10^{-4}(\text{kmol/m}^3)$$

5.2.3　亨利定律

在理想溶液中，或在一定条件下的稀溶液中，如温度恒定、系统总压不大时（小于0.5MPa），气液平衡关系可以用**亨利(Henry)定律**来描述。由于气液两相组成的表达方式有多种，亨利定律也有不同的形式。

5.2.3.1　p_A—x_A **表达式**

$$p_A^* = Ex_A \tag{5.15}$$

式中　E——**亨利系数**，kPa。

式(5.15)表明，在一定温度下，稀溶液或理想溶液上方的溶质分压与该溶质在液相中的摩尔分数成正比，比例常数 E 称为亨利系数。

溶液越稀，亨利定律越准确。在同一吸收剂中，p_A 一定时，易溶气体的 E 值较小，难溶气

体的 E 值较大。

对一定的物系,一般来说,E 值随温度升高而增大。常见气体水溶液 E 值见表 5.1。

表 5.1　若干气体水溶液的亨利系数 E

气体	温度,℃															
	0	5	10	15	20	25	30	35	40	45	50	60	70	80	90	100
	$E, 10^{-6}$ kPa															
H_2	5.87	6.16	6.44	6.70	6.92	7.16	7.39	7.52	7.61	7.70	7.75	7.75	7.71	7.65	7.61	7.55
N_2	5.35	6.05	6.77	7.48	8.15	8.76	9.36	9.98	10.5	11.0	11.4	12.2	12.7	12.8	12.8	12.8
空气	4.38	4.94	5.56	6.15	6.73	7.30	7.81	8.34	8.82	9.23	9.59	10.2	10.6	10.8	10.9	10.8
CO	3.57	4.01	4.48	4.95	5.43	5.88	6.28	6.68	7.05	7.39	7.71	8.32	8.57	8.57	8.57	8.57
O_2	2.58	2.95	3.31	3.69	4.06	4.44	4.81	5.14	5.42	5.70	5.96	6.37	6.72	6.96	7.08	7.10
CH_4	2.27	2.62	3.01	3.41	3.81	4.18	4.55	4.92	5.27	5.58	5.85	6.34	6.75	6.91	7.01	7.10
NO	1.71	1.96	2.21	2.45	2.67	2.91	3.14	3.35	3.57	3.77	3.95	4.24	4.44	4.54	4.58	4.60
C_2H_6	1.28	1.57	1.92	2.90	2.66	3.06	3.47	3.88	4.29	4.69	5.07	5.72	6.31	6.70	6.96	7.01
	$E, 10^{-5}$ kPa															
C_2H_4	5.59	6.62	7.78	9.07	10.3	11.6	12.9	—	—	—	—	—	—	—	—	—
N_2O	—	11.9	1.43	1.68	2.01	2.28	2.62	3.06	—	—	—	—	—	—	—	—
CO_2	0.738	0.888	1.05	1.24	1.44	1.66	1.88	2.12	2.36	2.60	2.87	3.46	—	—	—	—
C_2H_2	0.73	0.85	0.97	1.09	1.23	1.35	1.48	—	—	—	—	—	—	—	—	—
Cl_2	0.272	0.334	0.399	0.461	0.537	0.604	0.669	0.74	0.80	0.86	0.90	0.97	0.99	0.97	0.96	—
H_2S	0.272	0.319	0.372	0.418	0.489	0.552	0.617	0.686	0.755	0.825	0.689	1.04	1.21	1.37	1.46	1.50
	$E, 10^{-4}$ kPa															
SO_2	0.167	0.203	0.245	0.294	0.355	0.413	0.485	0.567	0.661	0.763	0.871	1.11	1.39	1.70	2.01	—

5.2.3.2　p_A—c_A 表达式

$$p_A^* = \frac{c_A}{H} \tag{5.16}$$

式中　H——**溶解度系数**, $kmol/(m^3 \cdot kPa)$;

对于稀溶液而言,溶解度系数 H 与亨利系数 E 的关系可以近似表示为

$$H \approx \frac{\rho_S}{EM_S} \tag{5.17}$$

式中　M_S——吸收剂 S 的摩尔质量, kg/mol;

ρ_S——吸收剂 S 的密度, kg/m^3。

H 值一般随温度升高而减小。易溶气体 H 值较大,难溶气体 H 值较小。

5.2.3.3 y_A—x_A 表达式

$$y_A^* = mx_A \tag{5.18}$$

式中 m——**相平衡常数**,无因次。

若物系的总压为 P,则由理想气体的分压定律和亨利定律可知,相平衡常数 m 与亨利系数 E 的关系为

$$m = \frac{E}{P} \tag{5.19}$$

当体系一定时,m 值是温度和总压强的函数。物系的温度升高或总压下降时,m 值变大,不利于吸收操作。在同样条件下,易溶气体的 m 值较小,难溶气体的 m 值较大。

5.2.3.4 Y_A—X_A 表达式

在吸收计算中,通常认为气体混合物中的惰性组分不进入液相,而吸收液也不会挥发进入气相,这时用摩尔比计算较为方便。由式(5.18)可推得

$$Y_A^* = \frac{mX_A}{1 + (1 - m)X_A} \tag{5.20}$$

当溶液组成很低时,可简化为

$$Y_A^* = mX_A \tag{5.21}$$

【例5.2】 总压为101.325kPa,温度为20℃时,1000kg水中溶解15kg NH_3,此时溶液上方气相中 NH_3 的平衡分压为2.266kPa。试求此时的溶解度系数 H、亨利系数 E 和相平衡常数 m。

解:首先将气、液相组成换算为 y 与 x。

NH_3 的摩尔质量为17kg/kmol,溶液的量为15kgNH_3 与1000kg水之和,故

$$x = \frac{n_A}{n_A + n_B} = \frac{15/17}{15/17 + 1000/18} = 0.0156(\text{kmolNH}_3/\text{kmol 溶液})$$

$$y = \frac{p_A}{P} = \frac{2.266}{101.325} = 0.0224(\text{kmolNH}_3/\text{kmol 混合气})$$

$$m = \frac{y}{x} = \frac{0.0224}{0.0156} = 1.436$$

$$E = m \cdot P = 1.436 \times 101.325 = 145.5(\text{kPa})$$

$$H = \frac{\rho_S}{EM_S} = \frac{1000}{145.5 \times 18} = 0.382[\text{kmol}/(\text{m}^3 \cdot \text{kPa})]$$

5.2.4 相平衡关系在吸收过程中的应用

5.2.4.1 判断传质过程进行的方向

若实际气相组成 y_A 大于与实际液相组成 x_A 成平衡的气相组成 y_A^*,就会发生吸收过程,直至达到平衡状态为止。反之,若 y_A 小于 y_A^*,溶液中的溶质就会解吸出来,返回到气相中,直

至平衡。

从液相的角度来考虑，当 $x_A < x_A^*$（与 y_A 成平衡），则发生吸收过程，反之为解吸。

相互接触的气液两相，对于相平衡状态的任何偏离，都会造成物系的不稳定，必然会发生传质过程，并最终逐渐趋于平衡，传质的方向就是趋于相平衡的方向。

5.2.4.2 计算相际传质过程的推动力

相际传质过程的推动力通常用实际组成与相平衡的偏离程度来表示。

对于气相，有

以摩尔分数差表示的吸收推动力 $\Delta y = y_A - y_A^*$ (5.22)

以分压差表示的吸收推动力 $\Delta p = p_A - p_A^*$ (5.23)

对于液相，有

以摩尔分数差表示的吸收推动力 $\Delta x = x_A^* - x_A$ (5.24)

以摩尔浓度差表示的吸收推动力 $\Delta c = c_A^* - c_A$ (5.25)

实际组成偏离平衡组成的程度越大，吸收过程的推动力就越大，其传质速率也就越大。

5.2.4.3 确定传质过程的极限

吸收过程中气液两相组成的变化与许多因素有关，如气液两相流量的比值、两相接触的方式以及相平衡关系等。

以逆流吸收塔为例（图 5.5），在操作条件不变的情况下，若希望溶质在塔底流出的吸收液中的浓度 x_1 尽可能高，可以采用增加塔高、增加气体流量、减少液体流量等方法来实现。但是，这种增加是有限度的，x_1 的极限值是入塔气体浓度 y_1 的平衡组成 x_1^*，即 $x_1 \leqslant x_1^* = y_1/m$。

同样道理，出塔气体 y_2 的极限是入塔液体浓度 x_2 的平衡浓度 y_2^*，$y_2 \geqslant y_2^* = mx_2$。

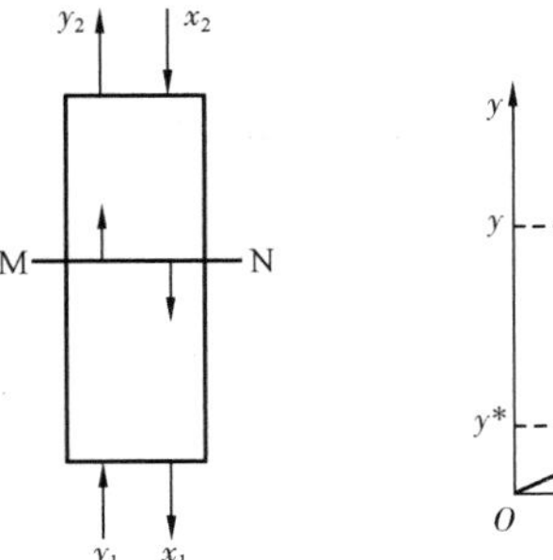

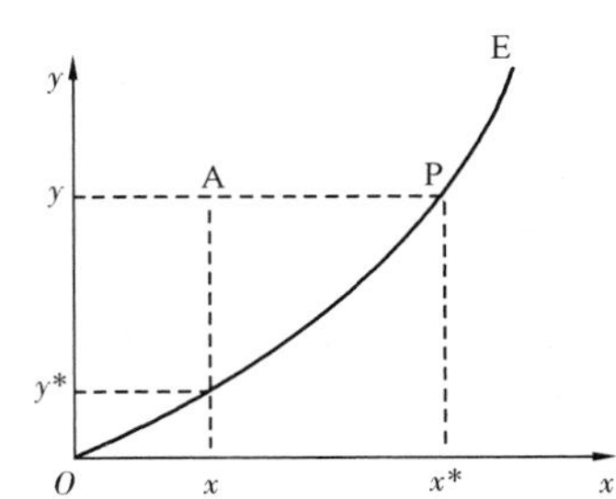

图 5.5 逆流吸收塔及相平衡的应用

可见，相平衡关系限制了吸收过程气体离塔时的最低浓度和液体出塔时的最高浓度。要想克服这种制约，需要改变平衡关系，如改变操作条件（温度、压力等），以达到预期目的。

【例 5.3】 在总压 101.3kPa、温度 30℃的条件下，用含 SO_2 摩尔分数为 0.3 的混合气体与 SO_2 摩尔分数为 0.01 的水溶液接触。试问：(1) 从液相的角度分析 SO_2 的传质方向；(2) 从气相角度分析，其他条件不变，温度降到 0℃时 SO_2 的传质方向；(3) 其他条件不变，从气相分析，总压提高到 202.6kPa 时 SO_2 的传质方向，并计算以液相摩尔分数差及气相摩尔分数差表示的传质推动力。

解：(1) 查得在总压 101.3kPa、温度 30℃的条件下 SO_2 在水中的亨利系数 $E = 4850\text{kPa}$，所以

$$m = \frac{E}{P} = \frac{4850}{101.3} = 47.88$$

从液相的角度分析

$$x^* = \frac{y}{m} = \frac{0.3}{47.88} = 0.00627 < x = 0.01$$

故 SO_2 从液相转移到气相,进行解吸过程。

(2)查得总压 101.3kPa、0℃的条件下,SO_2 在水中的亨利系数 $E = 1670\text{kPa}$,则

$$m = \frac{E}{P} = \frac{1670}{101.3} = 16.49$$

从气相分析

$$y^* = mx = 16.49 \times 0.01 = 0.16 < y = 0.3$$

故 SO_2 从气相转移到液相,进行吸收过程。

(3)在总压 202.6kPa、30℃的条件下,SO_2 在水中的亨利系数 $E = 4850\text{kPa}$,则

$$m = \frac{E}{P} = \frac{4850}{202.6} = 23.94$$

从气相分析

$$y^* = mx = 23.94 \times 0.01 = 0.24 < y = 0.3$$

故 SO_2 必然从气相转移到液相,进行吸收过程。

$$x^* = \frac{y}{m} = \frac{0.3}{23.94} = 0.0125$$

以液相摩尔分数差表示的吸收推动力为

$$\Delta x = x^* - x = 0.0125 - 0.01 = 0.0025$$

以气相摩尔分数差表示的吸收推动力为

$$\Delta y = y - y^* = 0.3 - 0.24 = 0.06$$

5.3 吸收过程的传质速率

5.3.1 吸收过程的步骤

吸收过程包括以下三个步骤:

(1) 溶质由气相主体传递至两相界面,即气相内的传递;

(2) 溶质在相界面处由气相溶解于液相;

(3) 溶质由相界面传递至液相主体,即液相内的传递。

界面处的溶解过程较为容易,阻力较小,一般认为界面处的气液两相满足平衡关系,故吸收过程的速率取决于两相内的传递速率。

物质在单一相内的传递是靠**扩散**完成的。发生在流体中的扩散有**分子扩散**与**涡流扩散**两种。前者凭借分子不规则热运动来传递物质，发生在静止或层流流体里，后者是凭借流体质点的湍动来传递物质的，发生在湍流流体里。

5.3.2 分子扩散与菲克定律

在单一相内，若某一组分存在浓度差，通过分子无规则的热运动，使该组分由浓度较高处传递至浓度较低处，称为**分子扩散**，简称**扩散**。

如图 5.6 所示的容器中，用一块隔板将容器分为左右两室，两室分别盛有温度及压强相同的 A、B 两种气体。当抽出中间的隔板后，由于分子无规则的热运动，左室 A 分子向右室扩散，同理右室 B 分子向左室扩散，扩散过程一直进行到整个容器里 A、B 两组分浓度均匀为止。这种传递现象的推动力是浓度差。

这是一个非稳态的过程，随着各区域浓度差异的减小，扩散推动力逐渐下降，扩散速率也逐渐降低。

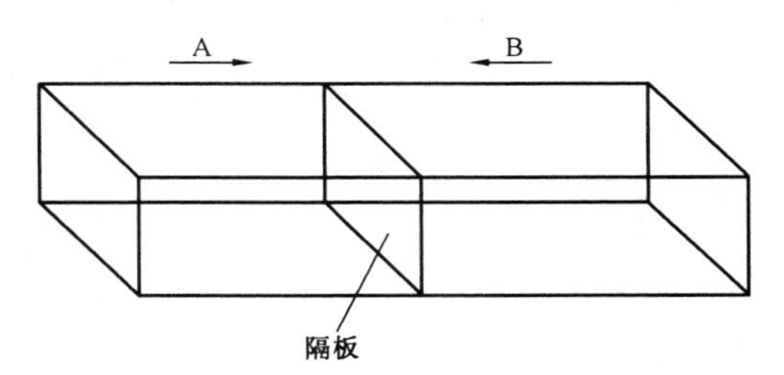

图 5.6　两种气体相互扩散

一般工业生产中的扩散过程都是稳态的，扩散速率可以认为保持恒定。

本章重点讨论双组分物系的稳态分子扩散。

扩散进行的快慢可以用扩散通量来衡量。单位时间内，通过单位截面积扩散的物质量称为扩散通量（或扩散速率），以符号 J 表示，单位为 kmol/(m^2 · s)。

由 A 和 B 组成的混合物，在一定温度、压力下的一维稳态扩散，可用菲克定律表示，即

$$J_A = -D_{AB}\frac{\mathrm{d}c_A}{\mathrm{d}z} \tag{5.26}$$

式中　J_A——组分 A 在 z 方向上的扩散通量，kmol/(m^2 · s)；

$\frac{\mathrm{d}c_A}{\mathrm{d}z}$——组分 A 在 z 方向上的浓度梯度，kmol/m^4；

D_{AB}——组分 A 在 B 中的扩散系数，m^2/s。

式中负号表示扩散方向与浓度梯度方向相反，扩散沿着浓度降低的方向进行。

菲克定律在形式上与牛顿黏性定律和傅里叶定律相似。

对于理想气体混合物，可以用分压表示浓度，两者间的关系为 $c_A = \frac{p_A}{RT}$，则菲克定律也可以表示为

$$J_A = -\frac{D_{AB}}{RT}\frac{\mathrm{d}p_A}{\mathrm{d}z} \tag{5.27}$$

式中　p_A——组分 A 在气体混合物中的分压，kPa；

由于双组分混合物的总浓度在各部分都是相等的，即 $C = c_A + c_B =$ 常数，所以有

$$\frac{\mathrm{d}c_A}{\mathrm{d}z} = -\frac{\mathrm{d}c_B}{\mathrm{d}z} \tag{5.28}$$

因此，在双组分混合物内，产生物质 A 的扩散通量 J_A 的同时，必伴有方向相反的物质 B 的扩散通量 J_B。由菲克定律，此扩散通量可表示为

$$J_B = -D_{BA}\frac{dc_B}{dz} \tag{5.29}$$

对气相或组分相近的液相有

$$D_{AB} = D_{BA} \tag{5.30}$$

故组分 A 沿 z 方向上的扩散通量必等于组分 B 沿 $-z$ 方向上的扩散通量，即

$$J_A = -J_B \tag{5.31}$$

5.3.3 气相中的稳态分子扩散

5.3.3.1 等分子反向扩散(等摩尔逆向扩散)

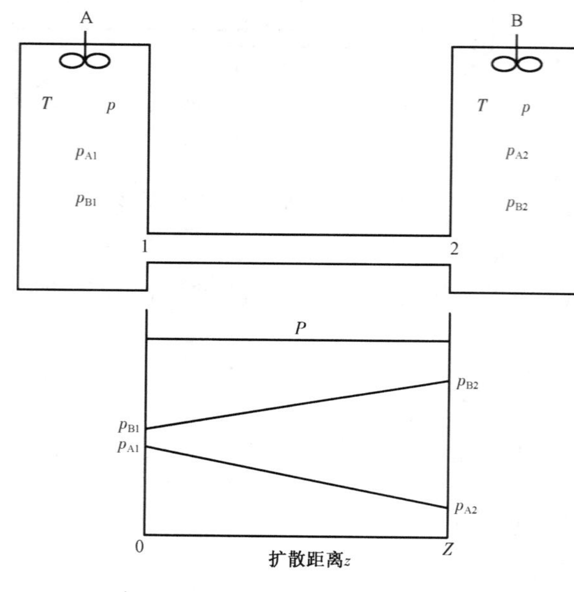

图 5.7 等分子反向扩散

假定有一段粗细均匀的直管将两个很大的容器连通，如图 5.7 所示。两容器内分别充满 A、B 两种气体的混合物，其 $p_{A1} > p_{A2}$，$p_{B1} < p_{B2}$，但两容器内的温度及总压都相同。容器内均设有搅拌器，用以保持容器内的浓度均匀。由于两容器存在浓度差异，连通管中将发生分子扩散现象，使物质 A 向右、物质 B 向左传递。

由于容器很大，连通管很细，故在有限时间内可以近似认为图中 1 和 2 两截面上的 A、B 两组分分压都维持不变，连通管中发生的分子扩散过程是稳定的。

因为两容器内恒温恒压，所以必有 $J_A = -J_B$，此时为稳定的等分子反向扩散。

传质速率(传质通量)是指在任一固定位置上单位时间内通过单位面积传递的物质量，对 A 组分，记作 N_A。

在等分子反向扩散中，组分 A 的传质速率等于其扩散速率，即

$$N_A = J_A = -D\frac{dc_A}{dz} = -\frac{D}{RT}\frac{dp_A}{dz} \tag{5.32}$$

此时，连通管中各截面上的 N_A 应为常数。$z_1 = 0, p_A = p_{A1}; z_2 = Z, p_A = p_{A2}$，对式(5.32)积分

$$\int_0^Z N_A dz = \int_{p_{A1}}^{p_{A2}} -\frac{D}{RT}dp_A$$

得

$$N_A = \frac{D}{RTZ}(p_{A1} - p_{A2}) \tag{5.33}$$

或
$$N_A = \frac{D}{Z}(c_{A1} - c_{A2}) \tag{5.34}$$

5.3.3.2 一组分通过另一停滞组分的扩散（单向扩散）

在吸收过程中，设在相界面的气相一侧，有厚度为 Z 的静止气层，气层内总压处处相等（图 5.8）。此时，组分 A 在界面处和距离界面 Z 处的分压分别为 p_{A2} 和 p_{A1}。因为气相主体和界面间存在浓度差，组分 A 将以 J_A 的速率向界面扩散，并以同样的速率溶解进入液相。同理，组分 B 以 J_B 的速率由界面向气相主体扩散。

考虑到 B 为惰性组分，不被溶解，因此，吸收过程发生的是组分 A 的单向扩散。

在界面处，A 被吸收，B 反向扩散，这都导致界面处气相总压降低，使得气相主体和界面间产生压差，导致混合气体向界面流动，此流动称为**总体流动**。

总体流动为混合气体的宏观运动，同时携带组分 A 和 B 分子流向界面，稳态时，总体流动中 B 组分的速度必等于 B 的反向扩散速度。

若以 N_M 代表总体流动的通量，则两组分 A、B 因总体流动而产生的传递速率分别 $N_M\frac{c_A}{C}$ 和 $N_M\frac{c_B}{C}$。

组分 A 的传质速率为 N_A，即

$$N_A = J_A + N_M\frac{c_A}{C} \tag{5.35}$$

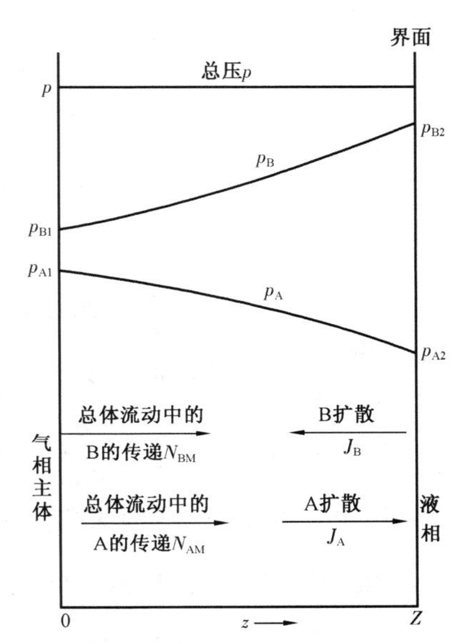

图 5.8　单向扩散

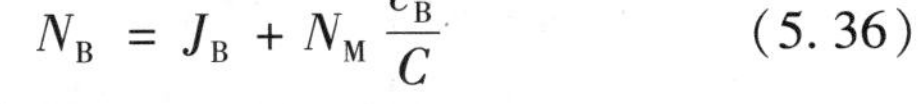

同理
$$N_B = J_B + N_M\frac{c_B}{C} \tag{5.36}$$

因为组分 B 不能通过界面，故 $N_B = 0$，即

$$J_B = -N_M\frac{c_B}{C}$$

又因为 $J_A = -J_B$，所以有 $J_A = N_M\frac{c_B}{C}$，代入式(5.35)，得到

$$N_A = N_M \tag{5.37}$$

将式(5.37)及菲克定律 $J_A = -D_{AB}\frac{dc_A}{dz}$ 代入式(5.35)得

$$N_A = -\frac{DC}{C - c_A}\frac{dc_A}{dz} \tag{5.38}$$

积分得

$$N_A = \frac{DC}{Zc_{Bm}}(c_{A1} - c_{A2}) \tag{5.39}$$

其中
$$c_{Bm} = \frac{c_{B2} - c_{B1}}{\ln \frac{c_{B2}}{c_{B1}}} \tag{5.40}$$

式中　c_{Bm}——1、2 两截面上组分 B 浓度的对数平均值，$kmol/m^3$。

若扩散在理想气体中进行，可用分压代替浓度，得

$$N_A = \frac{DP}{RTZ} \ln \frac{p_{B2}}{p_{B1}} \tag{5.41}$$

或
$$N_A = \frac{DP}{RTZp_{Bm}} (p_{A1} - p_{A2}) \tag{5.42}$$

$$p_{Bm} = \frac{p_{B2} - p_{B1}}{\ln \frac{p_{B2}}{p_{B1}}} \tag{5.43}$$

式中　p_{Bm}——1、2 两截面上组分 B 分压的对数平均值，kPa；

$\frac{P}{p_{Bm}}$，$\frac{C}{c_{Bm}}$——**“漂流因子”**或“移动因子”，无因次。

因 $P > p_{Bm}$ 或 $C > c_{Bm}$，故 $\frac{P}{p_{Bm}} > 1$ 或 $\frac{C}{c_{Bm}} > 1$。可以看出，漂流因子的大小反映了总体流动对传质速率的影响程度，其值为总体流动使传质速率较单纯分子扩散增大的倍数。

当混合物中溶质 A 的浓度较低时，即 c_A 或 p_A 值很小时，$P \approx p_{Bm}$，$C \approx c_{Bm}$，即 $\frac{P}{p_{Bm}} \approx 1$，$\frac{C}{c_{Bm}} \approx 1$，此时总体流动的影响可以忽略不计。

【例 5.4】　在压强为 101.33kPa、温度为 20℃ 的系统中，含 15%（摩尔分数）SO_2 的空气混合物缓慢通过某液体表面。空气不溶解于该液体，SO_2 通过 2mm 厚的静止空气层后，扩散到液体表面，并瞬间溶解，相界面处 SO_2 的分压可视为零。已知 SO_2 在空气中的扩散系数为 $0.115cm^2/s$，求 SO_2 的扩散速率。

解：混合气体中 SO_2 的分压为

$$p_{A1} = 101.33 \times 0.15 = 15.2(kPa)$$

混合气体中空气的分压为

$$p_{B1} = P - p_{A1} = 101.33 - 15.2 = 86.1(kPa)$$

液体表面（界面）上 SO_2 的分压为

$$p_{A2} = 0$$

液体表面（界面）上空气的分压为

$$p_{B2} = P = 101.33(kPa)$$

则空气的对数平均分压为

$$p_{Bm}=\frac{p_{B2}-p_{B1}}{\ln\frac{p_{B2}}{p_{B1}}}=\frac{101.33-86.1}{\ln\frac{101.33}{86.1}}=93.5(\text{kPa})$$

所以

$$N_A=\frac{DP}{RTZp_{Bm}}(p_{A1}-p_{A2})$$

$$=\frac{1.15\times10^{-5}}{8.314\times293\times0.002}\times\frac{101.33}{93.5}\times15.2$$

$$=3.89\times10^{-5}[\text{kmol}/(\text{m}^2\cdot\text{s})]$$

5.3.4 液相中的稳态分子扩散

由于液相的分子运动规律较为复杂,目前研究得还不够充分。一般认为,液体中发生等分子反向扩散的几率较小,而单向扩散形式则较为多见。因此仿照式(5.39)可写出组分 A 在液相中的传质速率关系式为

$$N_A'=\frac{D'C}{Zc_{Sm}}(c_{A1}-c_{A2}) \tag{5.44}$$

$$C=c_A+c_S$$

式中 N_A'——溶质 A 在液相中的传质速率,$\text{kmol}/(\text{m}^2\cdot\text{s})$;

D'——溶质 A 在溶剂 S 中的扩散系数,m^2/s;

C——溶液的总浓度,kmol/m^3;

c_{Sm}——1、2 两截面上溶剂 S 浓度的对数平均值,kmol/m^3。

5.3.5 分子扩散系数

分子扩散系数简称扩散系数,反映了某组分在一定介质中的扩散能力,是物质特性常数之一。其值随物系种类、温度、浓度或总压的不同而变化。

气体中的扩散系数在压力不太高的条件下,与热力学温度 T 的 1.5 次方成正比,与总压力 P 成反比。在常压下,气体扩散系数的范围约为 $10^{-5}\sim10^{-4}\,\text{m}^2/\text{s}$。

溶质在液体中的扩散系数与物质的种类、温度有关,还与溶液的浓度密切相关。

溶液浓度增加,黏度变化较大,偏离理想溶液的程度也大。故有关液体的扩散系数数据多以稀溶液为主。此时,某些非电解质在水中的扩散系数一般在 $1\times10^{-10}\sim5\times10^{-9}\,\text{m}^2/\text{s}$ 范围内。液体中的扩散系数通常与热力学温度 T 成正比,与液体的黏度 μ 成反比。

由于液体中的分子比气体中的分子密集得多,所以液体的扩散系数比气体的扩散系数小得多。

5.3.6 对流传质

5.3.6.1 涡流扩散

前面介绍的分子扩散现象,发生在静止或层流流体中。但工业生产中常见的传质过程均

发生在湍流流体中，流体质点作无规则运动，相互碰撞和混合，组分会从高浓度向低浓度方向传递，这种现象称为**涡流扩散**。

涡流扩散速率很难从理论上确定，通常仿效菲克定律的形式表示

$$J_A = -D_e \frac{dc_A}{dz} \tag{5.45}$$

式中 J_A——涡流扩散通量，kmol/(m² · s)；

D_e——涡流扩散系数，m²/s。

涡流扩散系数与分子扩散系数不同，D_e 不是物性常数，其值与流体流动状态及所处的位置有关。

湍流中，分子扩散和涡流扩散同时发挥作用，但涡流扩散占主导地位，鉴于 D_e 难以测定，通常将两种扩散综合考虑。

5.3.6.2 对流传质机理

流体与相界面之间发生的传质过程，称为**对流传质**。

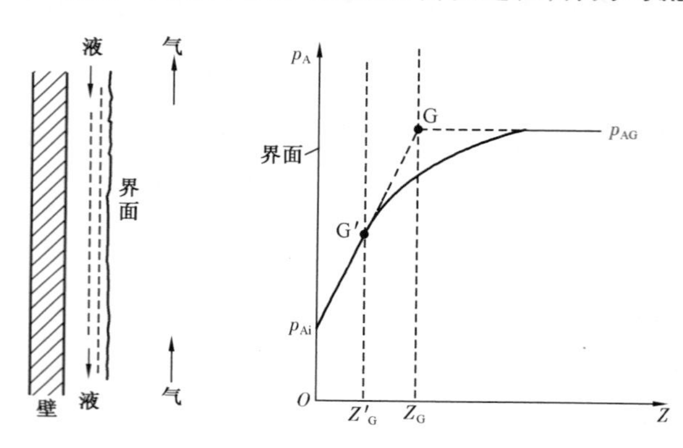

图 5.9 对流传质浓度分布图

假定在一直立吸收塔设备内，吸收剂自上而下沿固体壁面流动，混合气体自下而上流过，与液体进行逆向接触传质。在稳定操作状态下，对吸收设备任一横截面处相界面上气相一侧溶质的浓度分布进行分析。如图 5.9 所示，横轴表示离开相界面的距离，纵轴表示此截面上溶质 A 的实际分压 p_A。

气体虽呈湍流流动，但靠近相界面处仍有一个层流底层，以 Z_G'表示其厚度，湍流程度越高，则 Z_G'的值越小。

在稳定传质状况下，截面上不同点处的传质速率应相同。溶质 A 自气相主体向相界面转移，气相中 A 的分压越靠近相界面便越小。在层流底层内，溶质 A 仅靠分子扩散传递，因而分压梯度较大，图中 p—Z 曲线较为陡峭。在过渡区，分压梯度逐渐变小，曲线逐渐平缓。当进入湍流主体区域，由于强烈的涡流扩散作用，混合较为均匀，使得 A 的分压趋于一致，分压梯度几乎为零，曲线视为一水平线。

延长层流底层的变化曲线，使其与气相主体的水平线交于一点 G，令此交点与相界面的距离为 Z_G。此时，可假设在相界面附近存在着一个厚度为 Z_G 的层流膜层，其内的物质传递形式为分子扩散，此虚拟的膜层称为**有效膜**或**停滞膜**。

有效膜厚 Z_G 是个虚拟的厚度，但它与层流底层厚度 Z_G'存在对应关系。流体湍流程度越剧烈，层流内层厚度 Z_G'越薄，相应的停滞膜厚 Z_G 也越薄，对流传质阻力越小。

5.3.6.3 对流传质速率关系式

由图 5.9 可见，整个气相有效膜层的传质推动力即为主体与相界面处的分压之差，这意味着从气相主体到相界面处的全部传质阻力都可认为包含在此有效膜层之内，可按有效膜层内的分子扩散速率式，写出由气相主体至相界面的对流传质速率关系式

$$N_A = \frac{D}{RTZ_G} \cdot \frac{P}{p_{Bm}}(p_{AG} - p_{Ai}) \tag{5.46}$$

式中　N_A——溶质 A 的对流传质速率，kmol/($m^2 \cdot s$)；

p_{AG}——气相主体中溶质 A 的分压，kPa；

p_{Ai}——相界面处溶质 A 的分压，kPa；

p_{Bm}——组分 B 在气相主体和相界面处分压的对数平均值，kPa。

方便起见，一般用 p_A 表示 p_{AG}，用 p_i 表示 p_{Ai}。

同样道理，有效膜的假设也可应用于相界面的液相一侧，可据此写出液相中对流传质速率关系式

$$N_A = \frac{DC}{Z_L c_{Sm}}(c_{Ai} - c_{AL}) \tag{5.47}$$

式中　Z_L——液相有效膜厚度，m；

c_{AL}——液相主体中溶质 A 的浓度，kmol/m^3；

c_{Ai}——相界面处溶质 A 的浓度，kmol/m^3；

c_{Sm}——吸收剂在液相主体和相界面处浓度的对数平均值，kmol/m^3。

一般用 c_A 来表示 c_{AL}，用 c_i 表示 c_{Ai}。

5.3.7　吸收过程的机理

对于吸收过程，Whitman 提出的**双膜理论**（也称为有效膜理论、停滞膜模型或双阻力模型）一直占有重要地位。本章前面的分析和后面的计算过程，都是以双膜理论作为基础的，详见图 5.10。

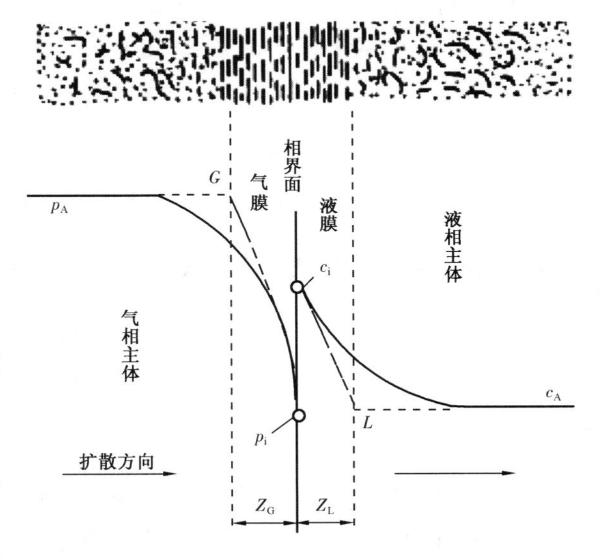

图 5.10　双膜理论示意图

双膜理论的基本假设包括以下几点：

（1）具有稳定的相界面，界面两侧各有一个稳定的停滞膜，溶质以稳态分子扩散形式通过气液双膜；

（2）界面处达到相平衡；

（3）停滞膜内集中全部传质阻力，膜外气液湍流主体组成均匀。

双膜理论把复杂的相际传质过程简化成两个串联的停滞膜的分子扩散过程，而相界面处和湍流主体区域都没有传质阻力，这一理论建立起来的传质速率关系至今仍是传质设备设计的主要依据。

该理论对具有固定相界面及流速不高的系统较符合，但对于其他情况，它的几项假设很难成立，吻合较差。

除双膜理论之外，还有**溶质渗透理论**和**表面更新理论**等其他模型，这些理论在实践中具有一定的指导意义。

5.3.8 吸收速率方程式

稳定传质状况下，气液两相的传质速率应该相同，等于该截面处的吸收速率。由于实际吸收过程的规律很难理论推导，因此仿照对流传热中的牛顿冷却定律，将吸收速率表示成推动力的倍数，写出气膜或液膜吸收速率关系式。相应的倍数可称为单相吸收系数或膜系数，用 k 表示，与对流传热系数 α 相当。

5.3.8.1 气相传质速率方程式

$$N_A = k_G(p_A - p_i) \tag{5.48}$$

$$N_A = k_y(y_A - y_i) \tag{5.49}$$

$$N_A = k_Y(Y_A - Y_i) \tag{5.50}$$

式中 k_G——以分压差为推动力的气相传质系数，kmol/(m^2·s·Pa)；

k_y——以摩尔分数差为推动力的气相传质系数，kmol/(m^2·s)；

k_Y——以摩尔比差为推动力的气相传质系数，kmol/(m^2·s)；

p_A，p_i——溶质在气相主体和相界面处的分压，Pa；

y_A，y_i——溶质在气相主体和相界面处的摩尔分数；

Y_A，Y_i——溶质在气相主体和相界面处的摩尔比。

当气相总压不太高时，气体按理想气体处理，可得

$$k_y = Pk_G \tag{5.51}$$

低浓度气体吸收时，可认为

$$k_Y \approx k_y = Pk_G \tag{5.52}$$

5.3.8.2 液相的对流传质速率方程

$$N_A = k_L(c_i - c_A) \tag{5.53}$$

$$N_A = k_x(x_i - x_A) \tag{5.54}$$

$$N_A = k_X(X_i - X_A) \tag{5.55}$$

式中 k_L——以摩尔浓度差为推动力的液相传质系数，m/s；

k_x——以摩尔分数差为推动力的液相传质系数，kmol/(m^2·s)；

k_X——以摩尔比差为推动力的液相传质系数，kmol/(m^2·s)；

c_A，c_i——溶质在液相主体和相界面处的浓度，kmol/m^3；

x_A，x_i——溶质在液相主体和相界面处的摩尔分数；

X_A，X_i——溶质在液相主体和相界面处的摩尔比。

对于稀溶液，不难得出液相传质系数之间的关系

$$k_X \approx k_x = Ck_L \tag{5.56}$$

5.3.8.3 相界面的组成

在稳定传质的状态下，气液两相的传质速率应该相同，得

$$N_A = k_Y(Y_A - Y_i) = k_X(X_i - X_A)$$

可变形为

$$\frac{Y_A - Y_i}{X_A - X_i} = -\frac{k_X}{k_Y} \tag{5.57}$$

由于相界面处于相平衡,若已知 Y_A、X_A 以及 k_X/k_Y,由式(5.57)以及相平衡关系 $Y_i = mX_i$,可求出 Y_i 和 X_i,见图 5.11。

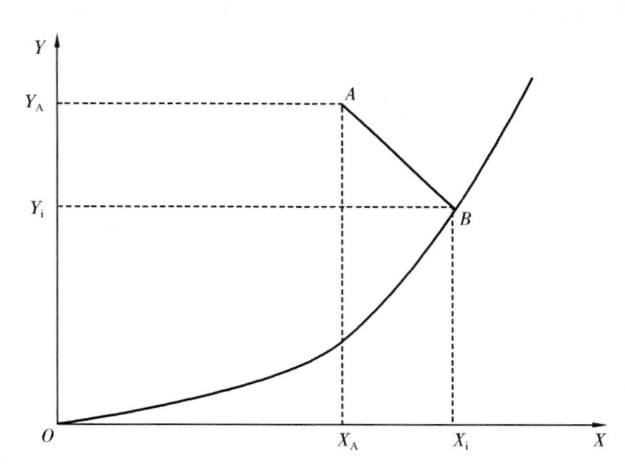

图 5.11 界面组成的计算

5.3.8.4 总传质速率方程

由于界面组成难以确定,为此可效仿传热计算中总传热速率方程的推导方法,求出以总推动力表示的总吸收速率方程式。考虑到气液组成的表示方法较多,故分别讨论。

(1)以$(p_A - p_A^*)$为推动力的总传质速率方程。

令 p_A^* 为与液相主体浓度 c_A 成平衡的气相分压。当相平衡关系满足亨利定律时,则有

$$c_i = Hp_i, c_A = Hp_A^*$$

代入式 $N_A = k_L(c_i - c_A)$,得

$$N_A = Hk_L(p_i - p_A^*)$$

或

$$\frac{1}{Hk_L}N_A = p_i - p_A^*$$

又因为

$$\frac{1}{k_G}N_A = p_A - p_i$$

两式相加得

$$\left(\frac{1}{Hk_L} + \frac{1}{k_G}\right)N_A = p_A - p_A^* \tag{5.58}$$

或

$$N_A = \frac{1}{\left(\frac{1}{Hk_L} + \frac{1}{k_G}\right)}(p_A - p_A^*)$$

令

$$\frac{1}{K_G} = \frac{1}{k_G} + \frac{1}{Hk_L} \tag{5.59}$$

则

$$N_A = K_G(p_A - p_A^*) \tag{5.60}$$

式中 K_G——以$(p_A - p_A^*)$为推动力的气相总传质系数,kmol/(m^2·s·Pa)。

K_G 的倒数就是过程的总阻力，分别由**气膜阻力**$\frac{1}{k_G}$与**液膜阻力**$\frac{1}{Hk_L}$两部分构成。

当 k_G 与 k_L 数量级相当时，对于易溶气体，由于 H 值很大，有$\frac{1}{Hk_L} \ll \frac{1}{k_G}$，即传质阻力主要集中在气膜内，液膜阻力可以忽略不计，可认为 $K_G \approx k_G$。说明吸收过程由气相阻力控制，故称为**气膜控制**，如用水吸收氯化氢、氨气等。此时要想提高吸收速率，应重点考虑减小气膜阻力。

(2)以$(c_A^* - c_A)$为推动力的总传质速率方程。

令 c_A^* 为与气相主体浓度 p_A 成相平衡的液相浓度，用同样方法可推得

$$N_A = K_L(c_A^* - c_A) \tag{5.61}$$

$$\frac{1}{K_L} = \frac{1}{k_L} + \frac{H}{k_G} \tag{5.62}$$

式中　K_L——以$(c_A^* - c_A)$为推动力的液相总传质系数，m/s。

K_L 的倒数就是过程的总阻力，由气膜阻力$\frac{H}{k_G}$与液膜阻力$\frac{1}{k_L}$两部分构成。

当 k_G 与 k_L 数量级相当时，对难溶气体，由于 H 值很小，有$\frac{H}{k_G} \ll \frac{1}{k_L}$，即传质阻力主要集中在液膜内，气膜阻力可以忽略不计，可以认为 $K_L \approx k_L$。说明吸收过程由液相阻力控制，故称为**液膜控制**，如用水吸收二氧化碳、氧气等。此时要想提高吸收速率，应重点考虑减小液膜阻力。

比较可知

$$K_G = HK_L$$

用类似的方法还可以得到

$$N_A = K_Y(Y_A - Y_A^*) \tag{5.63}$$

$$N_A = K_y(y_A - y_A^*) \tag{5.64}$$

$$N_A = K_X(X_A^* - X_A) \tag{5.65}$$

$$N_A = K_x(x_A^* - x_A) \tag{5.66}$$

$$\frac{1}{K_Y} = \frac{1}{k_Y} + \frac{m}{k_X} \tag{5.67}$$

$$\frac{1}{K_y} = \frac{1}{k_y} + \frac{m}{k_x} \tag{5.68}$$

$$\frac{1}{K_X} = \frac{1}{k_X} + \frac{1}{mk_Y} \tag{5.69}$$

$$\frac{1}{K_x} = \frac{1}{k_x} + \frac{1}{mk_y} \tag{5.70}$$

式中　K_Y——以$(Y_A - Y_A^*)$为推动力的气相总传质系数，kmol/(m^2·s)；

K_y——以$(y_A - y_A^*)$为推动力的气相总传质系数，kmol/(m^2·s)；

K_X——以$(X_A^* - X_A)$为推动力的液相总传质系数，kmol/(m^2·s)；

K_x——以$(x_A^* - x_A)$为推动力的液相总传质系数,kmol/(m^2·s)。

比较可知

$$K_X = mK_Y \tag{5.71}$$

$$K_x = mK_y \tag{5.72}$$

5.3.8.5 分析

通常传质速率可以用传质系数乘以推动力表达,也可用推动力与传质阻力之比表示。从以上总传质系数与单相传质系数关系式可以得出,总传质阻力等于两相传质阻力之和,这与两流体间壁换热时总热阻等于各项热阻之和的情况相同。

但要注意总传质阻力和两相传质阻力必须与推动力相对应,系数与推动力要正确搭配,单位要保持一致。

上述所有吸收速率方程式只适用于稳定操作塔的某一截面,此时气液组成保持不变。另外,相平衡关系必须为直线,即 m 为常数,否则即使 k 不变,K 也变。但也有例外,如易溶气体的吸收 $K_G \approx k_G$,难溶气体的吸收 $K_L \approx k_L$。

各种组成下,吸收速率方程和总传质系数的表达式如表 5.2 所示。

表 5.2 组成不同时的吸收速率方程和总传质系数表达式

组成	摩尔分数	分压和摩尔浓度	摩尔比	系数间的关系
吸收速率方程	$N_A = k_y(y_A - y_i)$	$N_A = k_G(p_A - p_i)$	$N_A = k_Y(Y_A - Y_i)$	$k_y \approx k_Y = Pk_G$
	$N_A = k_x(x_i - x_A)$	$N_A = k_L(c_i - c_A)$	$N_A = k_X(X_i - X_A)$	$k_X \approx k_x = Ck_L$
	$N_A = K_y(y_A - y_A^*)$	$N_A = K_G(p_A - p_A^*)$	$N_A = K_Y(Y_A - Y_A^*)$	$K_Y \approx K_y = PK_G$
	$N_A = K_x(x_A^* - x_A)$	$N_A = K_L(c_A^* - c_A)$	$N_A = K_X(X_A^* - X_A)$	$K_X \approx K_x = CK_L$
总传质系数	$\frac{1}{K_y} = \frac{1}{k_y} + \frac{m}{k_x}$	$\frac{1}{K_G} = \frac{1}{k_G} + \frac{1}{Hk_L}$	$\frac{1}{K_Y} = \frac{1}{k_Y} + \frac{m}{k_X}$	$K_G = HK_L$
				$K_X = mK_Y$
	$\frac{1}{K_x} = \frac{1}{k_x} + \frac{1}{mk_y}$	$\frac{1}{K_L} = \frac{1}{k_L} + \frac{H}{k_G}$	$\frac{1}{K_X} = \frac{1}{k_X} + \frac{1}{mk_Y}$	$K_x = mK_y$

【例 5.5】 在总压为 100kPa、温度为 30℃时,用清水吸收混合气体中的氨。气相传质系数 $k_G = 3.84 \times 10^{-6}$kmol/(m^2·s·kPa),液相传质系数 $k_L = 1.83 \times 10^{-4}$m/s。若操作条件下的平衡关系服从亨利定律,测得液相中溶质摩尔分数为 0.05,其气相平衡分压为 6.7kPa。塔内某截面上气、液组成分别为 $y = 0.05$、$x = 0.01$ 时。求:(1)在该截面上,以分压差和摩尔浓度差表示的传质总推动力及相应的传质速率和总传质系数;(2)分析该过程的控制因素。

解:(1)根据亨利定律

$$E = \frac{p_A^*}{x} = \frac{6.7}{0.05} = 134(\text{kPa})$$

相平衡常数

$$m = \frac{E}{p} = \frac{134}{100} = 1.34$$

溶解度系数 $H = \frac{\rho_S}{EM_S} = \frac{1000}{134 \times 18} = 0.4146[\text{kmol/(kPa} \cdot \text{m}^3)]$

$$p_A - p_A^* = 100 \times 0.05 - 134 \times 0.01 = 3.66(\text{kPa})$$

$$\frac{1}{K_G} = \frac{1}{Hk_L} + \frac{1}{k_G}$$

$$= \frac{1}{0.4146 \times 1.83 \times 10^{-4}} + \frac{1}{3.84 \times 10^{-6}}$$

$$= 13180 + 260417 = 273597(\text{m}^2 \cdot \text{s} \cdot \text{kPa/kmol})$$

$$K_G = 3.66 \times 10^{-6}[\text{kmol/(m}^2 \cdot \text{s} \cdot \text{kPa})]$$

$$N_A = K_G(p_A - p_A^*) = 3.66 \times 10^{-6} \times 3.66 = 1.34 \times 10^{-5}[\text{kmol/(m}^2 \cdot \text{s})]$$

$$c_A = \frac{0.01}{0.99 \times 18/1000} = 0.56(\text{kmol/m}^3)$$

$$c_A^* - c_A = 0.4146 \times 100 \times 0.05 - 0.56 = 1.513(\text{kmol/m}^3)$$

$$K_L = \frac{K_G}{H} = \frac{3.66 \times 10^{-6}}{0.4146} = 8.83 \times 10^{-6}(\text{m/s})$$

$$N_A = K_L(c_A^* - c_A) = 8.83 \times 10^{-6} \times 1.513 = 1.34 \times 10^{-5}[\text{kmol/(m}^2 \cdot \text{s})]$$

(2)与($p_A - p_A^*$)表示的传质总推动力相应的传质阻力为 273597($\text{m}^2 \cdot \text{s} \cdot \text{kPa}$)/kmol，其中

气相阻力为 $\frac{1}{k_G} = 260417(\text{m}^2 \cdot \text{s} \cdot \text{kPa/kmol})$

液相阻力为 $\frac{1}{Hk_L} = 13180(\text{m}^2 \cdot \text{s} \cdot \text{kPa/kmol})$

气相阻力占总阻力的 95.2%，故该传质过程为气膜阻力控制过程。

5.4 吸收设备的主要工艺计算

5.4.1 吸收设备简介

工业上常用的吸收塔有板式塔和填料塔，板式塔内气液两相逐级接触，而填料塔内则为连续接触。本章主要分析和讨论填料塔内气液两相吸收操作的工艺计算。

填料塔内气液两相流动方式分为逆流和并流，通常采用逆流操作，这是因为当吸收塔的进、出口气液相浓度为定值时，逆流操作的平均传质推动力大于并流。

本节内容主要包括吸收剂使用量、填料层高度以及塔径的计算。

5.4.2 填料塔吸收过程的物料衡算与操作线方程

5.4.2.1 物料衡算

稳态逆流吸收塔的气液流量和组成如图5.12所示，塔底截面以下标“1”表示，塔顶截面以下标“2”表示，为书写方便，计算中略去了组分A的下标。

通常可认为吸收剂不挥发，且惰性组分不溶于溶剂。则惰性组分的流量V和吸收剂的流量L在吸收塔内为定值，故组成选用摩尔比X、Y来计算。图中符号定义如下

V——单位时间通过任一塔截面惰性组分的量，kmol/s；

L——单位时间通过任一塔截面纯吸收剂的量，kmol/s；

Y_1,Y_2,Y——进塔、出塔以及塔内任一截面上混合气体中溶质的摩尔比；

X_1,X_2,X——出塔、进塔以及任一截面上液相中溶质的摩尔比。

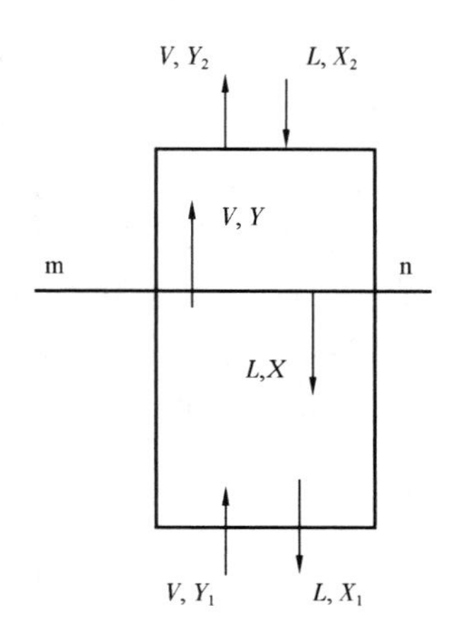

图5.12 逆流吸收塔操作图

在稳态条件下，以单位时间为基准，在全塔范围内，对溶质A作物料衡算得

$$VY_1+LX_2=VY_2+LX_1$$

或
$$V(Y_1-Y_2)=L(X_1-X_2) \tag{5.73}$$

一般来说，V、X_2、Y_1均为实际工艺参数，可视为定值，然后根据吸收过程所要达到的目标任务来规定Y_2值或溶质回收率的值。

一般用φ_A来表示**回收率(吸收率)**，其定义式

$$\varphi_A=\frac{Y_1-Y_2}{Y_1} \tag{5.74}$$

或
$$Y_2=Y_1(1-\varphi_A) \tag{5.75}$$

代入式(5.73)可求出塔底排出液中溶质的浓度

$$X_1=X_2+V(Y_1-Y_2)/L \tag{5.76}$$

5.4.2.2 操作线方程

如图5.12所示，在逆流吸收塔内任意截面m—n和塔顶间对溶质A进行物料衡算

$$VY+LX_2=VY_2+LX$$

或
$$Y=\frac{L}{V}X+\left(Y_2-\frac{L}{V}X_2\right) \tag{5.77}$$

若在塔内任一截面m—n和塔底间对溶质A作物料衡算，则得到

$$VY_1+LX=VY+LX_1$$

或
$$Y=\frac{L}{V}X+\left(Y_1-\frac{L}{V}X_1\right) \tag{5.78}$$

由全塔物料衡算可知，式(5.77)与式(5.78)是等同的。

塔内任一截面上气相组成 Y 与液相组成 X 之间的关系称为**操作关系**。

式(5.77)与式(5.78)称为逆流吸收过程操作线方程式，具有以下特点：

(1)连续吸收时，若 L、V、Y_1、X_2 确定，则该吸收操作线在 $X—Y$ 直角坐标图上为一直线，通过塔顶 A(X_2，Y_2)及塔底 B(X_1，Y_1)，其斜率为$\frac{L}{V}$，称为吸收操作的**液气比**，见图 5.13。

(2)由于塔顶气液相组成均低于塔底，故把塔顶称为**稀端**，塔底称为**浓端**。

(3)吸收操作线仅与液气比、塔底及塔顶溶质组成有关，与系统的平衡关系、塔型及操作条件 T、P 无关。

(4)因吸收操作时，$Y>Y^*$ 或 $X^*>X$，故吸收操作线在平衡线 $Y^*=f(X)$ 的上方；解吸操作时，情况相反，解吸操作线在平衡线的下方。

(5)操作线上任一点 K 与平衡线的垂直距离 $Y-Y^*$ 及水平距离 X^*-X 为该截面处的气相和液相总传质推动力。由图 5.14 可以看出，操作线距离平衡线越远，吸收的推动力越大。

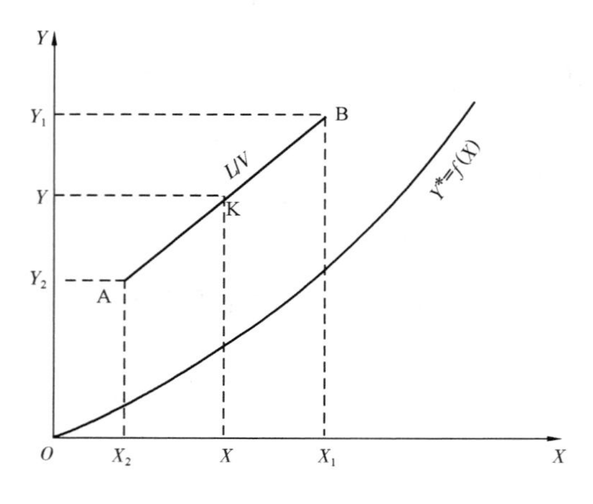

图 5.13　逆流吸收过程操作线

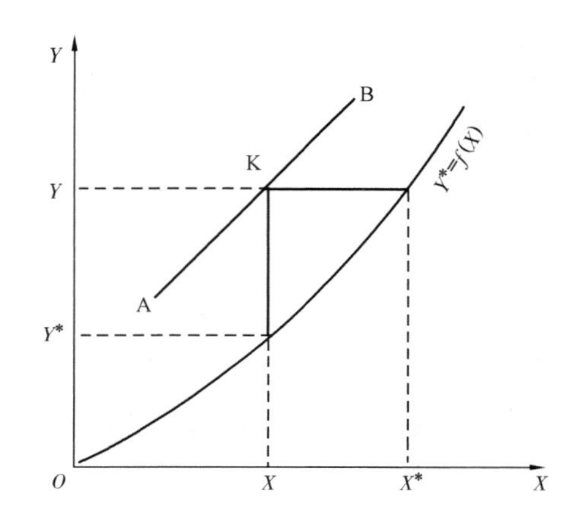

图 5.14　吸收操作推动力示意图

5.4.2.3　吸收剂用量与最小液气比

吸收塔操作计算时，V、X_2、Y_1、Y_2 均为工艺参数。由图 5.15 可见，吸收塔操作线的一个端点 A(X_2，Y_2)已经固定，另一个端点 B 可在 $Y=Y_1$ 的水平线上移动，其横坐标将取决于操作线的斜率$\frac{L}{V}$。

由于 V 已确定，若减少吸收剂用量 L，操作线斜率变小，点 B 沿水平线向右移动。此时，出塔液体组成 X_1 逐渐增加，塔底吸收推动力逐渐减小。当操作线与平衡线交于 D 点时 $X_1=X_1^*$，这是理论上吸收液所能达到的最高组成。此时塔底吸收推动力为零，需要吸收塔无限高，即传质面积无限大时才能达到工艺要求。这时吸收操作线的斜率称为**最小液气比**，以$\left(\frac{L}{V}\right)_{\min}$表示。相应的吸收剂用量为**最小吸收剂用量**，以 $L_{\min}$ 表示。

若增大吸收剂用量，操作线 B 点将沿水平线 $Y=Y_1$ 向左移动。在此情况下，操作线远离平衡线，吸收的推动力增大，对一定的吸收任务，所需塔高将减小，设备投资也减少。当液气比增加到一定程度后，塔高减小的幅度就不明显了，而吸收剂消耗量却明显增大，造成操作费用剧增。

考虑吸收剂用量对设备和操作费用两方面的影响,应选择适宜的液气比,使设备费和操作费用之和最小。根据生产实践经验,通常吸收剂用量为最小用量的 1.1 ~2.0 倍,即

$$\frac{L}{V} = (1.1 \sim 2.0)\left(\frac{L}{V}\right)_{\min} \tag{5.79}$$

应当注意的是,液体量 L 必须保证能使填料表面被液体充分润湿,即保证单位塔截面上单位时间内流下的液体量不得小于某一最低允许值。

最小液气比可根据物料衡算采用图解法求得,当平衡曲线符合图 5.15 所示的情况时

$$\left(\frac{L}{V}\right)_{\min} = \frac{Y_1 - Y_2}{X_1^* - X_2} \tag{5.80}$$

如果平衡线出现如图 5.16 所示的形状,则过点 A 作平衡线的切线,水平线 $Y = Y_1$ 与切线相交于点 D$(X_{1,\max}, Y_1)$,则可按下式计算最小液气比

$$\left(\frac{L}{V}\right)_{\min} = \frac{Y_1 - Y_2}{X_{1,\max} - X_2} \tag{5.81}$$

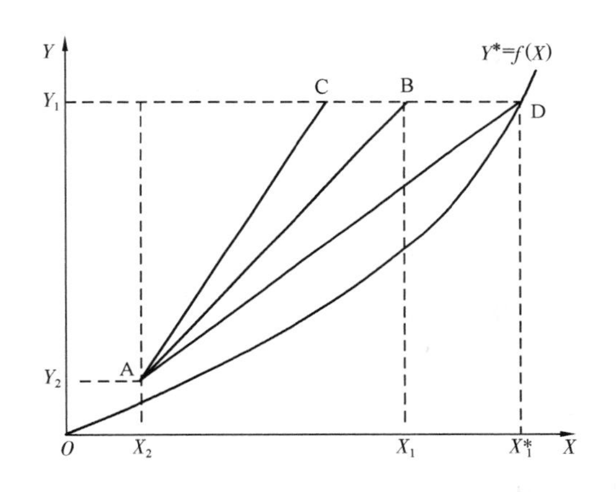

图 5.15 逆流吸收最小液气比示意图

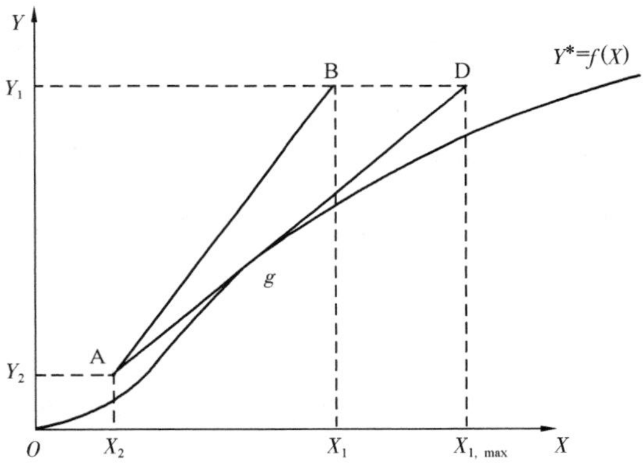

图 5.16 最小回流比计算示意图

【例 5.6】 某矿石焙烧炉排出含 SO_2 的混合气体,除 SO_2 外其余组分可看作惰性气体。冷却后送入填料吸收塔中,用清水洗涤以除去其中的 SO_2。吸收塔的操作温度为 20℃,压力为 101.3kPa。混合气的流量为 1000m³/h,其中含 SO_2 体积分数为 9%,要求 SO_2 的回收率为 90%,吸收剂用量为理论最小用量的 1.2 倍。试计算:(1)吸收剂用量及塔底吸收液的组成 X_1;(2)当用含 0.0003(摩尔比)SO_2 的水溶液作吸收剂时,保持 SO_2 回收率不变,吸收剂用量比原状况增加还是减少?塔底吸收液组成变为多少?已知 101.3kPa、20℃条件下 SO_2 在水中的平衡数据如表 5.3 所示。

表 5.3 SO_2 气液平衡组成表

SO_2 溶液浓度 X	气相中 SO_2 平衡浓度 Y	SO_2 溶液浓度 X	气相中 SO_2 平衡浓度 Y
0.0000562	0.00066	0.00084	0.019
0.00014	0.00158	0.0014	0.035
0.00028	0.0042	0.00197	0.054
0.00042	0.0077	0.0028	0.084
0.00056	0.0113	0.0042	0.138

解:按题意进行组成换算。

进塔气体中 SO_2 的组成为

$$Y_1 = \frac{y_1}{1 - y_1} = \frac{0.09}{1 - 0.09} = 0.099$$

出塔气体中 SO_2 的组成为

$$Y_2 = Y_1(1 - \varphi_A) = 0.099 \times (1 - 0.9) = 0.0099$$

进塔惰性气体的摩尔流量为

$$V = \frac{1000}{22.4} \times \frac{273}{273 + 20} \times (1 - 0.09) = 37.85(\text{kmol/h})$$

由表 5.3 中 X—Y 数据,采用插值法得到与气相进口组成 Y_1 相平衡的液相组成 $X_1^* = 0.0032$。

(1)

$$L_{\min} = V\frac{Y_1 - Y_2}{X_1^* - X_2} = \frac{37.85 \times (0.099 - 0.0099)}{0.0032} = 1053.9(\text{kmol/h})$$

实际吸收剂用量 $L = 1.2L_{\min} = 1.2 \times 1053.9 = 1264.68(\text{kmol/h})$

塔底吸收液的组成 X_1 由全塔物料衡算求得

$$X_1 = X_2 + V(Y_1 - Y_2)/L = 0 + \frac{37.85 \times (0.099 - 0.0099)}{1264.68} = 0.00267$$

(2)吸收率不变,即出塔气体中 SO_2 的组成 $Y_2 = 0.0099$ 不变,$X_2 = 0.0003$,所以

$$L_{\min} = V\frac{Y_1 - Y_2}{X_1^* - X_2} = \frac{37.85 \times (0.099 - 0.0099)}{0.0032 - 0.0003} = 1162.9(\text{kmol/h})$$

实际吸收剂用量 $L = 1.2L_{\min} = 1.2 \times 1162.9 = 1395.48(\text{kmol/h})$

塔底吸收液的组成 X_1 由全塔物料衡算求得

$$X_1 = X_2 + V(Y_1 - Y_2)/L = 0.0003 + \frac{37.85 \times (0.099 - 0.0099)}{1395.48} = 0.0027$$

由该题计算结果可见,当保持溶质回收率不变,吸收剂所含溶质浓度越低,所需溶剂量越小,塔底吸收液浓度越低。

5.4.3 填料层高度的计算

5.4.3.1 填料层高度的基本计算式

由于填料塔为连续接触式设备,所以在填料塔内任一截面上的气液两相组成和吸收推动力均沿塔高连续变化,不同截面上的传质速率各不相同。因此需采用微分方法,从分析填料层内某一微元高度 dZ 内的溶质吸收过程入手。

在图5.17所示的填料层内，任意选取一段高度为 dZ 的微元填料层，其气液两相传质面积为

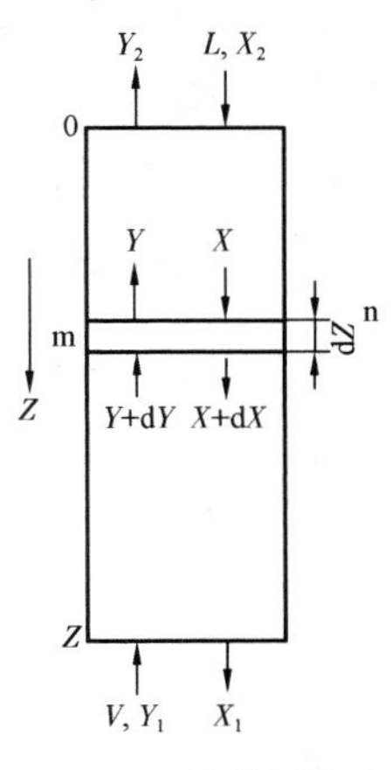

图5.17 填料层高度计算示意图

$$dA = \Omega a dZ$$

$$\Omega = \frac{\pi}{4}D^2$$

式中 a——单位体积填料所具有的有效相际传质面积，m^2/m^3；

Ω——填料塔的截面积，m^2；

D——塔的直径，m。

稳态吸收时，由物料衡算可知，气相中溶质减少的量等于液相中溶质增加的量，即单位时间内由气相转移到液相的溶质 A 的量 dG_A 可用下式表达

$$dG_A = VdY = LdX \tag{5.82}$$

根据吸收速率的定义，dZ 段内吸收溶质的量为

$$dG_A = N_A dA = N_A(a\Omega dZ)$$

式中 dG_A——单位时间吸收溶质的量，kmol/s；

N_A——微元高度 dZ 段填料层内溶质的传质速率，kmol/(m^2·s)。

将吸收速率方程 $N_A = K_Y(Y - Y^*)$ 和 $N_A = K_X(X^* - X)$ 代入得

$$dG_A = K_Y(Y - Y^*)a\Omega dZ \tag{5.83}$$

$$dG_A = K_X(X^* - X)a\Omega dZ \tag{5.84}$$

将式(5.82)分别与式(5.83)和式(5.84)联立得

$$dZ = \frac{V}{K_Y a\Omega} \cdot \frac{dY}{Y - Y^*} \tag{5.85}$$

$$dZ = \frac{L}{K_X a\Omega} \cdot \frac{dX}{X^* - X} \tag{5.86}$$

当吸收塔稳态操作时，V、L、Ω 皆不随时间而变化，也不随截面位置变化。而且对于低浓度吸收，在全塔范围内气液相的物性变化都较小，故 K_Y、K_X 可视为常数，将式(5.85)和式(5.86)分别积分得

$$Z = \frac{V}{K_Y a\Omega} \cdot \int_{Y_2}^{Y_1} \frac{dY}{Y - Y^*} \tag{5.87}$$

$$Z = \frac{L}{K_X a\Omega} \cdot \int_{X_2}^{X_1} \frac{dX}{X^* - X} \tag{5.88}$$

式(5.87)和式(5.88)为低浓度稳态吸收塔填料层高度的计算公式。

a 值与填料的类型、形状、尺寸、填充情况有关，还随流体物性、流动状况而变化，其数值不易直接测定，通常将它与传质系数的乘积作为一个物理量，称为**体积传质系数**。例如，$K_Y a$ 和 $K_X a$ 分别为气相总体积传质系数和液相总体积传质系数，单位均为kmol/(m^3·s)。

可以把体积传质系数看作在单位推动力下，单位时间、单位体积填料层内吸收的溶质量。在低浓度吸收的情况下，体积传质系数在全塔范围内为常数，可取平均值。

5.4.3.2 传质单元高度与传质单元数

(1)气相总传质单元高度 H_{OG}。

考虑到式(5.87)中$\frac{V}{K_Y a\Omega}$项的单位为m，故将$\frac{V}{K_Y a\Omega}$称为气相总传质单元高度，以H_{OG}表示，即

$$H_{OG} = \frac{V}{K_Y a\Omega} \tag{5.89}$$

(2)气相总传质单元数 N_{OG}。

式(5.87)中定积分$\int_{Y_2}^{Y_1}\frac{dY}{Y-Y^*}$无因次，以$N_{OG}$表示，称为气相总传质单元数，即

$$N_{OG} = \int_{Y_2}^{Y_1}\frac{dY}{Y-Y^*} \tag{5.90}$$

因此填料层高度

$$Z = N_{OG} \cdot H_{OG} \tag{5.91}$$

(3)填料层高度的其他表示方法。

若用液相总传质系数及气、液相膜系数对应的吸收速率方程计算，有

$$Z = N_{OL} \cdot H_{OL} \tag{5.92}$$

$$Z = N_G \cdot H_G \tag{5.93}$$

$$Z = N_L \cdot H_L \tag{5.94}$$

液相总传质单元高度

$$H_{OL} = \frac{L}{K_X a\Omega} \tag{5.95}$$

气相传质单元高度

$$H_G = \frac{V}{k_Y a\Omega} \tag{5.96}$$

液相传质单元高度

$$H_L = \frac{L}{k_X a\Omega} \tag{5.97}$$

液相总传质单元数

$$N_{OL} = \int_{X_2}^{X_1}\frac{dX}{X^*-X} \tag{5.98}$$

气相传质单元数

$$N_G = \int_{Y_2}^{Y_1}\frac{dY}{Y-Y_i} \tag{5.99}$$

液相传质单元数

$$N_L = \int_{X_2}^{X_1}\frac{dX}{X_i-X} \tag{5.100}$$

由此可知，填料层高度计算通式为

填料层高度 = 传质单元高度 × 传质单元数

(4)传质单元数的物理意义。

N_{OG}、N_{OL}、N_G、N_L 计算式中的积分上、下限为气相或液相组成变化，即分离效果（或称分离要求），分母部分为吸收过程的推动力。若吸收要求越高，吸收的推动力越小，传质单元数就越大。所以，传质单元数反映了吸收过程的难易程度。当吸收要求一定时，若想减少传质单元数，则应设法增大吸收推动力。

(5) 传质单元高度的物理意义。

由 N_{OG}定义式和积分中值定理可知

$$N_{OG} = \int_{Y_2}^{Y_1} \frac{dY}{Y - Y^*} = \frac{Y_1 - Y_2}{(Y - Y^*)_m} \tag{5.101}$$

当气体流经一段填料，其气相中溶质组成变化$(Y_1 - Y_2)$等于该段填料平均吸收推动力$(Y - Y^*)_m$，即 $N_{OG} = 1$ 时，该段填料的高度相当于一个传质单元高度。

传质单元高度的物理意义为完成一个传质单元分离效果所需的填料层高度。因在 H_{OG}定义式中，$\frac{1}{K_Y a}$代表传质阻力，而体积传质系数 $K_Y a$ 又与填料性能和填料润湿情况有关，故传质单元高度反映了吸收设备传质效能的高低。H_{OG}越小，吸收设备传质效能越高，完成一定分离任务所需填料层高度越小。

H_{OG}与填料及物系性质、操作条件、设备结构参数有关，通常 H_{OG}的变化在 0.1 ~ 1.5m 范围内。为减少填料层高度，应减少传质阻力，降低传质单元高度。

(6) 总传质单元高度的影响因素。

因为 $K_Y = PK_G$，故总压 P 对气相总传质单元高度 H_{OG}有一定影响，即

$$H_{OG} = \frac{V}{K_Y a\Omega} = \frac{V}{PK_G a\Omega} \tag{5.102}$$

同理，$K_X = CK_L$，故液相总浓度 C 对液相总传质单元高度 H_{OL}有一定影响，即

$$H_{OL} = \frac{L}{K_X a\Omega} = \frac{L}{CK_L a\Omega} \tag{5.103}$$

(7) 各种传质单元高度之间的关系。

当气液平衡线斜率为 m 时，将式$\frac{1}{K_Y} = \frac{1}{k_Y} + \frac{m}{k_X}$各项乘以$\frac{V}{a\Omega}$，得

$$\frac{V}{K_Y a\Omega} = \frac{V}{k_Y a\Omega} + \frac{mV}{k_X a\Omega} \cdot \frac{L}{L}$$

$$S = \frac{mV}{L}$$

$$A = \frac{1}{S} = \frac{L}{mV}$$

即

$$H_{OG} = H_G + SH_L \tag{5.104}$$

同理，由式$\frac{1}{K_X} = \frac{1}{k_X} + \frac{1}{mk_Y}$可导出

$$H_{OL} = H_L + AH_G \tag{5.105}$$

式(5.104)与式(5.105)比较可得

$$H_{OG} = SH_{OL} \tag{5.106}$$

式中　S——**脱吸因数**，为平衡线斜率与吸收操作线斜率的比，无因次；

　　A——**吸收因数**，无因次。

由 $Z = H_{OG}N_{OG} = H_{OL}N_{OL}$，不难得出 $N_{OL} = SN_{OG}$。

5.4.3.3　传质单元数的计算

（1）**对数平均推动力法**。

当气液平衡关系满足亨利定律（或线性）时有 $Y^* = mX$，则任意截面上的推动力 $\Delta Y = Y - Y^*$ 与 Y 成直线关系，见图 5.18，故有

$$\frac{d(\Delta Y)}{dY} = \frac{\Delta Y_1 - \Delta Y_2}{Y_1 - Y_2} = 常数$$

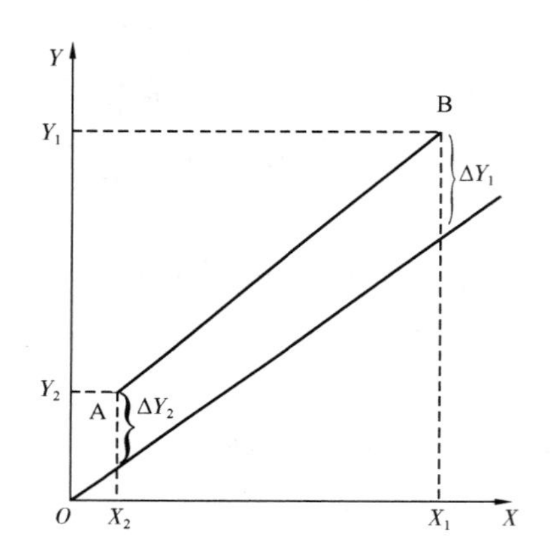

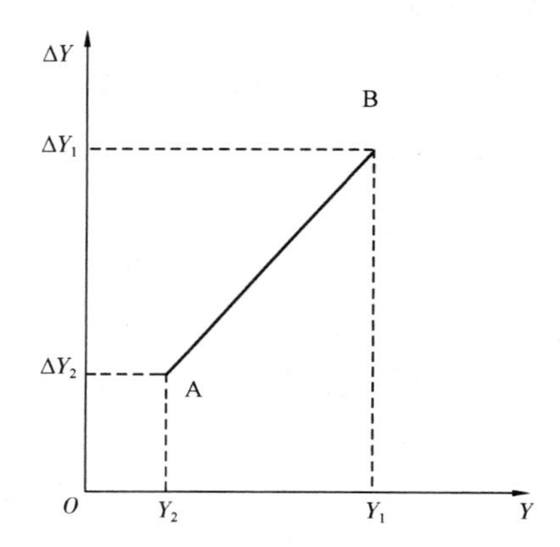

图 5.18　对数平均推动力法

代入式（5.90）并积分

$$N_{OG} = \int_{\Delta Y_2}^{\Delta Y_1} \frac{1}{\Delta Y} \cdot \frac{Y_1 - Y_2}{\Delta Y_1 - \Delta Y_2} d\Delta Y = \frac{Y_1 - Y_2}{\Delta Y_1 - \Delta Y_2} \ln \frac{\Delta Y_1}{\Delta Y_2}$$

令

$$\Delta Y_m = \frac{\Delta Y_1 - \Delta Y_2}{\ln \dfrac{\Delta Y_1}{\Delta Y_2}} \tag{5.107}$$

有

$$N_{OG} = \int_{Y_2}^{Y_1} \frac{dY}{Y - Y^*} = \frac{Y_1 - Y_2}{\Delta Y_m} \tag{5.108}$$

$$\Delta Y_1 = Y_1 - Y_1^*, \Delta Y_2 = Y_2 - Y_2^*$$

式中　ΔY_m——气相对数平均推动力，为塔顶与塔底两截面上气相总推动力的对数平均值；

　　Y_1^*——与 X_1 相平衡的气相组成；

　　Y_2^*——与 X_2 相平衡的气相组成。

同理，可推出液相总传质单元数的计算式

$$N_{OL} = \frac{X_1 - X_2}{\Delta X_m} \tag{5.109}$$

$$\Delta X_m = \frac{\Delta X_1 - \Delta X_2}{\ln \frac{\Delta X_1}{\Delta X_2}} \tag{5.110}$$

$$\Delta X_1 = X_1^* - X_1, \Delta X_2 = X_2^* - X_2$$

式中 ΔX_m——液相对数平均推动力，为塔顶与塔底两截面上液相总推动力的对数平均值；

X_1^*——与 Y_1 相平衡的液相组成；

X_2^*——与 Y_2 相平衡的液相组成。

应当注意的是当两推动力中大的比小的小于 2 时，对数平均推动力可用算术平均推动力替代，产生的误差小于4%，这是工程允许的。

当平衡线与操作线平行，即 $A=S=1$ 时，不难得出

$$N_{OG} = \frac{Y_1 - Y_2}{Y_1 - Y_1^*} = \frac{Y_1 - Y_2}{Y_2 - Y_2^*} \tag{5.111}$$

(2)**脱吸因数法**。

若气液平衡关系为直线，当脱吸因数 $S \neq 1$ 时，根据传质单元数的定义式可导出其解析式

$$N_{OG} = \frac{1}{1-S}\ln\left[(1-S)\frac{Y_1 - Y_2^*}{Y_2 - Y_2^*} + S\right] \tag{5.112}$$

若平衡关系满足亨利定律，由式(5.112)可以看出，N_{OG} 的数值与脱吸因数 S、$\frac{Y_1 - mX_2}{Y_2 - mX_2}$有关。为方便计算，以 S 为参数，$\frac{Y_1 - mX_2}{Y_2 - mX_2}$为横坐标，$N_{OG}$ 为纵坐标，在半对数坐标上标绘式(5.112)的函数关系，得到图 5.19 所示的曲线。此图可方便地查出 N_{OG} 值。

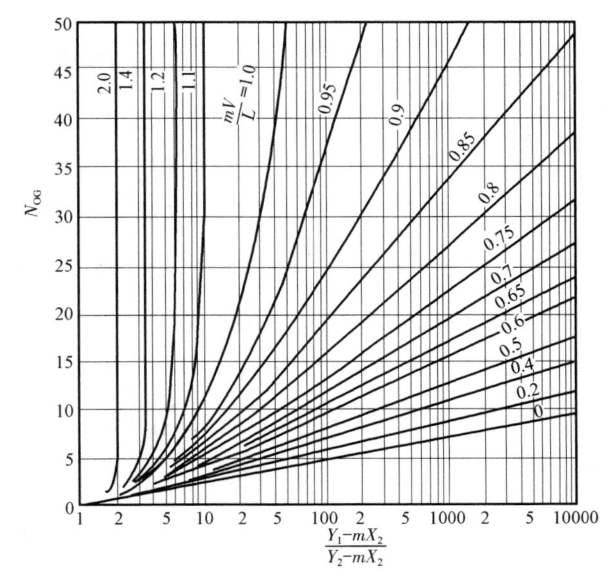

图 5.19 N_{OG}—$\frac{Y_1 - mX_2}{Y_2 - mX_2}$关系图

由图 5.19 可以得出以下两点。

① $\frac{Y_1 - mX_2}{Y_2 - mX_2}$值的大小反映了溶质吸收率的高低。当气、液相进口浓度一定时，吸收率越高，Y_2 越小，$\frac{Y_1 - mX_2}{Y_2 - mX_2}$越大，则当 S 一定时 N_{OG}就越大，所需填料层高度越高。

当 $X_2=0$ 时，$\frac{Y_1 - mX_2}{Y_2 - mX_2} = \frac{Y_1}{Y_2} = \frac{1}{1-\varphi_A}$。

② 脱吸因数 S 反映了吸收过程推动力的大小，其值为平衡线斜率与吸收操作线斜率的比值。当吸收任务(V、Y_1、Y_2、X_2)一定时，S 越大，吸收操作线越靠近平衡线，则吸收过程的推动力越小，N_{OG}值增大。反之若 S 减小，则 N_{OG}值减小。

当操作条件一定，S 减小，通常是靠增大吸收剂流量实现的，而吸收剂流量增大会使操作费加大，一般情况，S 取0.7～0.8是经济合适的。

同样可以得到液相总传质单元数计算式

$$N_{OL} = \frac{1}{1-A}\ln\left[(1-A)\frac{Y_1 - Y_2^*}{Y_1 - Y_1^*} + A\right] \tag{5.113}$$

式(5.113)在结构上与式(5.112)完全相同，所以只要将参数进行相应的变换，图5.19也可以用来描述 N_{OL} 的数值与吸收因数 A、$\frac{Y_1 - mX_2}{Y_1 - mX_1}$ 的关系。此式一般用于脱吸操作过程的计算。

【例5.7】 在直径为0.8m的填料塔中，用1200kg/h的清水逆流吸收空气—SO_2 混合气中的 SO_2。混合气量为1000m^3/h(标准)，含1.3%(体积分数)的 SO_2，要求回收率为99.5%。操作条件为20℃、1atm，平衡关系为 $y^* = 0.75x$，总体积传质系数 $K_ya = 0.055\text{kmol}/(\text{m}^3 \cdot \text{s})$，求液体出口浓度和填料高度。

解：已知

$$D = 0.8\text{m}, y_1 = 0.013, \varphi = 0.995, x_2 = 0, y^* = 0.75x$$

$$K_ya = 0.055\text{kmol}/(\text{m}^3 \cdot \text{s}), L = 1200/(3600 \times 18) = 0.0185\text{kmol/s}$$

$$V = 1000/(22.4 \times 3600) = 0.0124\text{kmol/s}$$

低浓度吸收时，可用混合气体流量代替惰性组分流量，x 代替 X，y 代替 Y

所以 $(L/V) = 0.0185/0.0124 = 1.49$

$$y_2 = y_1(1-\varphi) = 0.013 \times (1 - 0.995) = 0.000065$$

$$x_1 = (V/L)(y_1 - y_2) + x_2 = (0.013 - 0.000065)/1.49 = 0.00868$$

$$\Delta y_1 = y_1 - y_1^* = 0.013 - 0.75 \times 0.00868 = 0.00649$$

$$\Delta y_2 = y_2 - y_2^* = 0.000065 - 0 = 0.000065$$

$$\Delta y_m = (\Delta y_1 - \Delta y_2)/\ln(\Delta y_1/\Delta y_2)$$

$$= (0.00649 - 0.000065)/\ln(0.00649/0.000065) = 0.001396$$

$$N_{OG} = (y_1 - y_2)/\Delta y_m$$

所以 $N_{OG} = (0.013 - 0.000065)/0.001396 = 9.266$

$$H_{OG} = V/(K_ya\Omega) = 0.0124/(0.785 \times 0.8^2 \times 0.055) = 0.449(\text{m})$$

所以 $Z = H_{OG} \cdot N_{OG} = 9.266 \times 0.449 = 4.2(\text{m})$

【例5.8】 含丙酮2%(体积分数)的空气混合气以0.024kmol/(m^2·s)的流量进入一填料塔，用流量为0.065kmol/(m^2·s)的清水逆流吸收混合气中的丙酮，要求丙酮的回收率为98.8%。已知操作压力为100kPa，操作温度下的亨利系数为177kPa，气相总体积吸收系数为0.0231kmol/(m^3·s)，试用脱吸因数法求填料层高度。

解：已知

$$Y_1 = \frac{y_1}{1 - y_1} = \frac{0.02}{1 - 0.02} = 0.02$$

$$Y_2 = Y_1(1 - \varphi_A) = 0.02 \times (1 - 0.988) = 0.00024$$

$$X_2 = 0$$

$$m = \frac{E}{P} = \frac{177}{100} = 1.77$$

因低浓度吸收,故

$$\frac{V}{\Omega} = 0.024(1 - 0.02) = 0.0235[\text{kmol}/(\text{m}^2 \cdot \text{s})]$$

$$S = \frac{mV}{L} = \frac{1.77 \times 0.024}{0.065} = 0.654$$

$$\frac{Y_1 - mX_2}{Y_2 - mX_2} = \frac{Y_1}{Y_2} = \frac{1}{1 - \varphi_A} = \frac{1}{1 - 0.988} = 83.3$$

$$N_{OG} = \frac{1}{1 - S}\ln\left[(1 - S)\frac{Y_1 - mX_2}{Y_2 - mX_2} + S\right]$$

$$= \frac{1}{1 - 0.654}\ln\left[(1 - 0.654) \times 83.3 + 0.654\right] = 9.78$$

$$H_{OG} = \frac{V}{K_Y a\Omega} = \frac{0.0235}{0.0231} = 1.02(\text{m})$$

所以

$$Z = N_{OG} \cdot H_{OG} = 9.78 \times 1.02 = 9.98(\text{m})$$

5.4.4 塔径的计算

吸收塔塔径的计算可以用圆形管路直径的计算公式

$$D = \sqrt{\frac{4V_S}{\pi u}} \tag{5.114}$$

式中 D——吸收塔的塔径,m;

V_S——操作条件下,混合气体通过塔的实际流量,m^3/s;

u——空塔气速,m/s。

在吸收过程中溶质不断进入液相,故实际混合气量因溶质的不断吸收沿塔高变化,计算时气体流量通常取全塔中的最大值,即以进塔气体流量为塔径设计的依据。

塔径计算的关键是确定适宜的空塔气速,通常先确定液泛气速,然后考虑一个小于 1 的安全系数,计算出空塔气速。液泛气速的大小由吸收塔内气液比、气液两相物性及填料特性等方面决定。

按式(5.114)计算出的塔径,还应根据国家压力容器公称直径的标准进行圆整。

5.4.5　吸收塔的设计型问题和操作性型问题

5.4.5.1　设计型计算

设计型计算通常是指在操作条件一定的情况下,计算达到指定分离要求所需的填料层高度。

当气液两相流量及溶质吸收率一定时,若吸收剂进口浓度过高,吸收过程的推动力减小,则吸收塔的塔高将增加,使设备投资增加;若吸收剂进口浓度太低,吸收剂再生费用增加。所以吸收剂进口浓度的选择是一个优化问题。

5.4.5.2　操作型计算

操作型计算是指吸收塔塔高一定时,吸收操作条件与吸收效果间的分析和计算。例如,已知填料层高度 Z、气相和液相流量、气体进口组成 Y_1、吸收剂进口组成 X_2、体积传质系数 K_Ya 等,核算指定设备能否完成分离任务;或操作条件(L、V、T、P、Y_1、X_2)变化时,计算吸收效果如何变化等。

【例 5.9】　在填料塔中用清水吸收空气中的某溶质组分,气膜控制。若适量加大清水量,其余操作条件不变,则 Y_2、X_1 如何变化?此时,体积传质系数随气量变化关系为 $k_Ya \propto V^{0.8}$。

解:气膜控制过程,故

$$K_Ya \approx k_Ya \propto V^{0.8}$$

气体流量 V 不变,由题意 $K_Ya \approx k_Ya \propto V^{0.8}$,所以 K_Ya 和 H_{OG} 不变。当清水量加大时,因 $S = \dfrac{m}{L/V}$,故 S 降低,由图 5.19 可知 $\dfrac{Y_1 - mX_2}{Y_2 - mX_2}$ 会增大,故 Y_2 将下降。又由 $H_{OG} = SH_{OL}$,可知 H_{OL} 增大,故 N_{OL} 减小。将图 5.19 用于 N_{OL}、A、$\dfrac{Y_1 - mX_2}{Y_1 - mX_1}$ 关系,不难分析,A 的增大和 N_{OL} 减小都使 $\dfrac{Y_1 - mX_2}{Y_1 - mX_1}$ 变小,故 X_1 将下降。

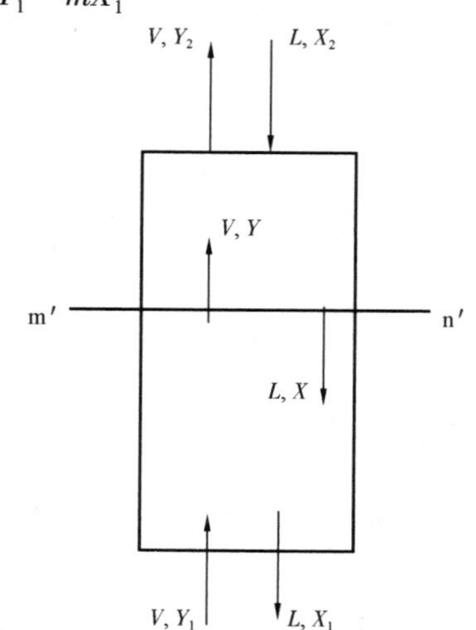

图 5.20　逆流解吸塔示意图

5.5　解吸过程

5.5.1　解吸过程概述

从吸收液中分离出被吸收的溶质,称为**解吸过程**或**脱吸过程**。

解吸过程是吸收的逆过程,二者传质方向相反,其必要条件及推动力也与吸收过程相反,如图 5.20 所示。

解吸过程的必要条件为气相溶质分压 p_A(或 Y_A)小于与液相组成相平衡的分压 $p_A{}^*$(或 $Y_A{}^*$),即

$$p_A < p_A{}^* \text{ 或 } Y_A < Y_A{}^*$$

解吸过程的推动力为 $p_A^* - p_A$ 或 $Y_A^* - Y_A$。在 X—Y 图上,吸收过程的操作线在平衡线的上方,解吸过程的操作线在平衡线的下方。

5.5.2 解吸方法

5.5.2.1 气提解吸

气提解吸法也称载气解吸法。其过程为吸收液从解吸塔顶喷淋而下，载气从解吸塔底靠压差自下而上与吸收液逆流接触，载气中不含溶质或含溶质量极少，故 $p_A < p_A^*$，在传质推动力的作用下，溶质 A 从液相向气相转移，最后气体溶质被载气从塔顶带出。

通常作为气提载气的气体有空气、氮气、水蒸气等。

5.5.2.2 减压解吸

将加压吸收得到的吸收液进行减压，总压降低后气相中溶质分压也相应降低，发生解吸。如果是常压吸收，减压解吸方法只能在负压条件下进行。

5.5.2.3 加热解吸

将吸收液加热时，溶质的溶解度下降，吸收液中溶质的平衡分压提高，有利于溶质从溶剂中分离出来。

工业上很少单独使用一种方法解吸，通常是结合工艺条件和物系特点，联合使用上述解吸方法，如将吸收液通过换热器先加热，再送到低压塔中解吸，其解吸效果比单独使用一种方法更佳。由于解吸过程的能耗较大，故吸收—解吸分离过程的能耗主要发生在解吸过程。

5.5.3 最小气液比和载气流量的确定

用载气逆流解吸时，吸收液流量 L，进、出口组成 X_2、X_1 及载气的进塔组成 Y_1 通常由工艺规定，所要计算的是载气流量 V 及所需填料层高度 Z。

与吸收操作线类似，通过物料衡算可得到解吸操作线方程

$$Y = \frac{L}{V}X + \left(Y_1 - \frac{L}{V}X_1\right) \tag{5.115}$$

解吸操作线（图 5.21）在 $X—Y$ 图上为一直线，斜率为 $\frac{L}{V}$，通过塔底 $A'(X_1, Y_1)$ 和塔顶 $B'(X_2, Y_2)$ 两点。

当载气流量 V 减少时，解吸操作线斜率 $\frac{L}{V}$ 增大，Y_2 增大，操作线 $A'B'$ 向平衡线靠近；当解吸平衡线为非下凹线时，$A'B'$ 的极限位置为与平衡线相交于点 B^*，此时，对应的气液比为最小气液比，以 $\left(\frac{V}{L}\right)_{\min}$ 表示。

由图 5.21 可知，平衡线为非下凹线时，最小气液比为

$$\left(\frac{V}{L}\right)_{\min} = \frac{X_2 - X_1}{Y_2^* - Y_1} \tag{5.116}$$

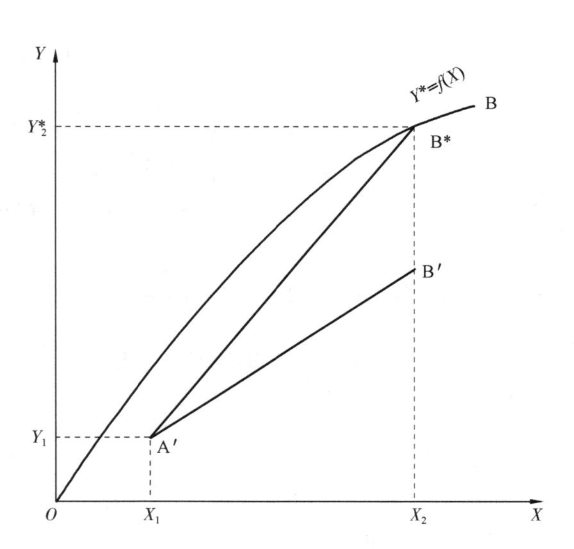

图 5.21 解吸操作线及最小气液比示意图

最小气液比对应的气体用量为最小用量,记作 V_{min}。

根据生产实际经验,实际操作气液比为最小气液比的 1.1 ~2.0 倍,即

$$\frac{V}{L} = (1.1 \sim 2.0)\left(\frac{V}{L}\right)_{min}$$

5.5.4 传质单元数法计算解吸填料层高度

当解吸的平衡线和操作线均为直线时,同样可以推得逆流操作解吸塔填料层高度计算式

$$Z = N_{OL} \cdot H_{OL} = N_{OG} \cdot H_{OG}$$

其中

$$H_{OL} = \frac{L}{K_X a \Omega},\ H_{OG} = \frac{V}{K_Y a \Omega}$$

$$N_{OL} = \int_{X_1}^{X_2} \frac{dX}{X - X^*},\ N_{OG} = \int_{Y_1}^{Y_2} \frac{dY}{Y^* - Y}$$

传质单元数可以采用平均推动力法

$$N_{OL} = \frac{X_2 - X_1}{\Delta X_m},\ N_{OG} = \frac{Y_2 - Y_1}{\Delta Y_m}$$

也可用公式法计算

$$N_{OL} = \frac{1}{1 - A}\ln\left[(1 - A)\frac{Y_1 - mX_2}{Y_1 - mX_1} + A\right]$$

$$N_{OG} = \frac{1}{1 - S}\ln\left[(1 - S)\frac{Y_1 - mX_2}{Y_2 - mX_2} + S\right]$$

比较可知,就传质单元高度的计算,吸收和解吸的计算公式是完全一样的。而传质单元数的计算,不论是公式法还是对数平均推动力法,吸收和解吸的计算公式在结构上也是一样的。需要注意的是式中下标 1 和 2 分别表示解吸塔的塔底和塔顶,推动力要用解吸推动力来计算。

5.6 强化吸收过程的措施

5.6.1 提高吸收过程的推动力

提高吸收过程的推动力有以下方法:

(1)逆流操作。

在气液两相进口组成及操作条件相同的情况下,逆流操作可获得较高的推动力。

(2)提高吸收剂的流量。

通常,混合气体流量 V、气体入塔浓度一定,如果提高吸收剂流量 L,即提高$\frac{L}{V}$,则操作线上移,气体出口浓度下降,吸收推动力提高,吸收速率提高。

(3)降低吸收剂入口温度。

当吸收过程其他条件不变、吸收剂温度降低时,相平衡常数将减小,吸收推动力增加,从而导致吸收速率加快。

(4)降低入口吸收剂中溶质的浓度。

当入口吸收剂中溶质的浓度降低时,液相入口处吸收的推动力增加,从而使全塔的吸收推动力增加。

5.6.2 降低吸收过程的传质阻力

降低吸收过程的传质阻力有以下方法:

(1)提高流体流动的湍动程度。

由前文可知,总吸收阻力由两相传质阻力决定。若一相的阻力远远大于另一相,则其传质过程为整个过程的控制步骤,降低控制步骤的传质阻力,能有效地降低总阻力。

若气相传质阻力大,为气膜控制,则提高气相的湍动程度,如加大气体的流速,可有效地降低吸收阻力。同理,若为液膜控制,提高液相的湍动程度,可有效地降低吸收阻力。

(2)改善填料的性能。

因吸收总传质阻力可用$\frac{1}{K_Y a}$表示,所以通过采用新型填料,改善填料性能,提高填料的 a,也可降低吸收的总阻力。

习　　题

一、填空题

1. 写出吸收操作中对吸收剂的主要要求中的四项:(1)________;(2)________;(3)________;(4)________。

2. 一般而言,两组分 A、B 的等摩尔相互扩散体现在________单元操作中,而 A 在 B 中单向扩散体现在________单元操作中。

3. 在气体吸收时,若可溶气体的浓度较大,则总体流动对传质的影响________。

4. 漂流因数可表示为________,它反映________。

5. 对极易溶的气体,气相一侧的界面浓度 y_i 接近于________,而液相一侧的界面浓度 x_i 接近于________。

6. 吸收塔高度计算式中表示设备(填料)效能高低的一个量是________,而表示传质任务难易程度的一个量是________。

7. 吸收塔底部的排液管呈 U 形,目的是起________作用,以防止________。

8. 操作中的吸收塔,若使用液气比小于设计时的最小液气比,则其操作结果是吸收效果________。

9. 在气体流量,气相进出口组成和液相进口组成不变时,若减少吸收剂用量,则传质推动力将________,操作线将________平衡线,设备费用将________。

二、选择题

1. 对接近常压的低浓度溶质的气液平衡系统,当总压增加时,亨利系数________,相平衡常数 m ________,溶解度系数 H ________。

(A)增大　　(B)减少　　(C)不变　　(D)不确定

2. 一般地，在相同温度和压力下，气体在水中的扩散系数比在气相中的扩散系数________。

(A)大　(B)小　(C)相等　(D)不确定

3. 根据双膜理论，当被吸收组分在液体中溶解度很小时，以液相浓度表示的总传质系数________。

(A)大于液相传质分系数　(B)近似等于液相传质分系数

(C)小于气相传质分系数　(D)近似等于气相传质分系数

4. 若吸收剂入塔浓度 x_2 降低，其他操作条件不变，吸收率将________，出口气体浓度________。

(A)增大　(B)减少　(C)不变　(D)不确定

5. 对气膜控制的系统，若其他条件不变，气体流量增大时，则气相总传质系数 K_Y ________，气相总传质单元高度 H_{OG}________。

(A)增大　(B)减少　(C)不变　(D)不确定

6. 低浓度的气膜控制系统，在逆流吸收操作中，若其他操作条件不变，而入口液体组成 x_2 增高时，则气相总传质单元数 N_{OG}将________，气相总传质单元高度 H_{OG}将________，气相出口组成 y_2 将________，液相出口组成 x_1 将________。

(A)增大　(B)减少　(C)不变　(D)不确定

三、计算题

1. 在常压下，测定水中溶质 A 的摩尔浓度为 0.56kmol/m^3，气相中 A 的平衡摩尔分率为 0.02。试求：(1)此物系的相平衡常数为多少？(2)当其他条件不变，而总压增加一倍时，相平衡常数为多少？亨利系数为多少(atm)？溶解度系数为多少[kmol/(m^3·atm)]？

答：(1)2.0；(2)1.0，2atm，28kmol/(m^3·atm)。

2. 含 SO_2 为 10%(体积分数)的气体混合物与浓度 c 为 0.02kmol/m^3 的 SO_2 水溶液在一个大气压下接触。操作条件下两相的平衡关系为 $p^* = 1.62c$(大气压)，则 SO_2 将向哪一相转移？以气相组成表示的传质总推动力为多少大气压？以液相组成表示的传质总推动力为多少(kmol/m^3)？

答：从气相向液相转移；0.676atm；0.0417kmol/m^3。

3. 在总压 $P = 500$kPa、温度 27℃ 下，使含 3.0%(体积分数)的 CO_2 气体与 CO_2 含量为 370g/m^3 的水相接触，试判断是发生吸收还是解吸过程？并计算以 CO_2 的分压差表示的传质总推动力。已知操作条件下亨利系数 $E = 1.73 \times 10^5$kPa，水溶液的密度可取 1000kg/m^3，CO_2 的相对分子质量为 44。

答：发生脱吸过程；11.16kPa。

4. 某低浓度气体吸收过程，已知相平衡常数 $m = 1$，气膜和液膜体积吸收系数分别为 $k_y a = 2 \times 10^{-4}$kmol/(m^3·s)，$k_x a = 0.4$kmol/(m^3·s)。则该吸收过程为哪种阻力控制？气膜阻力占总阻力的百分数为多少？该气体为哪类气体？

答：气膜；99.95%；易溶。

5. 在 1atm、20℃下，某低浓度气体被清水吸收，气膜吸收系数 $k_G = 0.1$kmol/(m^2·h·atm)，液膜吸收系数 $k_L = 0.25$kmol/(m^2·h·kmol/m^3)，溶解度系数 $H = 150$kmol/(m^3·atm)，则该溶质为哪种类型的气体？气相总传质系数 K_Y 为多少[kmol/(m^2·h·ΔY)]？液相总传质系数 K_X 为多少[kmol/(m^2·h·ΔX)]？

答：易溶气体；0.0997kmol/(m^2·h·ΔY)；0.0369kmol/(m^2·h·ΔX)。

6. 总压 100kPa、30℃时用水吸收氨，已知 $k_G = 3.84 \times 10^{-6}$kmol/(m^2·s·kPa)，$k_L = 1.83 \times 10^{-4}$m/s，且知 $x = 0.05$（摩尔分数）时与之平衡的气相分压 $p^* = 6.7$kPa。求：k_y、k_x、K_y（液相总浓度 C 按纯水计）。

答：3.84×10^{-4}kmol/(m^2·s)；1.02×10^{-2}kmol/(m^2·s)；3.656×10^{-4}kmol/(m^2·s·Δy)。

7. 在常压逆流操作的填料吸收塔中用清水吸收空气中某溶质 A，进塔气体中溶质 A 的含量为 8%（体积分数），吸收率为 98%，操作条件下的平衡关系为 $y = 2.5x$，取吸收剂用量为最小用量的 1.2 倍。试求：（1）水溶液的出塔浓度；（2）若 H_{OG} 为 0.6m，现有一填料层高为 6m 的塔，问该塔是否合用？

答：（1）0.0267；（2）不合用。

8. 用填料塔从混合气体中吸收所含的苯。混合气体中含苯 5%（体积分数），其余为空气，要求苯的回收率为 90%（以摩尔比表示）。25℃常压操作，入塔混合气体为每小时 940m^3，入塔吸收剂为纯煤油，煤油的用量为最小用量的 1.5 倍，已知该系统的平衡关系 $Y = 0.14X$（摩尔比），已知气相体积传质系数 $K_Ya = 0.035$kmol/(m^3·s)，纯煤油的平均相对分子质量 $M_S = 170$，塔径 0.6m。试求：（1）吸收剂的耗用量为多少（kg/h）？（2）溶液出塔浓度 X_1 为多少？（3）填料层高度 Z 为多少（m）？

答：（1）1281kg/h；（2）0.2006；（3）5.2m。

9. 某逆流吸收塔，用纯溶剂吸收混合气体中的易溶组分，设备高为无穷大，入塔 $Y_1 = 8\%$（体积分数），平衡关系 $Y = 2X$。试求：（1）若液气比（摩尔比，下同）为 2.5 时，吸收率为多少？（2）若液气比为 1.5 时，吸收率为多少？

答：（1）100%；（2）75%。

10. 今有逆流操作的填料吸收塔，用清水吸收原料气中的甲醇。已知处理气量为 1000m^3/h，原料气中含甲醇 100g/m^3，吸收后水溶液中含甲醇量等于与进料气体相平衡浓度的 67%。设在标准状态下操作，要求甲醇的回收率为 98%，平衡关系为 $Y = 1.15X$，$K_Y = 0.5$kmol/(m^2·h)（以上均为摩尔比关系），塔内单位体积填料的有效传质面积为 190m^2/m^3，取塔内气体的空塔流速为 0.5m/s。试求：（1）水用量；（2）塔径；（3）填料层高度。甲醇相对分子质量为 32。

答：（1）69.8kmol/h；（2）0.841m；（3）6.98m。

11. 在填料层高为 8m 的填料塔中，用纯溶剂逆流吸收空气—H_2S 混合气中的 H_2S。已知入塔气中含 H_2S 2.8%（体积分数），要求回收率为 95%。塔在 1atm、15℃下操作，此时平衡关系为 $y = 2x$，出塔溶液中含 H_2S 0.0126（摩尔分数），混合气体通过塔截面的摩尔流量为 100kmol/(m^2·h)。试求：（1）单位塔截面上吸收剂用量和出塔溶液的饱和度；（2）气相总传质单元数；（3）气相体积总传质系数。

注：计算中可用摩尔分数代替摩尔比。

答：（1）90%；（2）13.2；（3）165kmol/(m^3·h)。

12. 在填料吸收塔内，用含溶质为 0.0099（摩尔比）的吸收剂逆流吸收混合气中溶质的 85%，进塔气体中溶质浓度为 0.091（摩尔比），操作液气比为 0.9，已知操作条件下系统的平衡关系为 $y^* = 0.86x$，假设体积传质系数与流动方式无关。试求：（1）逆流操作改为并流操作后所得吸收液的浓度；（2）逆流操作与并流操作平均吸收推动力的比。

答：（1）0.0568；（2）1.84。

13. 在一塔径为 0.8m 的填料塔内，用清水逆流吸收空气中的氨，要求氨的吸收率为 99.5%。已知空气和氨的混合气体质量流量为 1400kg/h，气体总压为 101.3kPa，其中氨的分压为 1.333kPa。若实际吸收剂用量为最小用量的 1.4 倍，操作温度为 20℃时的气液相平衡关系为 $Y^* = 0.75X$，气相总体积吸收系数为 0.088kmol/($m^3 \cdot s$)。试求：(1)每小时用水量；(2)用平均推动力法求出所需填料层高度。

答：(1)49.8kmol/h；(2)4.27m。

14. 含烃摩尔比为 0.0255 的溶剂油用水蒸气在一塔截面积为 $1m^2$ 的填料塔内逆流解吸，已知溶剂油流量为 10kmol/h，操作气液比为最小气液比的 1.35 倍，要求解吸后溶剂油中烃的含量减少至 0.0005(摩尔比)。已知该操作条件下，系统的平衡关系为 $Y^* = 33X$，液相总体积传质系数 $K_X a = 30$kmol/($m^3 \cdot h$)。假设溶剂油不挥发，蒸气在塔内不冷凝，塔内维持恒温。求：(1)解吸所需水蒸气量为多少(kmol/h)？(2)所需填料层高度。

答：(1)0.4kmol/h；(2)3.49m。

15. 在逆流操作的吸收塔内，用清水吸收氨—空气混合气中的氨。混合气体进塔时氨的浓度 $y = 0.01$(摩尔分数)，吸收率为 90%，操作压力为 760mmHg，溶液为稀溶液，系统平衡关系服从拉乌尔定律。操作温度下，氨的饱和蒸气压力为 684mmHg。试求：(1)溶液最大出口浓度；(2)最小液气比；(3)当吸收剂用量为最小用量的 2 倍时，传质单元数为多少？(4)传质单元高度为 0.5m 时，填料层高为多少？

答：(1)0.011；(2)0.81；(3)3.62；(4)1.81m。

符号说明

符号	意义	单位
a	单位体积填料所具有的有效传质面积	m^2/m^3
A	吸收因数	
c_A	组分 A 的摩尔浓度	$kmol/m^3$
C	液相混合物的总摩尔浓度	$kmol/m^3$
c_{Sm}	1、2 两截面上溶剂 S 浓度的对数平均值	$kmol/m^3$
D_{AB}	组分 A 在 B 中的扩散系数	m^2/s
D_e	涡流扩散系数	m^2/s
E	亨利系数	kPa
G_A	组分 A 的质量浓度	kg/m^3
H	溶解度系数	kmol/($m^3 \cdot kPa$)
H_{OG}	气相总传质单元高度	m
H_{OL}	液相总传质单元高度	m
H_G	气相传质单元高度	m
H_L	液相传质单元高度	m
J_A	组分 A 的扩散通量	kmol/($m^2 \cdot s$)
k_G	以气相分压差表示推动力的气相传质系数	kmol/($m^2 \cdot s \cdot kPa$)
k_y	以气相摩尔分数差表示推动力的气相传质系数	kmol/($m^2 \cdot s$)

续表

符号	意义	单位
k_Y	以气相摩尔比差表示推动力的气相传质系数	kmol/(m^2 · s)
k_L	以液相摩尔浓度差表示推动力的液相传质系数	m/s
k_x	以液相摩尔分数差表示推动力的液相传质系数	kmol/(m^2 · s)
k_X	以液相摩尔比差表示推动力的液相传质系数	kmol/(m^2 · s)
K_G	以分压表示组成的气相总传质系数	kmol/(m^2 · s · kPa)
K_L	以摩尔浓度表示组成的液相总传质系数	m/s
K_Y	以摩尔比表示组成的气相总传质系数	kmol/(m^2 · s)
K_X	以摩尔比表示组成的液相总传质系数	kmol/(m^2 · s)
K_Ya, K_ya	气相总体积传质系数	kmol/(m^3 · s)
K_Xa, K_xa	液相总体积传质系数	kmol/(m^3 · s)
L	单位时间通过任一塔截面的纯吸收剂的量	kmol/s;
M_S	吸收剂 S 的摩尔质量	kg/mol
m	相平衡常数	
N_A	溶质 A 的传质速率	kmol/(m^2 · s)
N_{OG}	气相总传质单元数	
N_{OL}	液相总传质单元数	
N_G	气相传质单元数	
N_L	液相传质单元数	
p_{Bm}	1、2 两截面上组分 B 分压的对数平均值	kPa
S	解(脱)吸因数	
V	单位时间通过任一塔截面惰性组分的量	kmol/s
w_A	组分 A 的质量分数	
x_A	组分 A 在液相中的摩尔分数	
ΔX_m	液相对数平均推动力	
X_A	组分 A 在液相中的摩尔比	
y_A	组分 A 在气相中的摩尔分数	
Y_A	组分 A 在气相中的摩尔比	
ΔY_m	气相对数平均推动力	
Z_G	气相有效层流膜厚度	m
Z_L	液相有效层流膜厚度	m
ρ_S	吸收剂 S 的密度	kg/m^3
φ_A	回收率(吸收率)	
Ω	填料塔的横截面积	m^2

第 6 章　蒸馏吸收塔设备

6.1　概述

蒸馏和吸收操作虽然原理不同，但从气液传质的角度来看，两种操作方式有着共同的特点。例如，均要求气液两相接触充分，且接触后又能及时分离，以迅速有效地实现两相间的传质过程。因此，蒸馏和吸收操作可在同样的塔设备中进行。

塔设备广泛地应用于化工、石油、生物和制药等生产过程中，其结构形式基本上可以分为板式塔（逐级接触式）和填料塔（连续接触式）两大类。对于一个具体的工艺过程，选用何种塔型为宜，需根据两类塔型各自的特点和工艺本身的要求而定。

一般来说，板式塔适用于以下情况：

（1）塔径较大，所需传质单元数或理论板数较多，且便于侧线采出；

（2）部分热量需从塔内移除；

（3）有悬浮物。

填料塔适用于以下情况：

（1）处理腐蚀性、易发泡或热敏性的物质；

（2）填料塔压力降较小，适用于真空蒸馏和间歇蒸馏。

不论选择何种塔设备，获得尽可能大的传质速率，应是选择的基本原则。从工程角度评价塔设备性能的指标有：

（1）**生产能力或处理量**：单位时间里，通过单位塔截面的物料量；

（2）**分离效率**：是指塔的分离效果，板式塔以塔板效率来表示，填料塔以等板高度表示；

（3）**流体阻力**：气相流过每层塔板或单位高度填料层的压强降；

（4）**操作弹性**：气相负荷上、下限的比值，是塔设备适应能力的表征参数。

6.2　板式塔

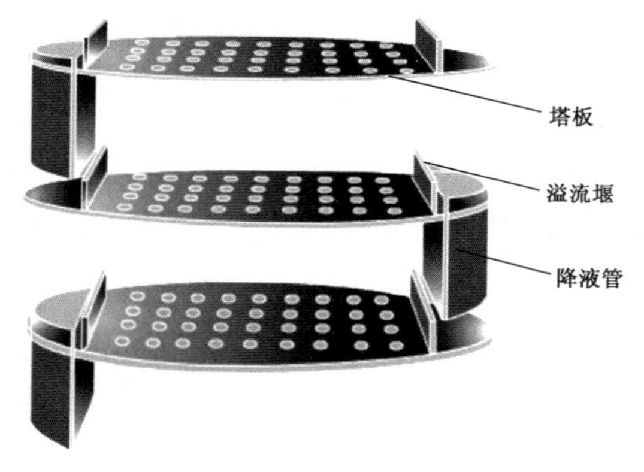

图 6.1　板式塔（筛板塔）的基本构造

板式塔的空塔速度较高，生产能力较大，塔板效率稳定，造价低，检修、清理方便，工业上广泛采用。

6.2.1　板式塔的基本构造

板式塔为逐级接触式的气液传质设备。

以筛板塔为例，结构如图 6.1 所示。在一个圆筒形的壳体内装有若干层水平塔板，相邻塔板间有一定距离，称为**板间距**。塔板上均匀开有一定数量供气相自下而上流动的通道。气相通道的型式很多，对塔板性能的影响极大，各种型式的塔板主要区别就在于气相通道的型式不同。

图 6.1 为结构最简单的筛孔板。每层塔板靠近塔壁处设有**降液管**。操作时,液体靠重力作用由上层塔板经降液管流至下层塔板,并横向流过塔板至另一降液管,逐板向下流动,最后由塔底流出。

塔板上的液层高度主要由**溢流堰**决定。气体从塔底进入,靠压强差推动,逐板向上穿过筛孔及板上液层而到达塔顶,气体通过每层板上液层时,形成泡沫,为两相接触提供足够大的相际接触面,有利于相间传质。气液两相在板式塔内进行逐板接触,两相组成沿塔高呈阶梯式变化。

按照塔内气液流动的方式不同,可将塔板分为错流塔板与逆流塔板两类。

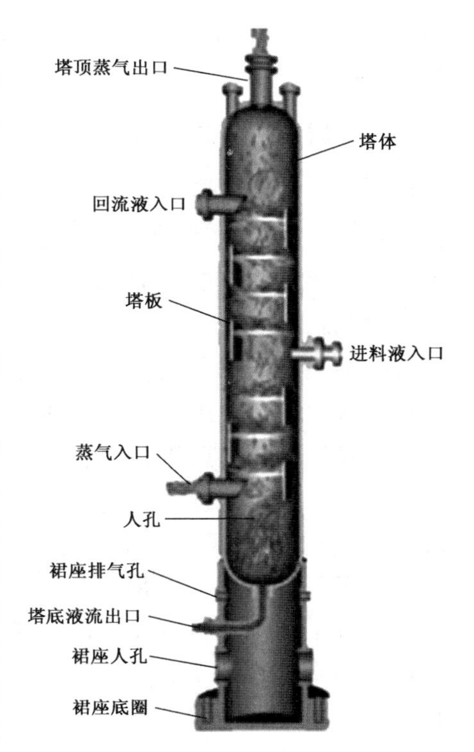

图 6.2　板式塔的结构

图 6.2 所示的板式塔为错流塔板。塔内气液两相成错流流动,即液体横向流过塔板,而气体垂直穿过液层。但对整个塔来说,两相基本上呈逆流流动。塔板降液管的设置方式及堰高可以控制板上液体流径与液层厚度,以期获得较高的效率。但是降液管占去一部分塔板面积,影响塔的生产能力。为充分利用塔板的面积,降液管一般为弓形。降液管的下端离下层塔板应有一定高度 h_o,使液体能通畅流出。为防止气体进入降液管中,h_o 应小于堰高 h_w。

如图 6.3 所示,只有一个降液管的塔板称为**单流型塔板**。当塔径较大或液体量很大时,降液管可以不止一个。**双流型**是将液体分成两半,设有两条溢流堰。来自上一塔板的液体,分别从左右两降液管进入塔板,流经大约半径的距离后两股液体进入同一个中间降液管。下一塔板上的液体流向则正好相反,即从中间流向左右两降液管。对特别大的塔或液体流量特别大时,当双流型不能满足要求时,可采用**四程流型**或**阶梯流型**。四程流型的塔板设有 4 个溢流堰,液体只流经约 1/4 塔径的距离。阶梯流型塔板是做成梯级式的,在梯级之间增设溢流堰,以缩短液体流动长度。

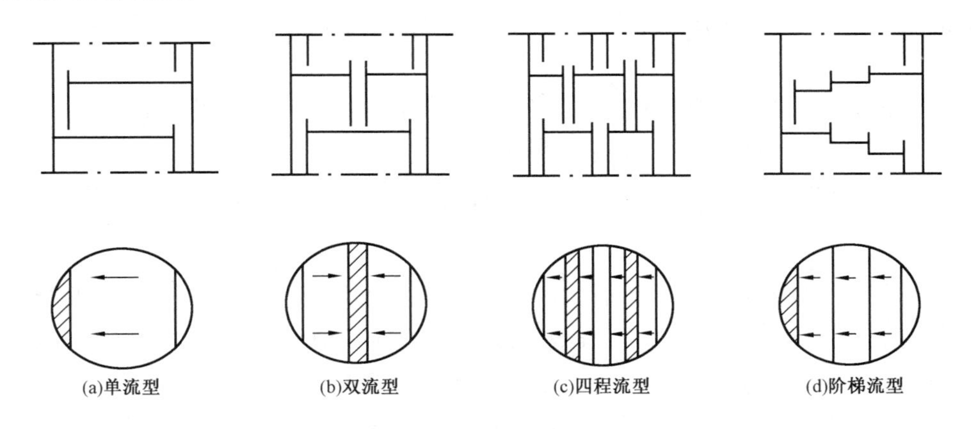

图 6.3　塔板上的流程类型

逆流塔板亦称穿流板,板间不设降液管,气液两相同时由板上孔道逆向穿流而过。该塔板虽结构简单，板面利用率也高，但需要较高的气速才能维持板上液层，操作范围较小，分离效率也低，工业上应用较少。

6.2.2 塔板上气液两相流体力学特性

塔板上的流体力学特性对于塔的操作是否正常有很大的关系，主要包括气液两相的接触状态、塔板压降、液面落差等，现分别进行讨论。

6.2.2.1 气液两相的接触状态

气液两相在塔板上的接触状态大致分为三种形式。当液体流量一定时，随着气速的提高，依次出现**鼓泡接触**、**泡沫接触**和**喷射接触**。

鼓泡接触时，气相以鼓泡形式通过液层。两相在气泡表面接触，液体湍动程度低，由于气泡较少，接触面积小，所以传质效果不理想。

泡沫接触时，气泡数量很大，相连形成气膜，且随着剧烈的湍动而不断变化更新。此时两相在不断更新的气膜表面接触。

喷射接触时，气相以喷射状态穿过液层，将塔板上的液体破碎成液滴，其中部分较小的液滴被气相带走，形成雾沫夹带。此时，两相在不断更新的液滴表面进行接触传质。

泡沫和喷射状态均为优良的传质状态，考虑到雾沫夹带的影响，一般情况下选用泡沫状态下操作。

6.2.2.2 塔板压降

上升气体通过塔板时，需要克服阻力作功。其主要包括干板阻力（塔板及其附属部件产生的阻力）、板上充气液层的阻力与液体的表面张力造成的阻力，这三部分构成了该板的总压降。

当气液两相流量增加时，塔板压降增加；当塔板开孔率增加时，塔板压降下降。

塔板压降对塔内的操作压强和塔板效率有一定影响，设计塔板时要综合考虑其影响。

6.2.2.3 漏液

气相通过塔板上的开孔时，气速较小或气体分布不均匀，从而造成液体从孔口直接落下，这种现象称为漏液。由于上层板上的液体未与气相充分进行传质就落到浓度较低的下层板上，会降低传质效果。

严重的漏液将使塔板上不能积液而无法操作，故正常操作时漏液量一般不允许超过某一规定值，通常认为漏液量应小于液体流量的10%。

漏液量为液体流量的10%时的气体速度为**漏液速度**，是塔正常操作的下限速度。

6.2.2.4 液泛

塔内上升气相流量过大时，降液管内的液面会随之升高。当降液管内液体积累到超过溢流堰顶部的高度时，两塔板液体连通，导致液流阻塞，这种现象称为液泛（淹塔）。

液泛气速为塔操作的上限气度，称为**液泛速度**。在板式塔操作中要避免发生液泛。

当液相流量过大时，降液管不足以让液体正常通过，管内液面上升，也会发生液泛。

影响液泛速度的因素除气液流量和流体物性外，板间距的大小也是一个重要参数，板间距增加，液泛速度提高。

6.2.2.5　雾沫夹带

上升气体穿过塔板上液层时，无论是喷射型还是泡沫型操作，都会产生大量的液滴，这些液滴中的一部分被上升气流夹带至上层塔板，这种现象称为雾(液)沫夹带，属液相的返混，使塔板效率下降，对传质不利。

雾沫夹带量与气速和塔板间距有关，板间距越小，夹带量就越大。同样的板间距时，若气速过大，夹带量也会增加。

为保证传质达到一定效果，1kg 上升气体夹带到上层塔板上的液体量不允许超过 0.1kg。

6.2.2.6　液面落差

液体在塔板上从进口端流向出口端时必须克服流动阻力，故塔板上液面将出现坡度，塔板进、出口的液面高度差称为液面落差。在液体入口侧，液层较厚，气体流过时的阻力大，而出口侧的液层较薄，阻力较小，结果导致塔板上气流分布不均匀，使板效率下降。

为使气流分布均匀，减小液面落差，当液相流量较大或塔径较大时，需采用前述的双流型和多流型塔板。

6.2.2.7　负荷性能图

对指定物系，当塔板结构尺寸已经确定，操作状况只随气液负荷改变。气液两相在各种流动条件的上、下限组合可构成塔板的负荷性能图。如图 6－4 所示，负荷性能图由下述五条线组成：

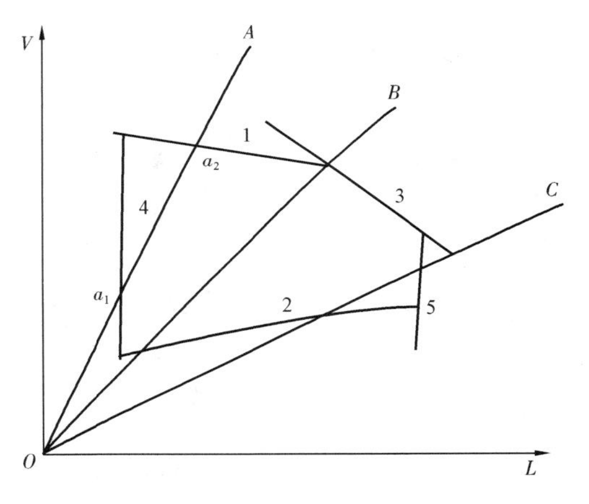

图 6.4　气液负荷性能图

线 1 为过量雾沫夹带线，为气相负荷上限线。

线 2 为漏液线。其位置可根据漏液点气速确定，为气相负荷下限线。

线 3 为液泛线。此线的位置可根据液泛的条件确定。

线 4 为液相流量下限线。液量小于该下限，板上液体流动严重不均匀，导致塔板效率急剧下降。

线 5 为液相流量上限线。液量超过此上限，液体在降液管内停留时间过短，所含气泡来不及分离出去，使降液管内流体表观密度下降，易造成溢流液泛。

上述各线所包围的区域为塔板正常操作范围。在此范围内气液两相流量的变化对塔板效率影响不大，塔板的设计点必须位于上述范围之内，这样才能获得合理的塔板效率。

如果塔板在一定的液气比 L/V 下操作，两相流量关系为通过原点，斜率为 L/V 的直线，即操作线，其上的坐标点为**操作点**。

操作线与负荷性能图的两个交点 a_1、a_2 分别表示塔的上、下操作极限。此上、下操作极限的气相流量之比称为塔板的**操作弹性**。操作弹性大，说明塔设备对负荷波动的适应能力大，操作性能好。

操作点位于操作区内的适中位置，可望获得稳定良好的操作效果。物系一定时，负荷性能图中各条线的相对位置随塔板结构尺寸变化而变化。例如，增大板间距或增大塔径可使液泛线上移,减小降液管截面积会使液相流量上限线左移,增加塔板开孔率可使漏液线上移等。

6.2.3 板式塔的类型

6.2.3.1 泡罩塔

泡罩塔是应用最早的气液传质设备之一。长期以来,在工业生产实践中积累了丰富的经验,对泡罩塔板的性能作了较充分的研究。

如图 6.5 所示,泡罩塔的每层塔板上开有若干个孔,孔上焊有短管作为上升气体的通道,称为升气管。升气管上为泡罩,其下部周边开有许多齿缝,一般有矩形、三角形及梯形三种,常用的是矩形。泡罩在塔板上作等边三角形排列[图 6.5(a)]。化工厂中广泛使用的圆形泡罩的主要结构参数已系列化。

操作时,液体横向流过塔板,靠溢流堰保持塔板上有一定厚度的流动液层[图 6.5(b)],齿缝浸没于液层之中而形成液封。上升气体通过齿缝进入液层时,被分散成许多细小的气流或气泡,在板上形成了鼓泡层和泡沫层,为气液两相提供了大量的传质界面。

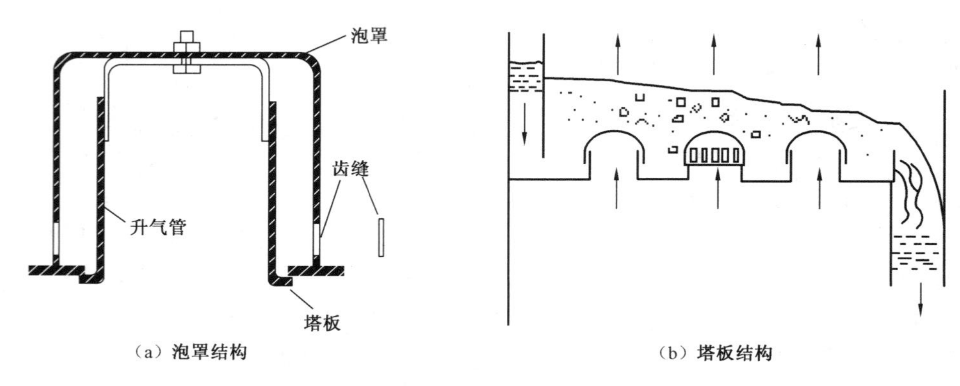

(a) 泡罩结构　(b) 塔板结构

图 6.5 泡罩塔板

泡罩塔的优点:因为有升气管,气速很低时也不易发生漏液现象;有较好的操作弹性,当气液有较大的波动时,仍能运行;塔板不易堵塞,适于处理各种物料。

缺点:塔板结构复杂,金属耗量大,造价高;板上液层厚,塔的压降大,限制了气速的提高,致使生产能力及板效率均较低。

泡罩塔现已逐渐被其他塔所取代。

6.2.3.2 筛板塔

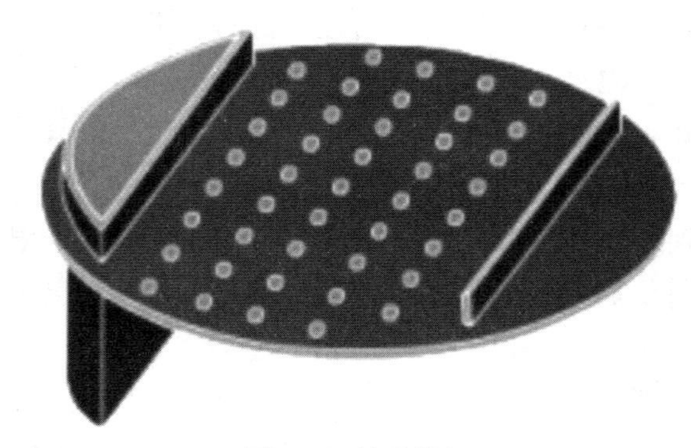
图 6.6 筛孔塔板

如图 6.6 所示,筛板塔塔板上开有许多筛孔,并设置溢流堰,使板上能维持有一定厚度的流动液层。操作时,上升气流通过筛孔分散成细小的流股,在板上液层中鼓泡而出,气液间密切接触而进行传质。在正常的操作气速下,通过筛孔上升的气流,应能阻止液体经筛孔向下泄漏。

筛板塔的优点是结构简单,造价低廉,气体压降小,板上液面落差也较小,生产能力及板效率均比泡罩塔高;主要缺点是操作弹性较小。

过去许多年由于对筛孔塔板的性能研究不充分，故未得到普遍应用，直到后来才认识到，只要设计合理，正确操作，同样可以获得较满意的塔板效率，故筛板塔的应用越来越广。

6.2.3.3 浮阀塔

浮阀塔板与泡罩塔板相比主要改进是取消了升气管，在塔板开孔的上方装设可浮动的阀片。如图6.7所示，阀片可随气量变化在一定范围内自动调节开度，使得浮阀塔板具有很高的操作弹性。气量小时阀的开度较小，气相仍能以足够气速通过环隙，避免过多的漏液；气量大时阀片浮起，由阀"脚"勾住塔板来维持最大开度。因开度增大而使气速不致过高，从而降低了压降，也使液泛气速提高。故在高液气比下，浮阀塔板的生产能力大于泡罩塔。同时气相以水平方向吹入液层，气液接触时间较长而液沫夹带较小，故塔板效率较高。所以自20世纪50年代浮阀塔问世以来推广应用很快。常用的浮阀有轻阀和重阀两种。一般情况都采用重阀，真空下操作的塔才使用轻阀。

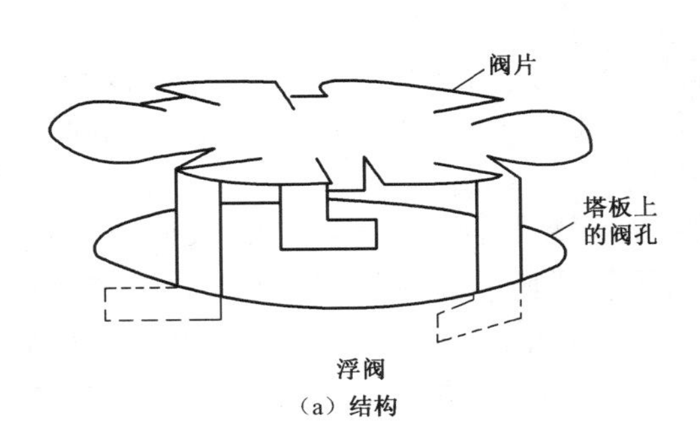

(a) 结构

(b) 实物

图6.7 浮阀塔板

6.2.4 塔高与塔径

塔的有效段高度可由下式计算

$$Z = (N_{实} - 1)H_T \tag{6.1}$$

式中 Z——塔的有效高度，m；

$N_{实}$——实际塔板数；

H_T——板间距，m。

塔径可按圆管流体的体积流量公式，表示为

$$D = \sqrt{\frac{4V_s}{\pi u}} \tag{6.2}$$

式中 D——塔径，m；

V_s——气体体积流量，m^3/s；

u——气体空塔气速，m/s。

6.3 填料塔

6.3.1 填料塔的结构

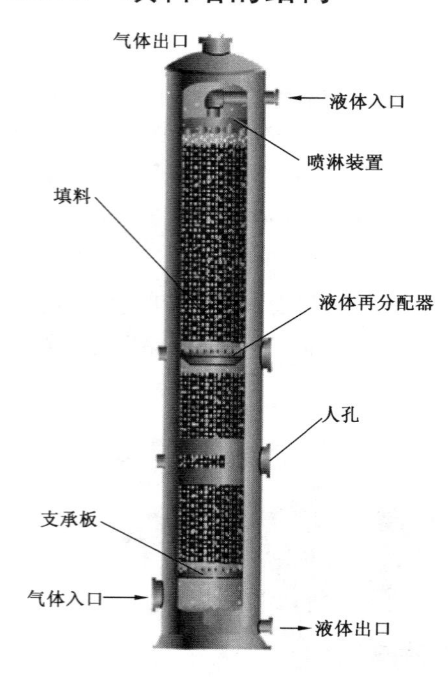

图 6.8 填料塔的结构

填料塔为连续接触式的气液传质设备，其结构见图 6.8。在圆形塔体的下部设有**支承板**，支承板上充填一定高度的填料层。液体由塔顶进入，经**液体分布器**均匀喷淋在填料上，从填料层的空隙中流过，并润湿填料表面形成流动的液膜。液体流经填料层后经排出管流出。液体在塔内流动时，会倾向塔壁方向流动，有时还会出现沟流，使传质效率下降。故填料层较高时，常将其分段，两段之间设**液体再分配器**，以重新均布液体。

气体在支承板下方入口管进入塔内，在压强差的作用下，通过填料间的空隙，由塔的顶部排出。若夹带过量雾状液滴，需在塔顶安装**除沫器**。

填料层内气液两相逆流接触，气液两相传质过程在填料表面的液相与气相间的界面上进行，两相的组成沿塔高连续变化。

填料塔不仅结构简单，而且阻力小，便于耐腐蚀材料制造，对于处理有腐蚀性的物料或要求压降较小的真空蒸馏系统，填料塔都具有明显的优越性。近年来，国内外对填料的研究与开发进展迅速，新型高效填料不断出现，使填料塔的应用更加广泛。

6.3.2 填料的特性和种类

6.3.2.1 填料特性

在填料塔中，填料层提供了气液传质过程的接触面，填料塔的生产能力和传质速率均与填料的特性密切相关。

决定填料性能的参数主要有比表面积 α 和空隙率 ε。

比表面积 α：单位体积填料层所具有的表面积，m^2/m^3。α 大的填料，被液体润湿的表面积就大，因而传质面积就大。

空隙率 ε：单位体积填料层所具有的空隙体积，m^3/m^3。ε 大，流动阻力小，生产能力大。

一般来说，对填料的基本要求为：比表面积和空隙率较大，堆积密度较小，有足够的机械强度，良好的化学稳定性和润湿性，价格合理。

6.3.2.2 常用填料

填料的种类很多，见图 6.9。填料按构造不同可分为**实体填料**和**网体填料**两大类。实体填料有环形填料（如拉西环、鲍尔环和阶梯环）和鞍形填料（如矩鞍、弧鞍）等。网体填料主要是由金属丝网制成，如鞍形网、θ 网和波纹网等。按装填方法不同填料可分为**乱堆填料**和**整砌填料**。

下面介绍常用的几种填料。

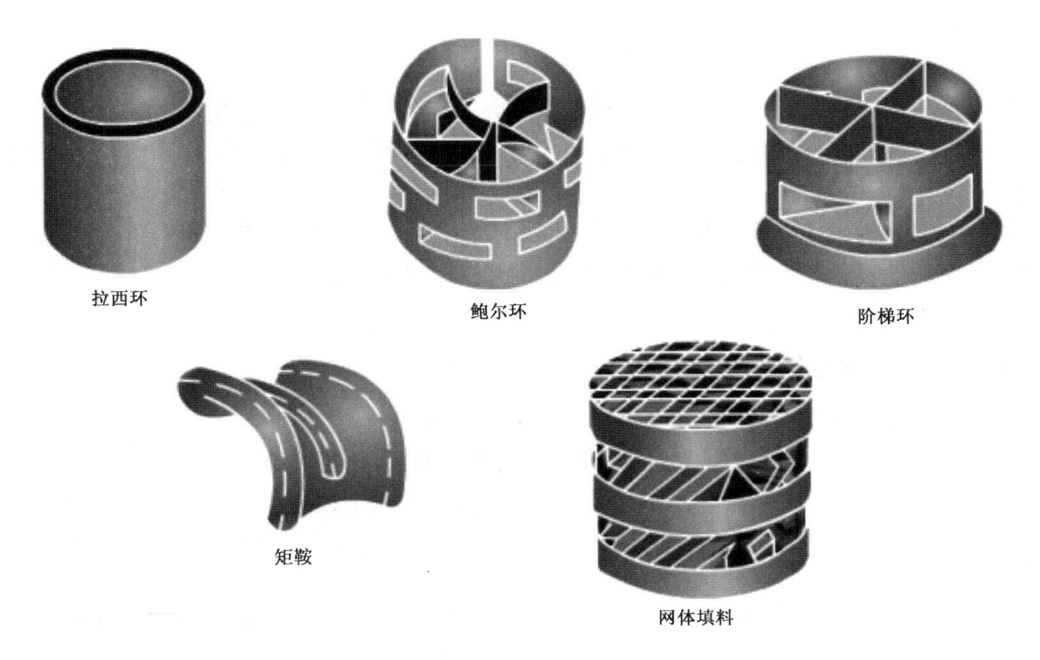

图 6.9　各种类型的填料

(1) 拉西环。

拉西环是使用最早的一种填料，为高、径相等的圆环，如图 6.9 所示。在强度允许的条件下，环壁应尽量薄，以提高空隙率，降低堆积密度。一般采用乱堆方式，可用陶瓷、金属、塑料及石墨等材料制造。

拉西环形状简单，制造容易，其流体力学和传质特性的研究也较为充分。但拉西环存在严重的**沟流**及**壁流**现象，塔径越大或填料层越高，沟流和壁流现象越严重，致使传质效率明显下降。由于其圆柱形的构造，在横卧或侧卧时，内表面不易被液体完全湿润，气体的通过也较为困难。此外，由于拉西环填料的滞留液量大，所以气体流动阻力较高，处理量较低。

(2) 鲍尔环。

鲍尔环的构造是在拉西环的壁上开出一排或两排长方形的小孔，孔的一边仍与环壁相连，然后将切开的一侧向环内弯曲。尽管鲍尔环的空隙率和比表面积与拉西环相同，但环内空间及内表面的利用率大大提高了，使得气体流动阻力降低，液体分布也较均匀。相同条件下与拉西环相比，鲍尔环的处理量增大 50% 以上，压强降也大大降低，且避免了严重的沟流及壁流现象。因此，鲍尔环比拉西环的传质效率高，操作弹性大，工业上广泛采用。

(3) 阶梯环。

阶梯环是在鲍尔环基础上的改进。与鲍尔环相比，环高减少一半并在一端增加了一个锥形翻边。不仅增加了机械强度，而且使填料之间由线接触为主变为点接触为主，从而增加了填料的空隙率，促进了气液的流动，有利于传质效率的提高，是目前最好的环形填料。

(4) 弧鞍和矩鞍。

弧鞍和矩鞍均为敞开型填料。敞开型填料的特点是表面全部敞开，不分内外，液体在表面两侧均匀流动，表面利用率高，气体流动阻力小，制造比较方便。弧鞍填料是两面对称结构，相邻填料容易重叠，且强度较差，容易破碎。矩鞍填料结构不对称，填料两面大小不等，堆积时不会重叠，液体分布较均匀，传质效率提高。矩鞍填料的性能优于拉西环，不如鲍尔环，但构造简单，是性能较好的一种实体填料。

(5) 整砌填料。

在塔内按一定规则整齐排列堆砌起来的填料称为整砌填料。相比乱堆填料，整砌填料改善了气液分布状况，提供了更大的比表面积和空隙率，流动阻力小，生产能力和传质性能有较大的提高。

金属波纹网填料是一种应用较多的整砌填料，由平行丝网或波纹片排列组装成圆饼状。网片波纹的方向与水平方向成一定的倾角，相邻两网片的波纹反向倾斜，使波纹片之间形成一系列相互交叉的三角形流道，相邻两盘呈 90°交叉安放。

6.3.3 填料塔的流体力学性能

持液量 单位体积填料层中滞留的液体体积，称为**持液量**，一般以"m^3 液体/m^3 填料"表示。研究发现，持液量与填料种类、液体的特性以及气液负荷有关。

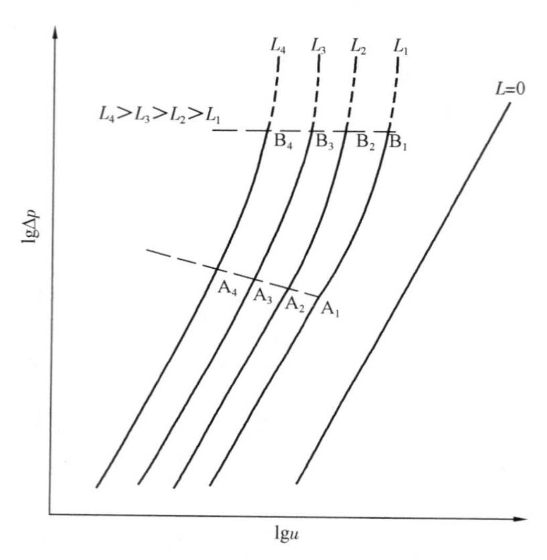

图 6.10 气体通过填料层的压力降

通常情况下，液体流量一定时，气体流速越大，持液量也越大。一定的持液量对于塔设备操作的稳定性和传质过程是有利的，但当持液量过大时，气体通过填料层的压力降也增大，导致塔的生产能力降低。

气体通过填料层的压力降 压力降是塔设备设计过程中的重要参数，决定了塔的动力消耗。将不同液体流量（或液体的喷淋量）L 时气体的空塔速度（指气体通过塔的整个截面时的速度）u 与每米填料的压降 Δp 之间的实测数据标绘于双对数坐标上，可得如图 6.10 所示的曲线。

$L=0$ 的曲线表示干填料层的情况，此时，Δp—u 曲线为直线，其斜率为 1.8 ~ 2.0，表明气流在实际操作中是湍流。

在一定的喷淋量下，如 $L=L_1$ 时，当气速低于 A_1 点所对应的气速时，液体沿填料表面的流动很少受气流的影响，填料层的持液量基本不变。压降和空塔气速的关系与干填料层的曲线几乎平行。

当气速增大到 A_1 点所对应的气速时，液体的流动受逆向气流的阻拦开始明显起来，填料层的持液量随气速增加而增加，此时气体的压力降有较大的增加，Δp—u 的关系曲线的斜率增大。转折点 A_1 称为**载点**，此时的空塔气速称为**载点气速**。

当气速继续增大，填料层的持液量不断增多，当到达 B_1 点时，液体几乎充满了填料层的空隙，此时压力降急剧升高，Δp—u 曲线近乎垂直上升，塔内开始液泛，故称 B_1 点为**泛点**，此时的气速称为**泛点气速**。

不同填料、不同喷淋量下的 Δp—u 曲线的形状基本相似。

试验表明，当空塔气速介于载点气速和泛点气速之间时，气液两相传质效果较好，为填料塔的合理操作范围。

填料塔的适宜气速一般依靠泛点气速来确定，通常取泛点气速的 0.5 ~ 0.8 倍。

6.3.4 塔径的计算

填料塔的直径 D 与空塔气速 u 及气体体积流量 V_s 之间的关系与板式塔完全相同，可用式(6.2)计算。

选择较小的气速，则压降小，动力消耗少，操作弹性大，操作费用较低；但塔径大，设备投资高，而生产能力低。同时，低气速也不利于气液两相充分接触，传质效率低。

若选用过高的气速，则不仅压降大，且操作不平稳，难以控制。所以要从技术和经济方面依具体情况决定适宜的气速。

6.3.5 填料塔的附件

填料支承装置 填料在塔内都是堆放在支承装置上的，所以支承装置要有足够的强度，足以承受填料层重量和其持液量之和。支承装置的构造要有利于气液两相均匀分布。

常用的支承装置有栅板式、升气管式等，一般由金属材料构成。若处理腐蚀性物料，可选用陶瓷多孔装置。

液体分布装置 液体在填料塔内分布均匀，可以增加填料的有效润湿表面积，提高传质效果。良好的液体初始分布要求适宜的液体分布装置，提供足够多的均匀分布的喷淋点，且各喷淋点的喷淋液量相等。

液体分布装置的结构形式较多，常用的有莲蓬式、多孔管式、齿槽式和筛孔盘式等。

液体再分配器 对于乱堆填料而言，由于壁流和沟流现象，减少了气液两相的有效接触面积，塔径越小，越严重。因此每隔一定距离必须设置液体再分配器。

常用的液体再分配器为截锥形再分配装置。安装再分配器时，要考虑避免液泛现象的发生。

习　题

1. 塔板中溢流堰的主要作用是为了保证塔板上有________。

2. 筛板塔、泡罩塔、浮阀塔相比较，操作弹性最大的是________，单板压力降最小的是________，造价最便宜的是________。

3. 气体通过塔板的阻力可视作是________的阻力与________的阻力之和。

4. 板式塔塔板上造成液面落差的主要原因是________；________；________。

5. 为减少液面落差可采用(1)________、(2)________的办法。

6. 写出浮阀塔三种不正常操作情况：(1)________；(2)________；(3)________。

7. 在浮阀塔设计中，哪些因素考虑不周时，塔易发生降液管液泛？请举出其中三种情况：________；________；________。

8. 筛板塔设计中，板间距 H_T 设计偏大，优点是________，缺点是________。

9. 负荷性能图中有________条线，分别是________。

10. 鲍尔环比拉西环优越之处有(举出三点来)________。

11. 当喷淋量一定时，填料塔单位高度填料层的压力降与空塔气速关系线上存在着两个转折点，其中下转折点称为________，上转折点称为________。

12. 若填料层高度较高，为了有效湿润填料，塔内应设置________装置。

符 号 说 明

符号	意义	单位
D	塔的直径	m
H_T	塔板间距	m
h_o	降液管底隙高度	m
h_w	出口堰高度	m
$N_{实}$	实际塔板数	
Δp	压降	Pa
u	空塔速度	m/s
V_s	气体体积流量	m^3/s
Z	塔的有效高度	m
α	比表面积	m^2/m^3
ε	空隙率	

附　　录

附录 1　常用物理量单位的换算

单位名称和符号	换算系数	单位名称和符号	换算系数
1. 长度		毫米汞柱 mmHg	133. 332Pa
英寸 in	2.54×10^{-2}m	毫米水柱 mmH_2O	9. 80665Pa
英尺 ft(=12in)	0. 3048m	托　Torr	133. 322Pa
英里 mile	1. 609344km	6. 表面张力	
埃 Å	10^{-10}m	达因每厘米 dyn/cm	10^{-3}N/m
码 yd(=3ft)	0. 9144m	7. 动力黏度(通称黏度)	
2. 体积		泊　P(=1g/cm · s)	10^{-1}Pa · s
英加仑 gal(UK)	4. 54609dm^3	厘泊 cP	10^{-3}Pa · s
美加仑 gal(US)	3. 78541dm^3	8. 运动黏度	
3. 质量		斯托克斯 St(=1cm^2/s)	$10^{-4}m^2/s$
磅 lb	0. 45359237kg	厘斯　cSt	$10^{-6}m^2/s$
短吨(=2000lb)	907. 185kg	9. 功、能、热	
长吨(=2240lb)	1016. 05kg	尔格 erg(=1dyn · cm)	10^{-7}J
4. 力		千克力米 kgf · m	9. 80665J
达因 dyn(g · cm/s^2)	10^{-5}N	国际蒸汽表卡　cal	4. 1868J
千克力 kgf	9. 80665N	英热单位　Btu	1. 05506kJ
磅力 lbf	4. 44822N	10. 功率	
5. 压力(压强)		尔格每秒 erg/s	10^{-7}W
巴 bar(10^6dyn/cm^2)	10^5Pa	千克力米每秒 kgf · m/s	9. 80665W
千克力每平方厘米 kgf/cm^2	98066. 5Pa	英马力 hp	745. 7W
(又称工程大气压 at)		千卡每小时 kcal/h	1. 163W
磅力每平方英寸 lb/in^2(psi)	6. 89476kPa	米制马力(=75kgf · m/s)	735. 499W
标准大气压 atm	101. 325kPa	11. 温度	
(760mmHg)		华氏度℉	$\frac{5}{9}(t_F-32)$℃

附录 2　某些气体的物理性质

名称	分子式	密度（标态）g/m^3	比热容 kJ/(kg·K)	黏度 $\mu\times10^{-5}$ Pa·s	沸点（101.3kPa）℃	汽化热（101.3kPa）kJ/kg	临界点		热导率（标态）W/(m·K)
							温度 ℃	压力 kPa	
空气	—	1.293	1.009	1.73	-195	197	-140.7	3768.4	0.0244
氧	O_2	1.429	0.653	2.03	-132.98	213	-118.82	5036.6	0.0240
氮	N_2	1.251	0.745	1.70	-195.78	199.2	-147.13	3392.5	0.0228
氢	H_2	0.0899	10.13	0.842	-252.75	454.2	-239.9	1296.6	0.1630
氦	He	0.1785	3.18	1.88	-268.95	19.5	-267.96	228.94	0.1440
氩	Ar	1.7820	0.322	2.09	-185.87	163	-122.44	4862.4	0.0173
氯	Cl_2	3.217	0.355	1.29 (16℃)	-33.8	305	144.0	7708.9	0.0072
氨	NH_3	0.771	0.67	0.918	-33.4	1373	132.4	11295	0.0215
一氧化碳	CO	1.250	0.754	1.66	-191.48	211	-140.2	3497.9	0.0226
二氧化碳	CO_2	1.976	0.653	1.37	-78.2	574	31.1	7384.8	0.0137
二氧化硫	SO_2	2.927	0.502	1.17	-10.8	394	157.5	7879.1	0.0077
二氧化氮	NO_2	—	0.615	—	21.2	712	158.2	10130	0.0400
硫化氢	H_2S	1.539	0.804	1.166	-60.2	548	100.4	19136	0.0131
甲烷	CH_4	0.717	1.70	1.03	-161.58	511	-82.15	4619.3	0.0300
乙烷	C_2H_6	1.357	1.44	0.850	-88.50	486	32.1	4948.5	0.0180
丙烷	C_3H_8	2.020	1.65	0.795 (18℃)	-42.1	427	95.6	4355.9	0.0148
正丁烷	C_4H_{10}	2.673	1.73	0.810	-0.5	386	152	3798.8	0.0135
正戊烷	C_5H_{12}	—	1.57	0.874	-36.08	151	197.1	3342.9	0.0128
乙烯	C_2H_4	1.261	1.222	0.985	-103.7	481	9.7	5135.9	0.0164
丙烯	C_3H_6	1.914	1.436	0.835 (20℃)	-47.7	440	91.4	4599.0	—
乙炔	C_2H_2	1.171	1.352	0.935	-83.66(升华)	829	35.7	6240.0	0.0184
氯甲烷	CH_3Cl	2.308	0.582	0.989	-24.1	406	148	6685.8	0.0085
苯	C_6H_6	—	1.139	0.72	80.2	394	288.5	4832.0	0.0088

附录3 某些液体的物理性质

名称	分子式	密度（20℃）kg/m³	沸点（101.3kPa）℃	汽化热 kJ/kg	比热容（20℃）kJ/(kg·℃)	黏度（20℃）mPa·s	热导率（20℃）W/(m·℃)	体积膨胀系数 $\beta\times10^4$（20℃）1/℃	表面张力 $\sigma\times10^3$（20℃）N/m
水	H_2O	998	100	2258	4.183	1.005	0.599	1.82	72.8
氯化钠盐水（25%）	—	1186（25℃）	107	—	3.39	2.3	0.57（30℃）	（4.4）	—
氯化钙盐水（25%）	—	1228	107	—	2.89	2.5	0.57	（3.4）	—
硫酸	H_2SO_4	1831	340（分解）	——	1.47（10℃）	—	0.38	5.7	—
硝酸	HNO_3	1513	86	481.1	—	1.17（10℃）	—	—	—
盐酸（30%）	HCl	1149	—	—	2.55	2（31.5%）	0.42	—	—
二硫化碳	CS_2	1262	46.3	352	1.005	0.38	0.16	12.1	32
戊烷	C_5H_{12}	626	36.07	357.4	2.24（15.6℃）	0.229	0.113	15.9	16.2
己烷	C_6H_{14}	659	68.74	335.1	2.31（15.6℃）	0.313	0.119	—	18.2
庚烷	C_7H_{16}	684	98.43	316.5	2.21（15.6℃）	0.411	0.123	—	20.1
辛烷	C_8H_{18}	763	125.67	306.4	2.19（15.6℃）	0.54	0.131	—	21.8
三氯甲烷	$CHCl_3$	1489	61.2	253.7	0.992	0.58	0.138（30℃）	12.6	28.5（10℃）
四氯化碳	CCl_4	1594	76.8	195	0.85	1.0	0.12	—	26.8
苯	C_6H_6	879	80.10	393.9	1.704	0.737	0.148	12.4	28.6
甲苯	C_7H_8	867	110.63	363	1.70	0.675	0.138	10.9	27.9
邻二甲苯	C_8H_{10}	880	144.42	347	1.74	0.811	0.142	—	30.2
间二甲苯	C_8H_{10}	864	139.10	343	1.70	0.611	0.167	10.1	29.0
对二甲苯	C_8H_{10}	861	138.35	340	1.704	0.643	0.129	—	28.0
苯乙烯	C_8H_9	911（15.6℃）	145.2	（352）	1.733	0.72	—	—	—
氯苯	C_6H_5Cl	1106	131.8	325	1.298	0.85	0.14（30℃）	—	32

续表

名称	分子式	密度（20℃）kg/m³	沸点（101.3kPa）℃	汽化热 kJ/kg	比热容（20℃）kJ/(kg·℃)	黏度（20℃）mPa·s	热导率（20℃）W/(m·℃)	体积膨胀系数 $\beta\times10^4$（20℃）1/℃	表面张力 $\sigma\times10^3$（20℃）N/m
硝基苯	$C_6H_5NO_3$	1203	210.9	396	1.47	2.1	0.15	-8.5	41
苯胺	$C_6H_5NH_2$	1022	184.4	448	2.07	4.3	0.17		42.9
酚	C_6H_5OH	1050（50℃）	181.8（熔点40.9）	511	—	3.4（50℃）	—	—	—
萘	$C_{16}H_8$	1145（固体）	217.9（熔点80.2）	314	1.80（100℃）	0.59（100℃）	—	—	—
甲醇	CH_3OH	791	64.7	1101	2.48	0.6	0.212	12.2	22.6
乙醇	C_2H_5OH	789	78.3	845	2.39	1.15	0.172	11.6	22.8
乙醇（95%）	—	804	78.2	—	—	1.4	—	—	—
乙二醇	$C_2H_4(OH)_2$	1113	197.6	780	2.35	23	—	—	47.7
甘油	$C_3H_5(OH)_3$	1261	290（分解）	—	—	1499	0.59	5.3	63
乙醚	$(C_2H_5)_2O$	714	34.6	360	2.34	0.24	0.14	16.3	18
乙醛	CH_3CHO	783（18℃）	20.2	574	1.9	1.3（18℃）	—	—	21.2
糠醛	$C_5H_4O_2$	1168	161.7	452	1.6	1.15（50℃）	—	—	43.5
丙酮	CH_3COCH_3	792	56.2	523	2.35	0.32	0.17	—	23.7
甲酸	$HCOOH$	1220	100.7	494	2.17	1.9	0.26	—	27.8
醋酸	CH_3COOH	1049	118.1	406	1.99	1.3	0.17	10.7	23.9
醋酸乙酯	$CH_3COOC_2H_5$	901	77.1	368	1.92	0.48	0.14（10℃）	—	—
煤油	—	780～820	—	—	—	3	0.15	10.0	—
汽油	—	680～800	—	—	—	0.7～0.8	0.19（30℃）	12.5	—

附录 4　水的物理性质

温度 ℃	饱和蒸气压 kPa	密度 kg/m^3	焓 kJ/kg	比热容 kJ/(kg·℃)	导热系数 $\lambda \times 10^2$ W/(m·℃)	黏度 $\mu \times 10^5$ Pa·s	体积膨胀系数 $\beta \times 10^4$ 1/℃	表面张力 $\sigma \times 10^5$ N/m	普朗特数 Pr
0	0.6082	999.9	0	4.212	55.13	179.21	-0.63	75.6	13.66
10	1.2262	999.7	42.04	4.191	57.45	130.77	+0.70	74.1	9.52
20	2.3346	998.2	83.90	4.183	59.89	100.50	1.82	72.6	7.01
30	4.2474	995.7	125.69	4.174	61.76	80.07	3.21	71.2	5.42
40	7.3766	992.2	167.51	4.174	63.38	65.60	3.87	69.6	4.32
50	12.34	988.1	209.30	4.174	64.78	54.94	4.49	67.7	3.54
60	19.923	983.2	251.12	4.178	65.94	46.88	5.11	66.2	2.98
70	31.164	977.8	292.99	4.187	66.76	40.61	5.70	64.3	2.54
80	47.379	971.8	334.94	4.195	67.45	35.65	6.32	62.6	2.22
90	70.136	965.3	376.98	4.208	68.04	31.65	6.95	60.7	1.96
100	101.33	958.4	419.10	4.220	68.27	28.38	7.52	58.8	1.76
110	143.31	951.0	461.34	4.238	68.50	25.89	8.08	6.9	1.61
120	198.64	943.1	503.67	4.260	68.62	23.73	8.64	54.8	1.47
130	270.25	934.8	546.38	4.266	68.62	21.77	9.17	52.8	1.36
140	361.47	926.1	589.08	4.287	68.50	20.10	9.72	50.7	1.26
150	476.24	917.0	632.20	4.312	68.38	18.63	10.3	48.6	1.18
160	618.28	907.4	675.33	4.346	68.27	17.36	10.7	46.6	1.11
170	792.59	897.3	719.29	4.379	67.92	16.28	11.3	45.3	1.05
180	1003.5	886.9	763.25	4.417	67.45	15.30	11.9	42.3	1.00
190	1255.6	876.0	807.63	4.460	66.99	14.42	12.6	40.0	0.96
200	1554.77	863.0	852.43	4.505	66.29	13.63	13.3	37.7	0.93
210	1917.72	852.8	897.65	4.555	65.48	13.04	14.1	35.4	0.91
220	2320.88	840.3	943.7	4.614	64.55	12.46	14.8	33.1	0.89
230	2798.59	827.3	990.18	4.681	63.73	11.97	15.9	31	0.88
240	3347.91	813.6	1037.49	4.756	62.80	11.47	16.8	28.5	0.87
250	3977.67	799.0	1085.64	4.844	61.76	10.98	18.1	26.2	0.86
260	4693.75	784.0	1135.04	4.949	60.48	10.59	19.7	23.8	0.87
270	5503.99	767.9	1185.28	5.070	59.96	10.20	21.6	21.5	0.88
280	6417.24	750.7	1236.28	5.229	57.45	9.81	23.7	19.1	0.89
290	7443.29	732.3	1289.95	5.485	55.82	9.42	26.2	16.9	0.93
300	8592.94	712.5	1344.80	5.736	53.96	9.12	29.2	14.4	0.97
310	9877.6	691.1	1402.16	6.071	52.34	8.83	32.9	12.1	1.02
320	11300.3	667.1	1462.03	6.573	50.59	8.3	38.2	9.81	1.11
330	12879.6	640.2	1526.19	7.243	48.73	8.14	43.3	7.67	1.22
340	14615.8	610.1	1594.75	8.164	45.71	7.75	53.4	5.67	1.38
350	16538.5	574.4	1671.37	9.504	43.03	7.26	66.8	3.81	1.60
360	18667.1	528.0	1761.39	13.984	39.54	6.67	109	2.02	2.36
370	21040.9	450.5	1892.43	40.319	33.73	5.69	264	0.471	6.80

附录 5　干空气的物理性质(1.01325×10^5 Pa)

温度 ℃	密度 kg/m³	比热容 kJ/(kg·℃)	导热系数 $\lambda\times10^2$ W/(m·℃)	黏度 $\mu\times10^5$ Pa·s	普朗特数 *Pr*
-50	1.548	1.013	2.035	1.46	0.728
-40	1.515	1.013	2.117	1.52	0.728
-30	1.453	1.013	2.198	1.57	0.723
-20	1.395	1.009	2.279	1.62	0.716
-10	1.342	1.009	2.360	1.67	0.712
0	1.293	1.005	2.442	1.72	0.707
10	1.247	1.005	2.512	1.77	0.705
20	1.205	1.005	2.593	1.81	0.703
30	1.165	1.005	2.675	1.86	0.701
40	1.128	1.005	2.756	1.91	0.699
50	1.093	1.005	2.826	1.96	0.698
60	1.060	1.005	2.896	2.01	0.696
70	1.029	1.009	2.966	2.06	0.694
80	1.000	1.009	3.047	2.11	0.692
90	0.972	1.009	3.128	2.15	0.690
100	0.946	1.009	3.210	2.19	0.688
120	0.898	1.009	3.338	2.29	0.686
140	0.854	1.013	3.489	2.37	0.684
160	0.815	1.017	3.640	2.45	0.682
180	0.779	1.022	3.780	2.53	0.681
200	0.746	1.026	3.931	2.60	0.680
250	0.674	1.038	4.288	2.74	0.677
300	0.615	1.048	4.605	2.97	0.674
350	0.566	1.059	4.908	3.14	0.676
400	0.524	1.068	5.210	3.31	0.678
500	0.456	1.093	5.745	3.62	0.687
600	0.404	1.114	6.222	3.91	0.699
700	0.362	1.135	6.711	4.18	0.706
800	0.329	1.156	7.176	4.43	0.713
900	0.301	1.172	7.630	4.67	0.717
1000	0.277	1.185	8.041	4.90	0.719
1100	0.257	1.197	8.502	5.12	0.722
1200	0.239	1.206	9.153	5.35	0.724

附录6　饱和水蒸气表(按温度排序)

温度 ℃	绝对压强 kPa	蒸汽密度 kg/m^3	焓,kJ/kg		汽化焓 kJ/kg
			液体	蒸汽	
0	0.6082	0.00484	0	2491.1	2491.1
5	0.8730	0.00680	20.94	2500.8	2479.89
10	1.2262	0.00940	41.87	2510.4	2468.5
15	1.7068	0.01283	62.80	2520.5	2457.7
20	2.3346	0.01719	83.74	2530.1	2446.3
25	3.1684	0.02304	104.67	2539.7	2435.0
30	4.2474	0.03036	125.60	2549.3	2423.7
35	5.6207	0.03960	146.54	2559.0	2412.4
40	7.3766	0.05114	167.47	2568.6	2401.1
45	9.5837	0.06543	188.41	2577.8	2389.4
50	12.340	0.0830	209.34	2587.4	2378.1
55	15.743	0.1043	230.27	2596.7	2366.4
60	19.923	0.1301	251.21	2606.3	2355.1
65	25.014	0.1611	272.14	2615.5	2343.4
70	31.164	0.1979	293.08	2624.3	2331.2
75	38.551	0.2416	314.01	2633.5	2319.5
80	47.379	0.2929	334.94	2642.3	2307.8
85	57.875	0.3531	355.88	2651.1	2295.2
90	70.136	0.4229	376.81	2659.9	2283.1
95	84.556	0.5039	397.75	2668.7	2270.9
100	101.33	0.5970	418.68	2677.0	2258.4
105	120.85	0.7036	440.03	2685.0	2245.4
110	143.31	0.8254	460.97	2693.4	2232.0
115	169.11	0.9635	482.32	2701.3	2219.0
120	198.64	1.1199	503.67	2708.9	2205.2
125	232.19	1.296	525.02	2716.4	2191.8
130	270.25	1.494	546.38	2723.9	2177.6
135	313.11	1.715	567.73	2731.0	2163.3
140	361.47	1.962	589.08	2737.7	2148.7
145	415.72	2.238	610.85	2744.4	2134.0
150	476.24	2.543	632.21	2750.7	2118.5
160	618.28	3.252	675.75	2762.9	2087.1
170	792.59	4.113	719.29	2773.3	2054.0
180	1003.5	5.145	763.25	2782.5	2019.3
190	1255.6	6.378	807.64	2790.1	1982.4
200	1554.77	7.840	852.01	2795.5	1943.5
210	1917.72	9.567	897.23	2799.3	1902.5
220	2320.88	11.60	942.45	2801.0	1858.5

续表

温度 ℃	绝对压强 kPa	蒸汽密度 kg/m^3	焓,kJ/kg		汽化焓 kJ/kg
			液体	蒸汽	
230	2798.59	13.98	988.50	2800.1	1811.6
240	3347.91	16.76	1034.56	2796.8	1761.8
250	3977.67	20.01	1081.45	2790.1	1708.6
260	4693.75	23.82	1128.76	2780.9	1651.7
270	5503.99	28.27	1176.91	2768.3	1591.4
280	6417.24	33.47	1225.48	2752.0	1526.5
290	7443.29	39.60	1274.46	2732.3	1457.4
300	8592.94	46.93	1325.54	2708.0	1382.5
310	9877.96	55.95	1378.71	2680.0	1301.3
320	11300.3	65.69	1436.07	2648.2	1212.1
330	12879.6	78.53	1446.78	2610.5	1116.2
340	14615.8	93.98	1562.93	2568.6	1005.7
350	16538.5	113.2	1636.20	2516.7	880.5
360	18667.1	139.6	1729.15	2442.6	713.0
370	21040.9	171.0	1888.25	2301.9	411.1
374	22070.9	322.6	2098.0	1098.0	0

附录 7 饱和水蒸气表(按压强排序)

绝对压强 kPa	温度 ℃	蒸汽密度 kg/m^3	焓,kJ/kg		汽化焓 kJ/kg
			液体	蒸汽	
1.0	6.3	0.00773	26.48	2503.1	2476.8
1.5	12.5	0.01133	52.26	2515.3	2463.0
2.0	17.0	0.01486	71.21	2524.2	2452.9
2.5	20.9	0.01836	87.45	2531.8	2444.3
3.0	23.5	0.02179	98.38	2536.8	2438.4
3.5	26.1	0.02523	109.30	2541.8	2432.5
4.0	28.7	0.02867	120.23	2546.8	2426.6
4.5	30.8	0.03205	129.00	2550.9	2421.9
5.0	32.4	0.03537	135.69	2554.0	2418.3
6.0	35.6	0.04200	149.06	2560.1	2411.0
7.0	38.8	0.04864	162.44	2566.3	2403.8
8.0	41.3	0.05514	172.73	2571.0	2398.2
9.0	43.3	0.06156	181.16	2574.8	2393.6
10.0	45.3	0.06798	189.59	2578.5	2388.9
15.0	53.5	0.09956	224.03	2594.0	2370.0
20.0	60.1	0.13068	251.51	2606.4	2354.9
30.0	66.5	0.19093	288.77	2622.4	2333.7
40.0	75.0	0.24975	315.93	2634.1	2312.2

续表

绝对压强 kPa	温度 ℃	蒸汽密度 kg/m^3	焓,kJ/kg		汽化焓 kJ/kg
			液体	蒸汽	
50.0	81.2	0.30799	339.80	2644.3	2304.5
60.0	85.6	0.36514	358.21	2652.1	2293.9
70.0	89.9	0.42229	376.61	2659.8	2283.2
80.0	93.2	0.47807	390.08	2665.3	2275.3
90.0	96.4	0.53384	403.49	2670.8	2267.4
100.0	99.6	0.58961	416.90	2676.3	2259.5
120.0	104.5	0.69868	437.51	2684.3	2246.8
140.0	109.2	0.80758	457.67	2692.1	2234.4
160.0	113.0	0.82981	473.88	2698.1	2224.2
180.0	116.6	1.0209	489.32	2703.7	2214.3
200.0	120.2	1.1273	493.71	2709.2	2204.6
250.0	127.2	1.3904	534.39	2719.7	2185.4
300.0	133.3	1.6501	560.38	2728.5	2168.1
350.0	138.8	1.9074	583.76	2736.1	2152.3
400.0	143.4	2.1618	603.61	2742.1	2138.5
450.0	147.7	2.4152	622.42	2747.8	2125.4
500.0	151.7	2.6673	639.59	2752.8	2113.2
600.0	158.7	3.1686	670.22	2761.4	2091.1
700	164.7	3.6657	696.27	2767.8	2071.5
800	170.4	4.1614	720.96	2773.7	2052.7
900	175.1	4.6525	741.82	2778.1	2036.2
1×10^3	179.9	5.1432	762.68	2782.5	2019.7
1.1×10^3	180.2	5.6339	780.34	2785.5	2005.1
1.2×10^3	187.8	6.1241	797.92	2788.5	1990.6
1.3×10^3	191.5	6.6141	814.25	2790.9	1976.7
1.4×10^3	194.8	7.1038	829.06	2792.4	1963.7
1.5×10^3	198.2	7.5935	843.86	2794.5	1950.7
1.6×10^3	201.3	8.0814	857.77	2796.0	1938.2
1.7×10^3	204.1	8.5674	870.58	2797.1	1926.5
1.8×10^3	206.9	9.0533	883.39	2798.1	1914.8
1.9×10^3	209.8	9.5392	896.21	2799.2	1903.0
2×10^3	212.2	10.0338	907.32	2799.7	1892.4
3×10^3	233.7	15.0075	1005.4	2798.9	1793.5
4×10^3	250.3	20.0969	1082.9	2789.8	1706.8
5×10^3	263.8	25.3663	1146.9	2776.2	1629.2
6×10^3	275.4	30.8494	1203.2	2759.5	1556.3
7×10^3	285.7	36.5744	1253.2	2740.8	1487.6
8×10^3	294.8	42.5768	1299.2	2720.5	1403.7
9×10^3	303.2	48.8945	1343.5	2699.1	1356.6
10×10^3	310.9	55.5407	1384.0	2677.1	1293.1

续表

绝对压强 kPa	温度 ℃	蒸汽密度 kg/m³	焓,kJ/kg		汽化焓 kJ/kg
			液体	蒸汽	
12×10^3	324. 5	70. 3075	1463. 4	2631. 2	1167. 7
14×10^3	336. 5	87. 3020	1567. 9	2583. 2	1043. 4
16×10^3	347. 2	107. 8010	1615. 8	2531. 1	915. 4
18×10^3	356. 9	134. 4813	1699. 8	2466. 0	766. 1
20×10^3	365. 6	176. 5961	1817. 8	2364. 2	544. 9

附录 8 有机液体相对密度共线图

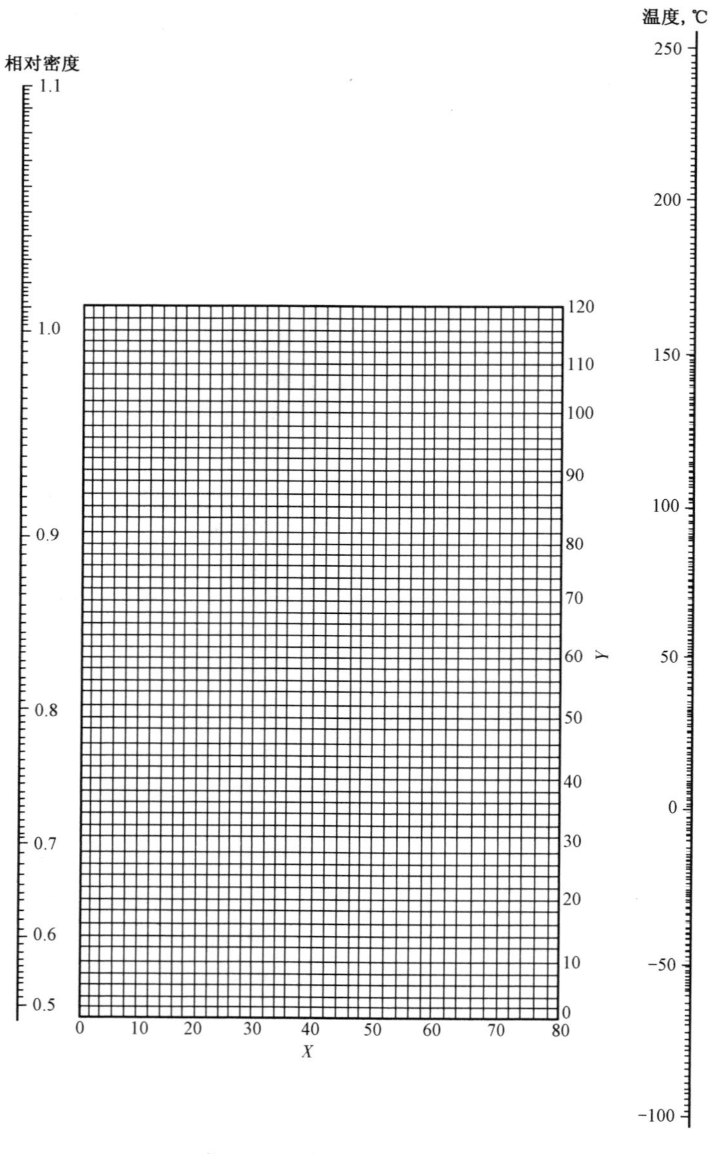

附图 1 液体相对密度共线图

注:相对密度指液体密度与4℃水的密度之比

有机液体相对密度共线图的坐标值

有机液体	X	Y	有机液体	X	Y
乙炔	20.8	10.1	甲酸乙酯	37.6	68.4
乙烷	10.3	4.4	甲酸丙酯	33.8	66.7
乙烯	17.0	3.5	丙烷	14.2	12.2
乙醇	24.2	48.6	丙酮	26.1	47.8
乙醚	22.6	35.8	丙醇	23.8	50.8
乙丙醚	20.0	37.0	丙酸	35.0	83.5
乙硫醇	32.0	55.5	丙酸甲酯	36.5	68.3
乙硫醚	25.7	55.3	丙酸乙酯	32.1	63.9
二乙胺	17.8	33.5	戊烷	12.6	22.6
二硫化碳	18.6	45.4	异戊烷	13.5	22.5
异丁烷	13.7	16.5	辛烷	12.7	32.5
丁酸	31.3	78.7	庚烷	12.6	29.8
丁酸甲酯	31.5	65.5	苯	32.7	63.0
异丁酸	31.5	75.9	苯酚	35.7	103.8
丁酸(异)甲酯	33.0	64.1	苯胺	33.5	92.5
十一烷	14.4	39.2	氟苯	41.9	86.7
十二烷	14.3	41.4	癸烷	16.0	38.2
十三烷	15.3	42.4	氨	22.4	24.6
十四烷	15.8	43.3	氯乙烷	42.7	62.4
三乙胺	17.9	37.0	氯甲烷	52.3	62.9
三氢化磷	28.8	22.1	氯苯	41.7	105.0
己烷	13.5	27.0	氰丙烷	20.1	44.6
壬烷	16.2	36.5	氰甲烷	21.8	44.9
六氢吡啶	27.5	60.0	环己烷	19.6	44.0
甲乙醚	25.0	34.4	醋酸	40.6	93.5
甲醇	25.8	49.1	醋酸甲酯	40.1	70.3
甲硫醇	37.3	59.6	醋酸乙酯	35.0	65.0
甲硫醚	31.9	57.4	醋酸丙酯	33.0	65.5
甲醚	27.2	30.1	甲苯	27.0	61.0
甲酸甲酯	46.4	74.6	异戊醇	20.5	52.0

附录 9　液体黏度共线图

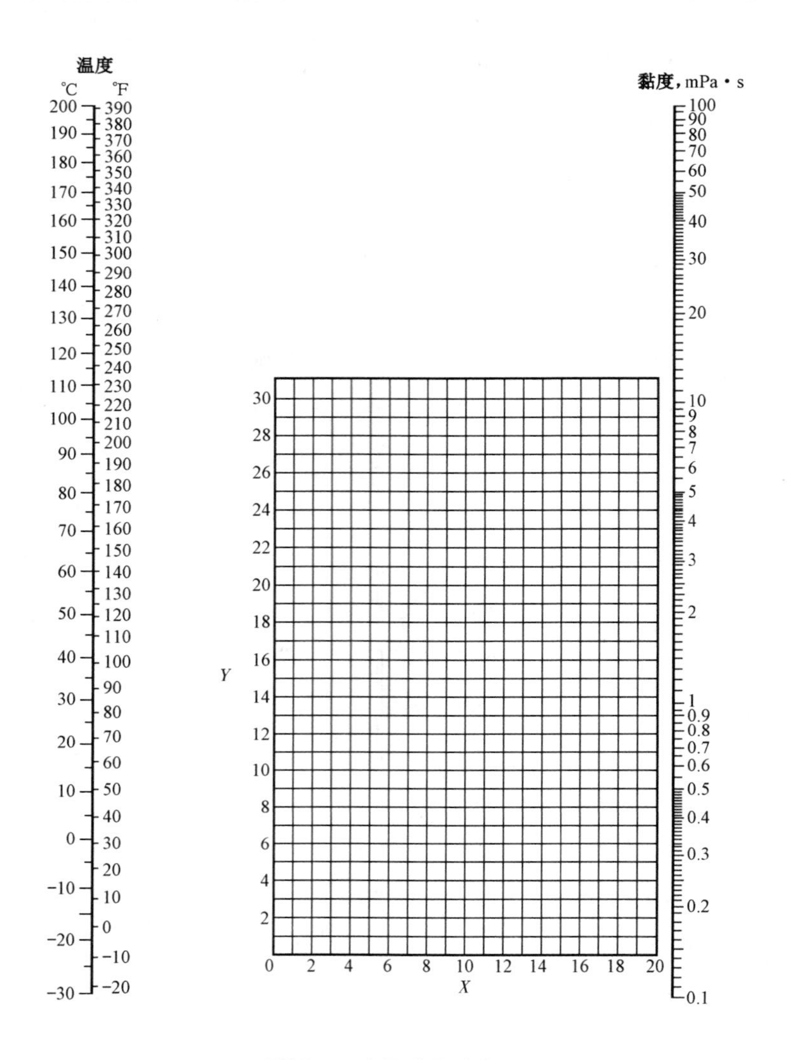

附图 2　液体黏度共线图

液体黏度共线图坐标值

液体		X	Y	液体		X	Y
乙醛		15.2	14.8	甲酸甲酯		14.2	8.4
醋酸	100%	12.1	14.2	碘乙烷		14.7	10.3
	70%	9.5	17.0	乙二醇		6.0	23.6
丙酮	100%	14.5	7.2	甲酸		10.7	15.8
	35%	7.9	15.0	甘油	100%	2.0	30.0
丙烯醇		10.2	14.3		50%	6.9	19.6

续表

液体		X	Y	液体		X	Y
氨	100%	12.6	2.0	庚烷		14.1	8.4
	26%	10.1	13.9	己烷		14.7	7.0
戊醇		7.5	18.4	盐酸	31.5%	13.0	16.6
苯胺		8.1	18.7	异丙醇		8.2	16.0
苯		12.5	10.9	煤油		10.2	16.9
氯化钙盐水	25%	6.6	15.9	水银		18.4	16.4
氯化钠盐水	25%	10.2	16.6	甲醇	100%	12.4	10.5
溴		14.2	13.2		90%	12.3	11.8
溴甲苯		20	15.9		40%	7.8	15.5
乙酸丁酯		12.3	11.0	乙酸甲酯		14.2	8.2
丁醇		8.6	17.2	氯甲烷		15.0	3.8
丁酸		12.1	15.3	丁酮		13.9	8.6
二氧化碳		11.6	0.3	萘		7.9	18.1
三硫化碳		16.1	7.5	硝酸	95%	12.8	13.8
氯苯		12.3	12.4		60%	10.8	17.0
三氯甲烷		14.4	10.2	硝基苯		10.6	16.2
氯甲苯(邻位)		13.0	13.3	硝基甲苯		11.0	17.0
氯甲苯(间位)		13.3	12.5	辛烷		13.7	10.0
氯甲苯(对位)		13.3	12.5	辛醇		6.6	21.1
甲酚(间位)		2.5	20.8	甲苯		13.7	10.4
环己醇		2.9	24.3	戊烷		14.9	5.2
二溴乙烷		12.7	15.8	酚		6.9	20.8
二氯乙烷		13.2	12.2	三溴化磷		13.8	16.7
二氯甲烷		14.6	8.9	三氯化磷		16.2	10.9
草酸乙酯		11.0	16.4	丙酸		12.8	13.8
草酸二甲酯		12.3	15.8	丙醇		9.1	16.5
乙醚		14.5	5.3	溴丙烷		14.5	9.6
乙酸乙酯		13.7	9.1	氯丙烷		14.4	7.5
乙醇	100%	10.5	13.8	碘丙烷		14.1	11.6
	95%	9.8	14.3	氢氧化钠	50%	3.2	25.8
	40%	6.5	16.6	二氧化硫		15.2	7.1
乙苯		13.2	11.5	硫酸	110%	7.2	27.4
溴乙烷		14.5	8.1		98%	7.0	24.8
氯乙烷		14.8	6.0		60%	10.2	21.3

附录 10　气体黏度共线图(1.01325×10^5 Pa)

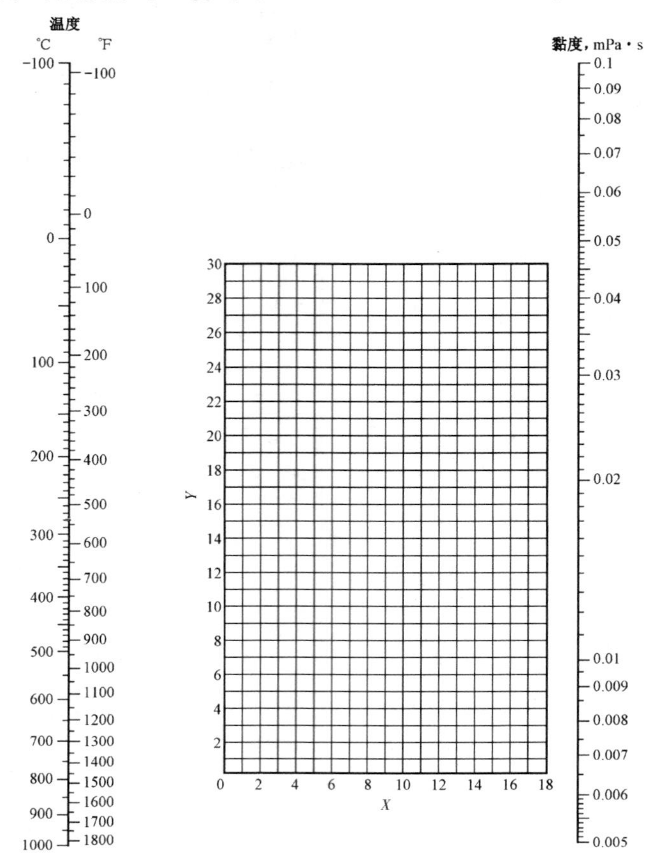

附图 3　气体黏度共线图

气体黏度共线图坐标值

气体	X	Y	气体	X	Y
醋酸	7.7	14.3	己烷	8.6	11.8
丙酮	8.9	13.0	氢	11.2	12.4
乙炔	9.8	14.9	$3H_2+1N_2$	11.2	17.2
空气	11.0	20.0	溴化氢	8.8	20.9
氨	8.4	16.0	氯化氢	8.8	18.7
氩	10.5	22.4	氰化氢	9.8	14.9
苯	8.5	13.2	硫化氢	8.6	18.0
溴	8.9	19.2	碘	9.0	18.4
丁烯	9.2	13.7	甲烷	9.9	15.5
二氧化碳	9.5	18.7	甲醇	8.5	15.6
二硫化碳	8.0	16.0	一氧化氮	10.9	20.5
一氧化碳	11.0	20.0	氮	10.6	20.0
氯	9.0	18.4	一氧化二氮	8.8	19.0
三氯甲烷	8.9	15.7	氧	10.6	21.3
环己烷	9.2	12.2	戊烷	7.0	12.8
乙烷	9.1	14.5	丙烷	9.7	12.9

续表

气体	X	Y	气体	X	Y
乙醇	9.2	14.2	丙醇	8.4	13.4
氯乙烷	8.5	15.6	丙烯	9.0	13.8
乙醚	8.9	13.0	二氧化硫	9.6	17.0
乙烯	9.5	15.1	甲苯	8.6	12.4
氟	7.3	23.8	水	8.0	16.0
氦	10.9	20.5	氙	9.3	23.0

附录 11　固体材料的热导率

1. 常用金属材料的热导率

W/(m·℃)

温度,℃	0	100	200	300	400
铝	228	228	228	228	228
铜	384	379	372	367	363
铁	73.3	67.5	61.6	54.7	48.9
铅	35.1	33.4	31.4	29.8	—
镍	93.0	82.6	73.3	63.97	59.3
银	414	409	373	362	359
碳钢	52.3	48.9	44.2	41.9	34.9
不锈钢	16.3	17.5	17.5	18.5	—

2. 常用非金属材料的热导率

名称	温度,℃	热导率,W/(m·℃)	名称	温度,℃	热导率,W/(m·℃)
石棉绳	—	0.10~0.21	云母	50	0.43
石棉板	30	0.10~0.14	泥土	20	0.698~0.93
软木	30	0.043	冰	0	2.33
玻璃棉	—	0.0349~0.0698	膨胀珍珠岩散料	25	0.021~0.062
保温灰	—	0.0698	软橡胶	—	0.129~0.159
锯屑	20	0.0465~0.0582	硬橡胶	0	0.15
棉花	100	0.0698	聚四氟乙烯	—	0.242
厚纸	20	0.14~0.349	泡沫塑料	—	0.0465
玻璃	30	1.09	泡沫玻璃	-15	0.00489
	-20	0.76		-80	0.00349
搪瓷	—	0.87~1.16	木材(横向)	—	0.14~0.175

附录 12　液体的热导率

W/(m·℃)

液体名称	温度,℃						
	0	25	50	75	100	125	150
甲醇	0.214	0.2107	0.207	0.205	—	—	—
乙醇	0.189	0.1832	0.1774	0.1715	—	—	—
异丙醇	0.154	0.150	0.146	0.142	—	—	—
丁醇	0.156	0.152	0.1483	0.144	—	—	—
丙酮	0.1745	0.169	0.163	0.1576	0.151	—	—
甲酸	0.2605	0.256	0.2518	0.2471	—	—	—

液体名称	温度,℃						
	0	25	50	75	100	125	150
乙酸	0. 177	0. 1715	0. 1663	0. 162	—	—	—
苯	0. 151	0. 1448	0. 138	0. 132	0. 126	0. 1204	—
甲苯	0. 1413	0. 136	0. 129	0. 123	0. 119	0. 112	—
二甲苯	0. 1367	0. 131	0. 127	0. 1215	0. 117	0. 111	—
硝基苯	0. 1541	0. 150	0. 147	0. 143	0. 140	0. 136	—
苯胺	0. 186	0. 181	0. 177	0. 172	0. 1681	0. 1634	0. 159
甘油	0. 277	0. 2797	0. 2832	0. 286	0. 289	0. 292	0. 295

附录 13　气体热导率共线图

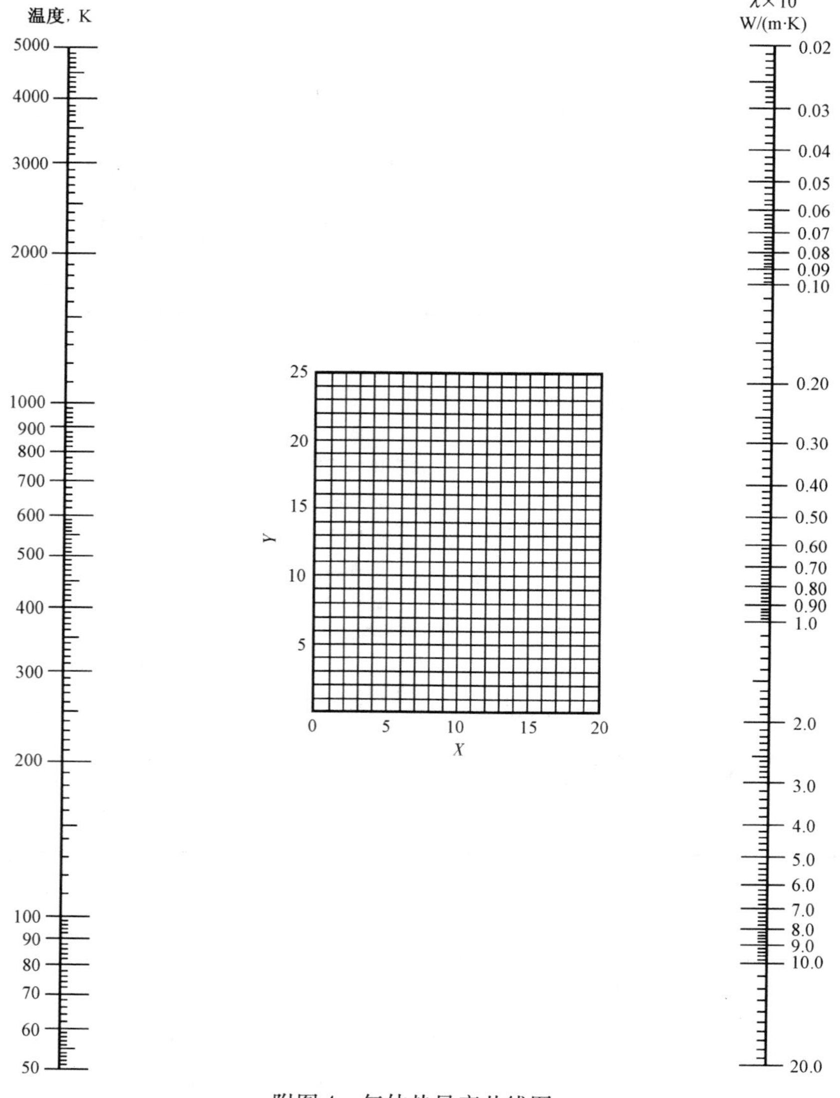

附图 4　气体热导率共线图

气体热导率共线图坐标值

气体或蒸气	温度范围,K	X	Y	气体或蒸气	温度范围,K	X	Y
乙炔	200～600	7.5	13.5	氦	50～500	17.0	2.5
空气	50～250	12.4	13.9	氦	500～5000	15.0	3.0
空气	250～1000	14.7	15.0	正庚烷	250～600	4.0	14.8
空气	1000～1500	17.1	14.5	正庚烷	600～1000	6.9	14.9
氨	200～900	8.5	12.6	正己烷	250～1000	3.7	14.0
氩	50～250	12.5	16.5	氢	50～250	13.2	1.2
氩	250～5000	15.4	18.1	氢	250～1000	15.7	1.3
苯	250～600	2.8	14.2	氢	1000～2000	13.7	2.7
三氟化硼	250～400	12.4	16.4	氯化氢	200～700	12.2	18.5
溴	250～350	10.1	23.6	甲烷	100～300	11.2	11.7
正丁烷	250～500	5.6	14.1	甲烷	300～1000	8.5	11.0
异丁烷	250～500	5.7	14.0	甲醇	300～500	5.0	14.3
二氧化碳	200～700	8.7	15.5	氯甲烷	250～700	4.7	15.7
二氧化碳	700～1200	13.3	15.4	氪	50～250	15.2	10.2
一氧化碳	80～300	12.3	14.2	氪	250～5000	17.2	11.0
一氧化碳	300～1200	15.2	15.2	氧化氮	100～1000	13.2	14.8
四氯化碳	250～500	9.4	21.0	氮	50～250	12.5	14.0
氯	200～700	10.8	20.1	氮	250～1500	15.8	15.3
氘	50～100	12.7	17.3	氮	1500～3000	12.5	16.5
丙酮	250～500	3.7	14.8	一氧化二氮	200～500	8.4	15.0
乙烷	200～1000	5.4	12.6	一氧化二氮	500～1000	11.5	15.5
乙醇	250～350	2.0	13.0	氧	50～300	12.2	13.8
乙醇	350～500	7.7	15.2	氧	300～1500	14.5	14.8
乙醚	250～500	5.3	14.1	戊烷	250～500	5.0	14.1
乙烯	200～450	3.9	12.3	丙烷	200～300	2.7	12.0
氟	80～600	12.3	13.8	丙烷	300～500	6.3	13.7
氟	600～800	18.7	13.8	二氧化硫	250～900	9.2	18.5
氖	100～700	13.7	21.8	甲苯	250～600	6.4	14.8

附录 14 液体比热容共线图

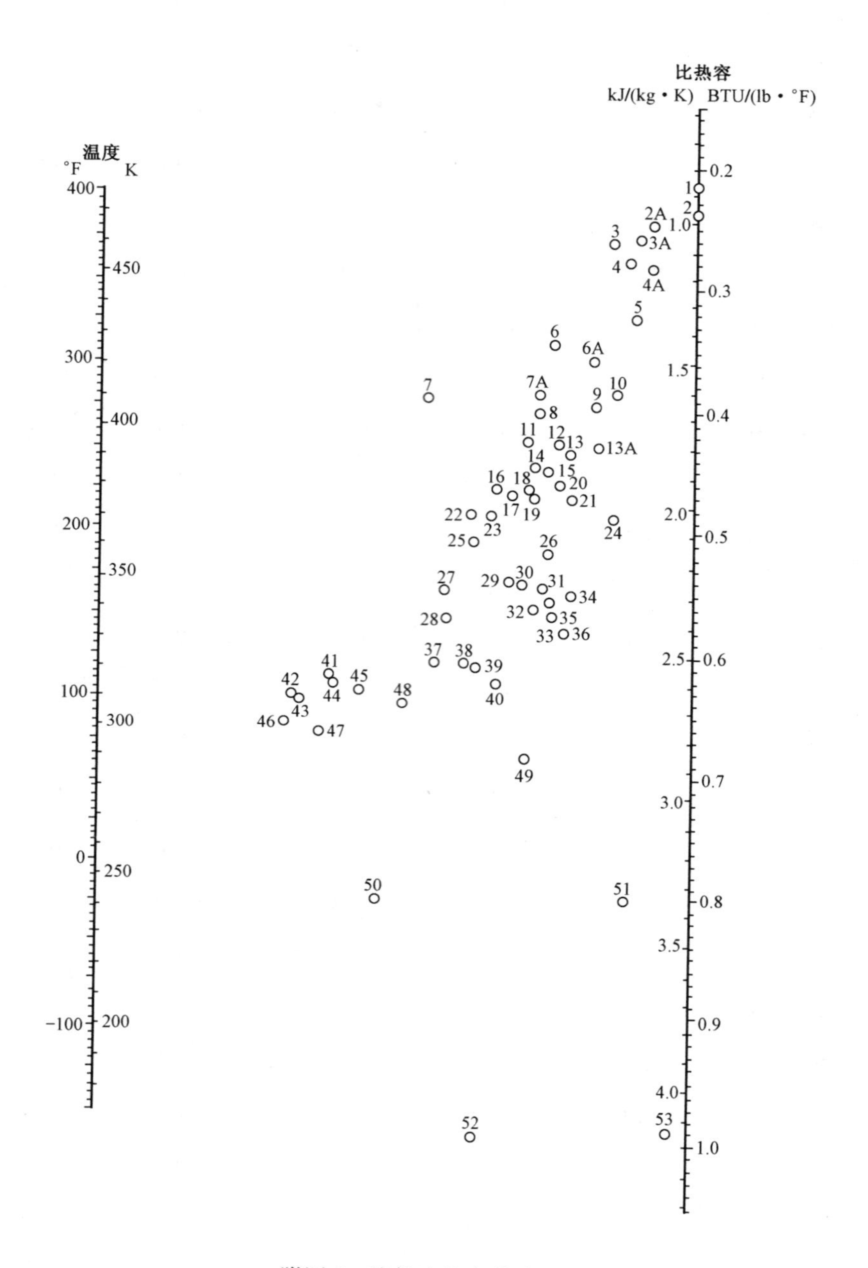

附图 5 液体比热容共线图

液体比热容共线图中的编号

编号	液体		温度范围,℃	编号	液体		温度范围,℃
29	醋酸	100%	0 ~ 80	7	碘乙烷		0 ~ 100
32	丙酮		20 ~ 50	39	乙二醇		-40 ~ 200
52	氨		-70 ~ 50	2A	氟里昂 - 11(CCl_3F)		-20 ~ 70
37	戊醇		-50 ~ 25	6	氟里昂 - 12(CCl_2F_2)		-40 ~ 15
26	乙酸戊酯		0 ~ 100	4A	氟里昂 - 21($CHCl_2F$)		-20 ~ 70
30	苯胺		0 ~ 130	7A	氟里昂 - 22($CHClF_2$)		-20 ~ 60
23	苯		10 ~ 80	3A	氟里昂 - 113($CCl_3F \cdot CClF_2$)		-20 ~ 70
27	苯甲醇		-20 ~ 30	38	三元醇		-40 ~ 20
10	苯甲基氧		-30 ~ 30	28	庚烷		0 ~ 60
49	$CaCl_2$ 盐水	25%	-40 ~ 20	35	己烷		-80 ~ 20
51	NaCl 盐水	25%	-40 ~ 20	48	盐酸	30%	20 ~ 100
44	丁醇		0 ~ 100	41	异戊醇		10 ~ 100
2	二硫化碳		-100 ~ 25	43	异丁醇		0 ~ 100
2	四氯化碳		10 ~ 60	47	异丙醇		-20 ~ 50
8	氯苯		0 ~ 100	31	乙丙醚		-80 ~ 20
4	三氯甲烷		0 ~ 50	40	甲醇		-40 ~ 20
21	癸烷		-80 ~ 25	13A	氯甲烷		-80 ~ 20
6A	二氯乙烷		-40 ~ 50	14	萘		90 ~ 200
5	二氯甲烷		-40 ~ 50	12	硝基苯		0 ~ 100
15	联苯		80 ~ 120	34	壬烷		-50 ~ 125
22	二苯甲烷		80 ~ 100	33	辛烷		-50 ~ 25
16	二苯醚		0 ~ 200	3	过氯乙烯		-30 ~ 140
16	道舍姆 A		0 ~ 200	45	丙醇		-20 ~ 100
24	乙酸乙酯		-50 ~ 25	20	吡啶		-51 ~ 25
42	乙醇	100%	30 ~ 80	9	硫酸	98%	10 ~ 45
46		95%	20 ~ 80	11	二氧化硫		-20 ~ 100
50		50%	20 ~ 80	23	甲苯		0 ~ 60
25	乙苯		0 ~ 100	53	水		-10 ~ 200
1	溴乙烷		5 ~ 25	19	二甲苯(邻位)		0 ~ 100
13	氯乙烷		-80 ~ 40	18	二甲苯(间位)		0 ~ 100
36	乙醚		-100 ~ 25	17	二甲苯(对位)		0 ~ 100

附录 15　气体比热容共线图(1.01325×10^5 Pa)

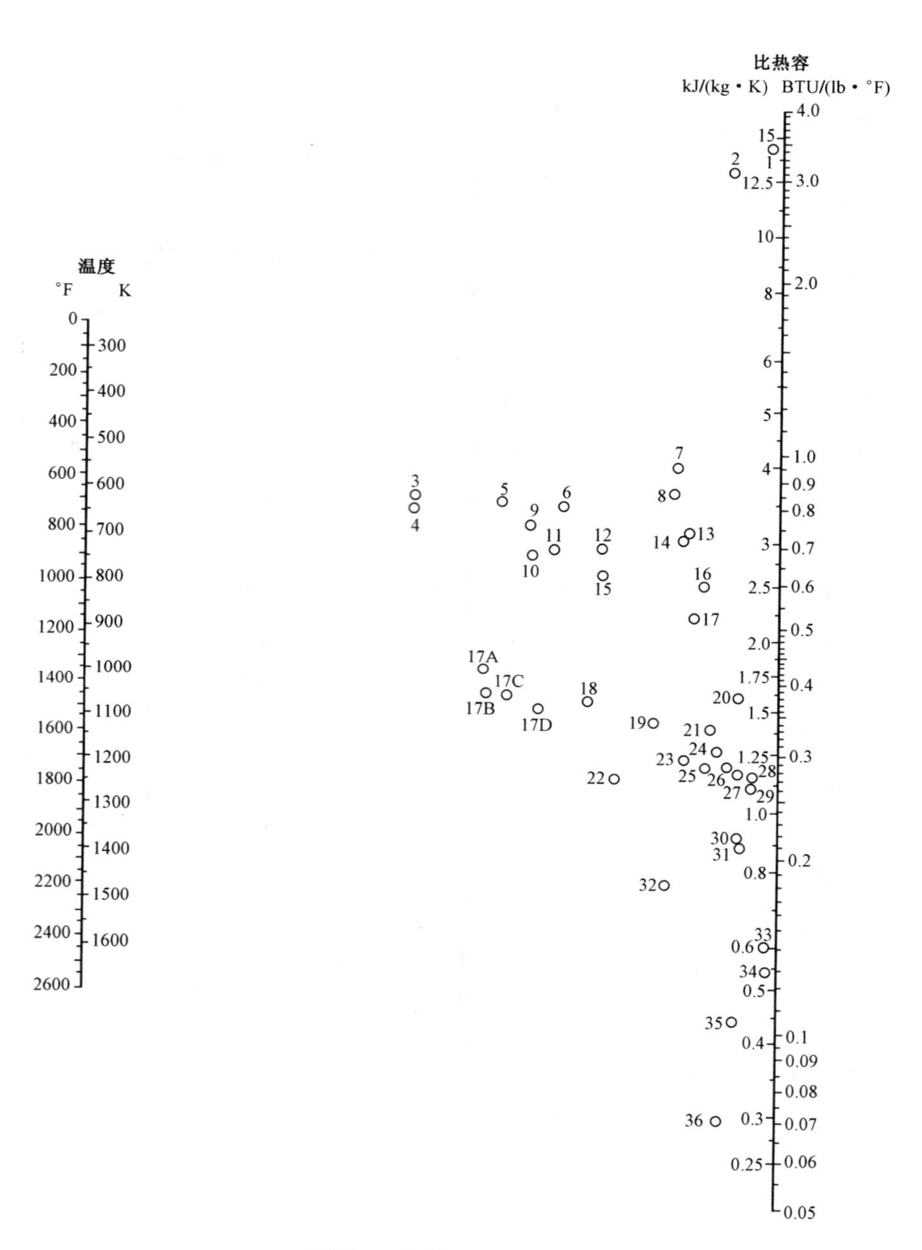

附图 6　气体比热容共线图

气体比热容共线图中的编号

编号	气体	温度范围,K	编号	气体	温度范围,K
10	乙炔	273 ~ 473	1	氢	273 ~ 873
15	乙炔	473 ~ 673	2	氢	873 ~ 1673
16	乙炔	673 ~ 1673	35	溴化氢	273 ~ 1673
27	空气	273 ~ 1673	30	氯化氢	273 ~ 1673
12	氨	273 ~ 873	20	氟化氢	273 ~ 1673
14	氨	873 ~ 1673	36	碘化氢	273 ~ 1673
18	二氧化碳	273 ~ 673	19	硫化氢	273 ~ 973
24	二氧化碳	674 ~ 1673	21	硫化氢	973 ~ 1673
26	一氧化碳	273 ~ 1673	5	甲烷	273 ~ 573
32	氯	273 ~ 473	6	甲烷	573 ~ 973
34	氯	473 ~ 1673	7	甲烷	973 ~ 1673
3	乙烷	273 ~ 473	25	一氧化氮	273 ~ 973
9	乙烷	473 ~ 873	28	一氧化氮	973 ~ 1673
8	乙烷	873 ~ 1673	26	氮	273 ~ 1673
4	乙烯	273 ~ 473	23	氧	273 ~ 773
11	乙烯	473 ~ 873	29	氧	773 ~ 1673
13	乙烯	873 ~ 1673	33	硫	573 ~ 1673
17B	氟里昂 - 11(CCl_3F)	273 ~ 423	22	二氧化硫	273 ~ 673
17C	氟里昂 - 21($CHCl_2F$)	273 ~ 423	31	二氧化硫	673 ~ 1673
17A	氟里昂 - 22($CHClF_2$)	278 ~ 423	17	水	273 ~ 1673
17D	氟里昂 - 113($CCl_3F \cdot CClF_2$)	273 ~ 423			

附录 16　液体汽化焓共线图

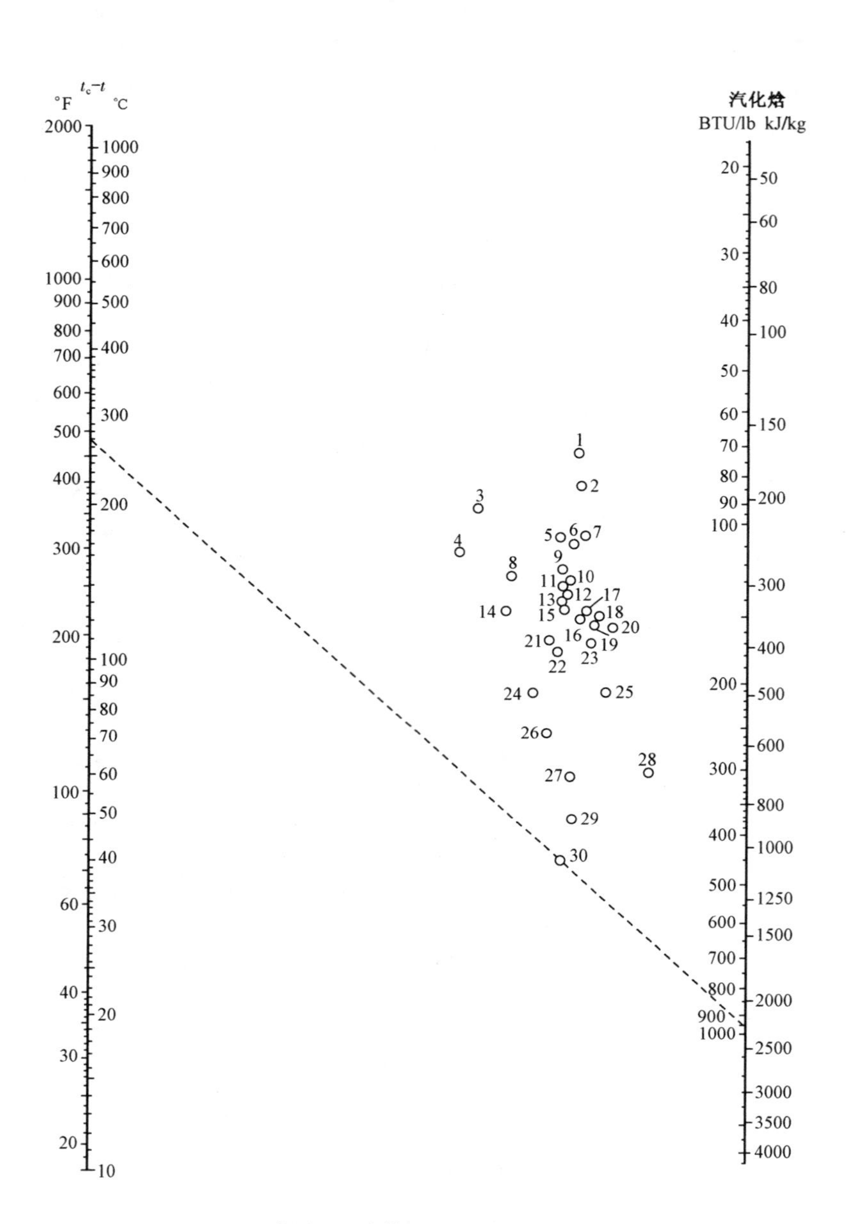

附图 7　液体比汽化热共线图

用法举例：求水在 $t=100$℃时的汽化焓。从编号表中查得水的编号为 30，又查得水的临界温度 $t_c=374$℃，则 $t_c-t=374-100=274$℃，在图中的 t_c-t 标尺上定出 274℃点，并与编号 30 的圆圈中心点连成一直线，延长交于汽化焓标尺上，可读得交点读数 2260kJ/kg，即为水在 100℃温度下的汽化焓

液体比汽化热共线图中的编号

编号	液体	临界温度 t_c,℃	温度范围,℃	编号	液体	临界温度 t_c,℃	温度范围,℃
30	水	374	100~500	7	三氯甲烷	263	140~270
29	氨	133	50~200	2	四氯甲烷	283	30~250
19	一氧化氮	36	25~150	17	氯乙烷	187	100~250
21	二氧化碳	31	10~100	13	苯	289	10~400
4	二硫化碳	273	140~275	3	联苯	527	175~400
14	二氧化硫	157	90~160	27	甲醇	240	40~250
25	乙烷	32	25~150	26	乙醇	243	20~140
23	丙烷	96	40~200	24	丙醇	264	20~200
16	丁烷	153	90~200	13	乙醚	194	10~400
15	异丁烷	134	80~200	22	丙酮	235	120~210
12	戊烷	197	20~200	18	醋酸	321	100~225
11	已烷	235	50~225	2	氟利昂-11	198	70~225
10	庚烷	267	20~300	2	氟利昂-12	111	40~200
9	辛烷	296	30~300	5	氟利昂-21	178	70~250
20	一氯甲烷	143	70~250	6	氟利昂-22	96	50~170
8	二氯甲烷	216	150~250	1	氟利昂-113	214	90~250

附录 17 钢管规格

1. 低压流体输送用焊接钢管规格

公称直径		外径	壁厚,mm		公称直径		外径	壁厚,mm	
mm	in	mm	普通管	加厚管	mm	in	mm	普通管	加厚管
66	⅛	10. 0	2. 00	2. 50	40	1½	48. 0	3. 50	4. 25
8	¼	13. 5	2. 25	2. 75	50	2	60. 0	3. 50	4. 50
10	⅜	17. 0	2. 25	2. 75	65	2½	75. 5	3. 75	4. 50
15	½	21. 3	2. 75	3. 25	80	3	88. 0	4. 00	4. 75
20	¾	26. 8	2. 75	3. 50	100	4	114. 0	4. 00	5. 00
25	1	33. 5	3. 25	4. 00	125	5	140. 0	4. 50	5. 50
32	1¼	42. 3	3. 25	4. 00	150	6	165. 0	4. 50	5. 50

注:(1)适用于输送水、煤气等一般低压的流体。

(2)表中的公称直径系近似内径的名义尺寸,不表示外径减去两个壁厚所得的内径。

2. 热轧无缝钢管

外径,mm	壁厚,mm	外径,mm	壁厚,mm	外径,mm	壁厚,mm
32	2.5~8	76	3.0~19	219	6.0~50
38	2.5~8	89	3.5~(24)	273	6.5~50
42	2.5~10	108	4.0~28	325	7.5~75
45	2.5~10	114	4.0~28	377	9.0~75
50	2.5~10	127	4.0~30	426	9.0~75
57	3.0~13	133	4.0~32	450	9.0~75
60	3.0~14	140	4.5~36	530	9.0~75
63.5	3.0~14	159	4.5~36	630	9.0~(24)
68	3.0~16	168	5.0~(45)		

注:壁厚系列有2.5mm,3mm,3.5mm,4mm,4.5mm,5mm,5.5mm,6mm,6.5mm,7mm,7.5mm,8mm,8.5mm,9mm,9.5mm,10mm,11mm,12mm,13mm,14mm,15mm,16mm,17mm,18mm,19mm,20mm等。括号内尺寸不推荐使用。

附录18 IS型单级单吸离心泵规格

型号	转速 r/min	流量 m^3/h	扬程 m	必须汽蚀余量 m	泵效率 %	功率,kW	
						轴功率	电动机功率
IS50-32-125	2900	7.5 12.5 15	22 20 18.5	2.0 2.0 2.5	47 60 60	0.96 1.13 1.26	2.2
IS50-32-160	2900	7.5 12.5 15	34.3 32 29.6	2.0 2.0 2.5	44 54 56	1.59 2.02 2.16	3
IS50-32-200	2900	7.5 12.5 15	82 80 78.5	2.0 2.0 2.5	38 48 51	2.82 3.54 3.95	5.5
IS50-32-250	2900	7.5 12.5 15	21.8 20 18.5	2.0 2.0 2.5	23.5 38 41	5.87 7.16 7.83	11
IS65-50-125	2900	7.5 12.5 15	35 32 30	2.0 2.0 2.5	58 69 68	1.54 1.97 2.22	3
IS65-50-160	2900	15 25 30	53 50 47	2.0 2.0 2.5	54 65 66	2.65 3.35 3.71	5.5
IS65-40-200	2900	15 25 30	53 50 47	2.0 2.0 2.5	49 60 61	4.42 5.67 6.29	7.5
IS65-40-250	2900	15 25 30	82 80 78	2.0 2.0 2.5	37 50 53	9.05 10.89 12.02	15

续表

型号	转速 r/min	流量 m^3/h	扬程 m	必须汽蚀余量 m	泵效率 %	功率,kW	
						轴功率	电动机功率
IS65－40－315	2900	15	127	2.5	28	18.5	30
		25	125	2.5	40	21.3	
		30	123	3.0	44	22.8	
IS80－65－125	2900	30	22.5	3.0	64	2.87	5.5
		50	20	3.0	75	3.63	
		60	18	3.5	74	3.98	
IS80－65－160	2900	30	36	2.5	61	4.82	7.5
		50	32	2.5	73	5.97	
		60	29	3.0	72	6.59	
IS80－50－200	2900	30	53	2.5	55	7.87	15
		50	50	2.5	69	9.87	
		60	47	3.0	71	10.8	
IS80－50－250	2900	30	84	2.5	52	13.2	22
		50	80	2.5	63	17.3	
		60	75	3.0	64	19.2	
IS80－50－315	2900	30	128	2.5	41	25.5	37
		50	125	2.5	54	31.5	
		60	123	3.0	57	35.3	
IS100－80－125	2900	60	24	4.0	67	5.86	11
		100	20	4.5	78	7.00	
		120	16.5	5.0	74	7.28	
IS100－80－160	2900	60	36	3.5	70	8.42	15
		100	32	4.0	78	11.2	
		120	28	5.0	75	12.2	
IS100－65－200	2900	60	54	3.0	65	13.6	22
		100	50	3.6	76	17.9	
		120	47	4.8	77	19.9	
IS100－65－250	2900	60	87	3.5	61	23.4	37
		100	80	3.8	72	30.0	
		120	74.5	4.5	73	33.3	
IS100－65－315	2900	60	133	3.0	55	39.6	75
		100	125	3.6	66	51.6	
		120	118	4.2	67	57.5	

参 考 文 献

[1] 大连理工大学化工原理教研室. 化工原理. 大连:大连理工大学出版社,1992.
[2] 谭天恩,等. 化工原理. 北京:化学工业出版社,1998.
[3] 王志魁. 化工原理. 北京:化学工业出版社,1998.
[4] 姚玉英,等. 化工原理. 天津:天津大学出版社,1999.
[5] 陈敏恒,等. 化工原理. 北京:化学工业出版社,2000.
[6] 李凤华,于士君. 化工原理. 大连:大连理工大学出版社,2004.
[7] 夏清,等. 化工原理. 天津:天津大学出版社,2005.
[8] 冯霄,何潮红. 化工原理. 北京:科学出版社,2007.